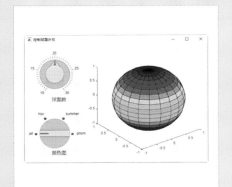

使用旋钮控制球面外观

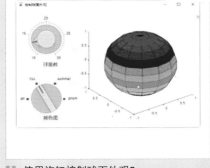

使用旋钮控制球面外观2

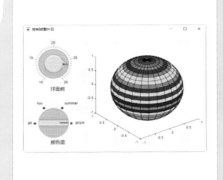

使用旋钮控制球面外观3

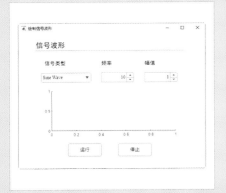

设计信号波形显示界面

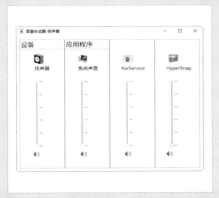

设计音量合成系统

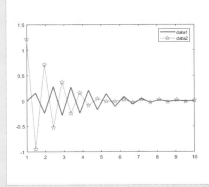

设置曲线的样式

显示不同格式的图像文件

显示不同格式的图像文件2

显示不同格式的图像文件3

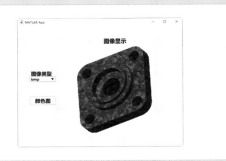

显示不同格式的图像文件4

对图像进行平滑滤波运行结果

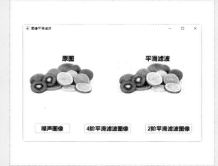
对图像进行平滑滤波运行结果2

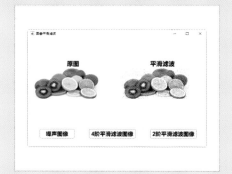
对图像进行平滑滤波运行结果3

图像排列界面设计

图像排列运行结果

图像排列运行结果2

图像排列运行结果3

图像排列运行结果4

图像排列运行结果5

设计密码找回系统

设计模拟电压信号采集界面

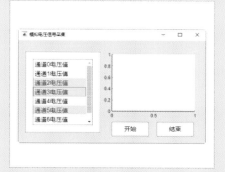
设计模拟电压信号采集界面2

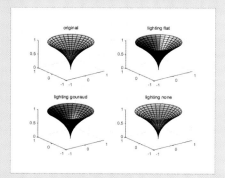

不同光照模式效果图

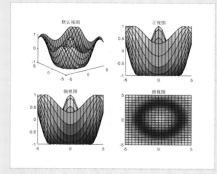

调整视图

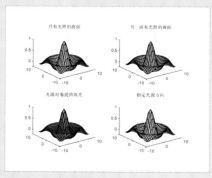

具有光照的曲面

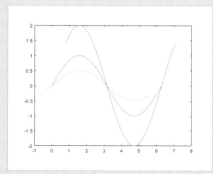

多图叠加

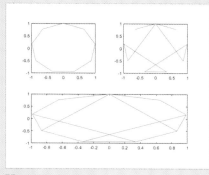

分块图布局

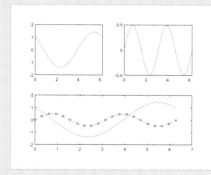

分块位置绘图

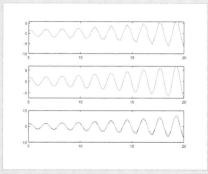

绘制一元函数图形

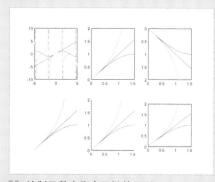

绘制函数在指定区间的图形

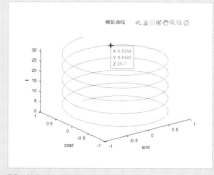

数据提示

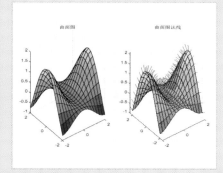

曲面图法线

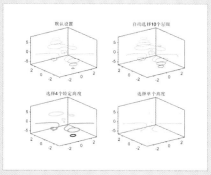

三维等高线图

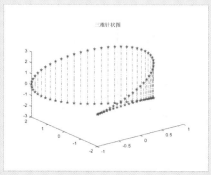

三维针状图

⌐ 图像转换界面设计

⌐ 图像转换运行结果

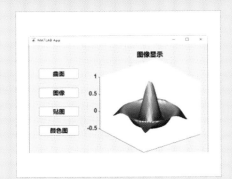

⌐ 图像转换运行结果2

⌐ 图像转换运行结果3

⌐ 图像转换运行结果4

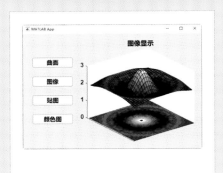

⌐ 图像转换运行结果5

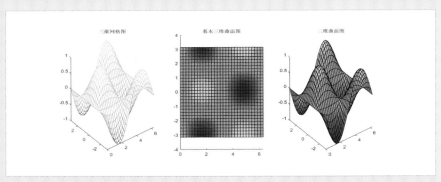

⌐ 三维网格图和三维曲面图

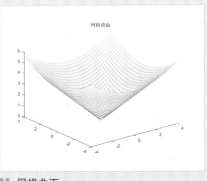

⌐ 网格曲面

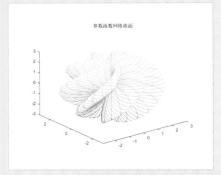

⌐ 三维网格曲面图

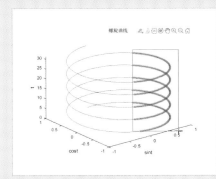

⌐ 刷亮/选择数据

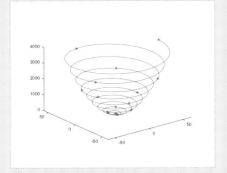

⌐ 圆锥螺线

CAD/CAM/CAE/EDA 微视频讲解大系

中文版 MATLAB GUI

程序设计从入门到精通

（实战案例版）

483 分钟同步微视频讲解　222 个实例案例分析

☑程序设计基础　☑数组与矩阵　☑二维绘图　☑三维绘图　☑图形用户界面设计
☑App 应用程序开发　☑数据计算应用　☑图像显示应用　☑图像滤波应用

天工在线　编著

中国水利水电出版社
www.waterpub.com.cn
·北京·

内 容 提 要

本书以 MATLAB 2023 为基础，结合高等学校老师的教学经验和计算科学的应用，详细讲解 GUI 程序设计的方法和技巧，完整编写一套让初学者可以灵活掌握的学习指南。力争让初学者最终脱离书本，将所学知识应用于工程实践中。

本书主要内容包括 MATLAB 基础知识、MATLAB 程序设计基础、数组与矩阵、二维绘图、三维绘图、UI 的容器组件和常用组件、图窗工具和仪器组件、图形用户界面设计、App 应用程序开发、预定义对话框设计、数据计算在 GUI 中的应用、图像显示在 GUI 中的应用、图像滤波在 GUI 中的应用等。本书内容覆盖 GUI 程序设计的各个方面，既有 MATLAB 基本函数的介绍，也有 GUI 程序设计方法。

《中文版 MATLAB GUI 程序设计从入门到精通（实战案例版）》配备了 222 集（483 分钟）微视频、222 个实例案例分析及配套的实例素材源文件，还附赠了大量的学习视频和练习资料（如 5 大模块共 219 分钟拓展学习视频讲解和源文件等）。

本书既可作为 MATLAB 初学者的入门用书，又可作为工程技术人员、硕士生、博士生的工具用书。

图书在版编目（CIP）数据

中文版MATLAB GUI程序设计从入门到精通：实战案例版 / 天工在线编著. — 北京：中国水利水电出版社，2024.11. — (CAD/CAM/CAE/EDA微视频讲解大系).

ISBN 978-7-5226-2576-8

I. TP317

中国国家版本馆 CIP 数据核字第 2024HV5030 号

丛 书 名	CAD/CAM/CAE/EDA 微视频讲解大系
书 名	中文版 MATLAB GUI 程序设计从入门到精通（实战案例版） ZHONGWENBAN MATLAB GUI CHENGXU SHEJI CONG RUMEN DAO JINGTONG
作 者	天工在线 编著
出版发行	中国水利水电出版社 （北京市海淀区玉渊潭南路 1 号 D 座 100038） 网址：www.waterpub.com.cn E-mail：zhiboshangshu@163.com 电话：（010）62572966-2205/2266/2201（营销中心）
经 售	北京科水图书销售有限公司 电话：（010）68545874、63202643 全国各地新华书店和相关出版物销售网点
排 版	北京智博尚书文化传媒有限公司
印 刷	北京富博印刷有限公司
规 格	203mm×260mm 16 开本 23.25 印张 620 千字 2 插页
版 次	2024 年 11 月第 1 版 2024 年 11 月第 1 次印刷
印 数	0001—3000 册
定 价	89.80 元

前　　言

Preface

　　MATLAB 是美国 MathWorks 公司出品的一款优秀的数学计算软件，其强大的数值计算能力和数据可视化能力令人震撼。经过多年的发展，MATLAB 已经发展到了 2023a 版本，功能日趋完善。MATLAB 已经发展成为多种学科必不可少的计算工具，成为自动控制、应用数学、信息与计算科学等专业大学生与研究生需要掌握的基本技能。

　　目前，MATLAB 已经得到了广泛应用，它不仅成为各大公司和科研机构的专用软件，在各高校中同样也得到了普及。越来越多的学生借助 MATLAB 来学习数学分析、图像处理、仿真分析。

　　为了帮助零基础读者快速掌握 MATLAB 在 GUI 程序设计方面的使用方法，本书从基础知识着手，详细地对 MATLAB 的基本函数功能进行介绍，同时根据读者的需求，专门针对 GUI 程序设计的方法与技巧进行了详细介绍，让读者入宝山而满载归。

本书特点

➥ 难度合理，适合自学

　　本书以初学者为主要读者对象，因为 MATLAB 功能强大，为了帮助初学者快速掌握 MATLAB GUI 程序设计的使用方法和应用技巧，本书从基础着手，详细对 MATLAB 的基本功能进行介绍，同时根据不同读者的需求，对 GUI 程序设计进行了详细介绍，让读者快速入门。

➥ 视频讲解，通俗易懂

　　为了提高学习效率，本书中的大部分实例都录制了教学视频。视频录制时采用课堂讲授形式，在各知识点的关键处给出解释、提醒和需要注意的事项。专业知识和经验的提炼，让读者高效学习的同时，更多体会 MATLAB 功能的强大，以及 GUI 程序设计的魅力与乐趣。

➥ 内容全面，实例丰富

　　本书在有限的篇幅内包罗了 MATLAB GUI 程序设计常用的全部功能，包括 MATLAB 基础知识、MATLAB 程序设计基础、数组与矩阵、二维绘图、三维绘图、UI 的容器组件和常用组件、图窗工具和仪器组件、图形用户界面设计、App 应用程序开发、预定义对话框设计、数据计算在 GUI 中的应用、图像显示在 GUI 中的应用、图像滤波在 GUI 中的应用等内容。知识点全面、够用。在介绍知识点时，辅以大量中小型实例（共 222 个），并提供具体的分析和设计过程，以帮助读者快速理解并掌握 MATLAB GUI 程序设计知识要点和使用技巧。

本书显著特色

➥ 体验好，随时随地学习

　　二维码扫一扫，随时随地看视频。书中大部分实例都提供了二维码，读者可以通过手机扫一扫，随时随地观看相关的教学视频（若个别手机不能播放，请参考下面的"本书资源获取方式"，下载后在计算机上观看）。

❧ 实例多，用实例学习更高效

实例多，覆盖范围广泛，用实例学习更高效。为方便读者学习，书中穿插了大量实例，并针对实例专门制作了222集配套教学视频，读者可以先看视频，像看电影一样轻松、愉悦地学习本书内容，然后对照本书内容加以实践和练习，可以大大提高学习效率。本书所有实例均已由作者在计算机上验证通过。

❧ 入门易，全力为初学者着想

遵循学习规律，入门实战相结合。编写模式采用"基础知识+动手练一练+实例"的形式，内容由浅入深，循序渐进，入门与实战相结合。

❧ 服务快，让你学习无后顾之忧

提供 QQ 群在线服务，随时随地可交流。提供微信公众号、QQ 群等多渠道贴心服务。

本书配套资源

为了让读者在最短的时间内学会并精通 MATLAB GUI 程序设计，本书提供了极为丰富的学习资源。

❧ 配套资源

（1）为了方便读者学习，本书中几乎所有的动手练一练和实例均录制了视频讲解文件，共 483 分钟（可扫描二维码直接观看或通过下述方法下载后观看）。

（2）用实例学习更专业，本书包含 222 个中小实例（素材和源文件可通过下述方法下载后参考和使用）。

❧ 拓展学习资源

（1）App 应用程序、绘图、数据分析、图像处理、信号处理 5 大模块共 219 分钟拓展学习视频讲解。

（2）App 应用程序、绘图、数据分析、图像处理、信号处理 5 大模块实例源文件。

本书资源获取方式

本书所有视频、源文件等电子资源均需要通过下面的方法下载后使用。

（1）可以关注下面的微信公众号，并在后台输入 MAT2576 并发送，获取下载链接或咨询本书的任何问题。

设计指北公众号

（2）可加入 QQ 群 1041712847（若群满，会创建新群，请注意加群时的提示，并根据提示加入相应的群），作者在线提供本书学习疑难解答，让读者无障碍地快速学习本书。

（3）此外，如果在图书写作上有好的建议，可将您的意见或建议发送至邮箱 961254362@qq.com，我们将根据您的意见或建议在后续图书中酌情进行调整，以更方便读者学习。

📢 注意：

在学习本书或按照本书中的实例进行操作之前，请先在计算机中安装 MATLAB 2023 操作软件，可以在 MathWorks 中文官网下载 MATLAB 软件试用版本（或购买正版），也可在当地电脑城、软件经销商处购买安装软件。

关于作者

本书由天工在线组织编写。天工在线是一个 CAD/CAM/CAE/EDA 技术研讨、工程开发、培训咨询和图书创作的工程技术人员协作联盟，包含 40 多位专职和众多兼职 CAD/CAM/CAE/EDA 工程技术专家。其编写的很多教材成为国内具有引导性的旗帜作品，在国内相关专业方向图书创作领域具有举足轻重的地位。

致谢

虽然作者在编写本书的过程中几经求证、求解、求教，但难免有个别错误和偏见。在此，本书作者恳切期望得到各方面专家和广大读者的指教。

本书能够顺利出版，是作者、编辑和所有审校人员共同努力的结果，在此表示深深的感谢。同时，祝福所有读者在学习过程中一帆风顺。

编　者

目　录

Contents

第1章　MATLAB 基础知识 ·················· 1

　　　视频讲解：16 集

1.1　MATLAB 2023 操作界面 ·········· 1

　1.1.1　启动和关闭 MATLAB ····· 1

　1.1.2　命令行窗口 ················· 2

　1.1.3　当前文件夹窗口 ··········· 3

　动手练一练——修改当前目录 ··· 4

　1.1.4　命令历史记录窗口 ········ 4

1.2　MATLAB 命令的形式 ············· 5

　1.2.1　命令提示符 ················· 5

　1.2.2　功能符号 ···················· 5

　1.2.3　常用命令 ···················· 6

　实例——清除变量 ················· 7

　实例——关闭指定图窗 ··········· 8

　实例——加载数据集 ··············· 9

　实例——将变量保存到文件中 ··· 9

　1.2.4　M 文件编辑器 ············ 10

　实例——三角函数求和 ··········· 10

　实例——三角函数求差 ··········· 11

1.3　设置路径 ·························· 11

　1.3.1　设置当前工作路径 ······· 11

　1.3.2　查看搜索路径 ············· 12

　实例——查看当前的所有搜索

　　　　　路径 ··················· 13

　1.3.3　扩展搜索路径 ············· 14

　实例——使用"设置路径"

　　　　　对话框扩展搜索

　　　　　路径 ··················· 14

　实例——使用 path 命令扩展

　　　　　搜索路径 ··············· 15

实例——使用 addpath 命令

　　　　扩展搜索路径 ··········· 16

1.4　查询帮助 ·························· 16

　1.4.1　帮助系统 ···················· 16

　动手练一练——查看 path 命令

　　　　　　　　的帮助文档 ··· 17

　动手练一练——查看"基本矩

　　　　　　　　阵运算"演示

　　　　　　　　程序 ··········· 19

　1.4.2　help 命令 ··················· 19

　实例——help 命令使用示例 ····· 19

　实例——显示 close 命令的

　　　　　帮助信息 ··············· 21

　1.4.3　lookfor 命令 ··············· 22

　实例——显示与关键字 inv

　　　　　相关的帮助链接 ········ 22

第2章　MATLAB 程序设计基础 ·········· 23

　　　视频讲解：38 集

2.1　基本数值类型 ···················· 23

　2.1.1　整型 ························· 23

　实例——指定整型数据的

　　　　　最大值与最小值 ········ 24

　实例——整型数据运算 ··········· 24

　2.1.2　浮点型 ······················ 25

　实例——显示十进制数 ··········· 25

　实例——显示指数 ················· 26

　实例——浮点型数据运算 ········ 26

2.2　变量和数据操作 ················ 27

　2.2.1　定义变量 ···················· 27

　实例——定义变量 ················· 27

2.2.2 预定义变量 ……………… 27
实例——查看内部常量的值 … 28
实例——修改常量的值并
恢复 ……………… 28
2.2.3 数据显示格式 ……………… 29
实例——控制数值显示格式 … 29
2.2.4 运算符 ……………… 30
实例——逻辑运算示例 ……… 31
实例——计算函数值 ………… 32
2.3 数据转换 ……………… 32
2.3.1 转换数据类型 ……………… 33
实例——将 int8 值转换为
uint8 ……………… 33
实例——转换相同存储大小
的整数 ……………… 33
实例——生成 32 位无符号
整型数据 ……………… 34
2.3.2 将整数转换为字符 ……… 34
实例——将数值转换为整数
字符 ……………… 34
2.3.3 转换图像数据 ……………… 34
2.3.4 数值的舍入与取整 ……… 35
实例——使用整型转换函数
转换小数 ……………… 35
实例——将实数按指定方式
舍入数值 ……………… 36
实例——将数值向零取整 …… 36
实例——将实数向下取整 …… 37
实例——将实数向上取整 …… 37
2.4 函数类型 ……………… 38
2.4.1 匿名函数 ……………… 38
实例——计算平方和 ………… 38
实例——为 save 函数创建函数
句柄 ……………… 39
实例——差值计算 ………… 39
2.4.2 M 文件主函数、子函数
与私有函数 ……………… 40
实例——使用子函数实现
数值的加、减运算 … 40

2.4.3 嵌套函数 ……………… 41
实例——使用嵌套函数实现
数值幂运算 ……………… 41
2.4.4 重载函数 ……………… 42
实例——计算输入参数的
最小值 ……………… 42
2.5 程序流程控制 ……………… 43
2.5.1 顺序结构 ……………… 43
实例——计算两数之和 …… 44
2.5.2 选择结构 ……………… 44
实例——判断数值能否被
整除 ……………… 45
实例——计算分段函数 …… 46
实例——查询日程 ………… 47
2.5.3 循环结构 ……………… 48
实例——输出 3 的整数倍数 … 48
实例——数值升序排列 …… 49
2.5.4 流程跳转命令 ……………… 49
实例——计算圆的半径和
面积 ……………… 50
实例——计算阶乘 ………… 50
实例——计算商和余数 …… 52
实例——模拟排队叫号系统 … 53
2.5.5 调试命令 ……………… 54
实例——调试时修改变量值 … 54
实例——设置条件断点 …… 55

第 3 章 数组与矩阵 ……………… 59
📹 视频讲解：51 集
3.1 数组与矩阵的区别 ……… 59
3.2 数值数组 ……………… 60
3.2.1 一维数组 ……………… 60
实例——使用直接输入法创建
一维数组 ……………… 60
实例——使用增量法创建一维
数值数组 ……………… 60
实例——使用 linspace 函数创
建线性间隔值数组 … 61
实例——使用 logspace 函数创
建对数间隔值数组 … 61

3.2.2 二维数组 ⋯⋯⋯⋯⋯ 61
实例——使用直接输入法创建
　　　二维数组 ⋯⋯⋯ 62
实例——使用 M 文件创建法
　　　创建二维数组 ⋯⋯⋯ 62
实例——使用文本文件创建法
　　　创建二维数组 ⋯⋯⋯ 63
3.2.3 多维数组 ⋯⋯⋯⋯⋯ 63
实例——多维数组示例 ⋯⋯⋯ 63
3.2.4 特殊数值数组 ⋯⋯⋯⋯ 64
实例——创建特殊数组示例 ⋯ 65
实例——设置和还原生成器
　　　设置 ⋯⋯⋯⋯⋯ 66
实例——生成测试数组 ⋯⋯⋯ 67
实例——创建特殊数组 ⋯⋯⋯ 68
3.3 字符数组和字符串数组 ⋯⋯⋯ 68
3.3.1 创建字符数组和字符串
　　　数组 ⋯⋯⋯⋯⋯ 69
实例——使用引号创建字符
　　　数组和字符串数组 ⋯ 69
实例——创建字符数组和字符
　　　串数组 ⋯⋯⋯ 69
实例——空白字符数组使用
　　　示例 ⋯⋯⋯⋯⋯ 70
3.3.2 数组类型转换 ⋯⋯⋯⋯ 71
实例——字符数组与字符串
　　　数组转换示例 ⋯⋯⋯ 71
实例——数值数组与字符数
　　　组转换示例 ⋯⋯⋯ 72
实例——数值数组与字符数
　　　组运算示例 ⋯⋯⋯ 73
3.3.3 常用的字符串操作
　　　函数 ⋯⋯⋯⋯⋯ 73
实例——连接字符串 ⋯⋯⋯ 73
实例——字符类型识别示例 ⋯ 74
实例——查找、替换子串 ⋯⋯ 75
实例——比较字符串 ⋯⋯⋯ 76
实例——修改字符串 ⋯⋯⋯ 77
实例——对齐字符串 ⋯⋯⋯ 77

3.4 元胞数组 ⋯⋯⋯⋯⋯⋯⋯ 78
3.4.1 创建元胞数组 ⋯⋯⋯⋯ 78
实例——创建元胞数组 ⋯⋯⋯ 78
实例——引用单元型变量 ⋯⋯ 79
实例——创建一个 2×3 的
　　　元胞数组 ⋯⋯⋯ 79
实例——同时为多个单元
　　　赋值 ⋯⋯⋯⋯⋯ 80
3.4.2 显示元胞数组的内容
　　　和结构 ⋯⋯⋯⋯⋯ 81
实例——显示单元内容 ⋯⋯⋯ 81
实例——用图形方式显示数组
　　　结构 ⋯⋯⋯⋯⋯ 82
3.4.3 字符向量元胞数组 ⋯⋯⋯ 83
实例——将字符数组转换为
　　　字符向量元胞数组 ⋯ 83
3.4.4 元胞数组的转换操作 ⋯⋯ 84
实例——元胞数组转换示例 ⋯⋯ 84
3.5 结构体数组 ⋯⋯⋯⋯⋯⋯ 85
3.5.1 创建结构体数组 ⋯⋯⋯⋯ 85
实例——创建一个结构体
　　　数组 ⋯⋯⋯⋯⋯ 85
实例——结构体数组创建
　　　示例 ⋯⋯⋯⋯⋯ 85
3.5.2 引用结构体数组元素 ⋯⋯ 86
实例——显示结构体数组的
　　　内容 ⋯⋯⋯⋯⋯ 86
实例——动态扩充结构体
　　　数组 ⋯⋯⋯⋯⋯ 86
动手练一练——引用结构体
　　　数组元素 ⋯⋯⋯ 87
3.5.3 结构体数组的常用操作
　　　命令 ⋯⋯⋯⋯⋯ 87
实例——获取结构体数组的
　　　字段名和字段值 ⋯⋯ 88
3.6 常用的矩阵运算与操作 ⋯⋯⋯ 88
3.6.1 向量的点积与叉积 ⋯⋯⋯ 89
实例——向量的点积运算 ⋯⋯ 89
实例——向量的叉积运算 ⋯⋯ 89

实例——向量的混合积运算 …… 90
3.6.2 矩阵的基本变换 ……… 90
实例——矩阵翻转变换 ……… 91
实例——修改矩阵维度 ……… 92
3.6.3 抽取矩阵元素 ………… 92
实例——创建对角矩阵 ……… 93
实例——创建上三角矩阵和下
三角矩阵 …… 94
3.6.4 拼接矩阵 ……………… 94
实例——矩阵拼接 …………… 94
实例——沿指定维度拼接
矩阵 …… 95
3.6.5 逆矩阵和转置矩阵 …… 96
实例——求解随机矩阵的逆
矩阵 …… 96
实例——求矩阵 $A=\begin{bmatrix} 1 & -1 & 2 \\ 0 & 1 & 6 \\ 2 & 3 & 4 \end{bmatrix}$
的二次转置 ………… 97
实例——验证$(\lambda A)^{\mathrm{T}}=\lambda A^{\mathrm{T}}$ ……… 98
动手练一练——验证转置矩阵
的运算规律 … 98

第4章 二维绘图 ………………… 99
📹 视频讲解：16集
4.1 图形窗口 ………………… 99
4.1.1 认识图形窗口 ………… 99
4.1.2 创建图窗 …………… 101
实例——修改图窗属性 …… 104
4.1.3 关闭图窗 …………… 104
实例——关闭图窗 ………… 105
4.2 基本二维绘图命令 …… 105
4.2.1 plot 命令 ………… 105
实例——绘制魔方矩阵的
图形 …… 107
实例——绘制复数向量的
图形 …… 108
实例——多图叠加 ………… 108
实例——绘制心形线并设置
线条样式 ……… 109

动手练一练——绘制参数函数
的图形 ……… 110
实例——设置曲线的样式 …… 110
动手练一练——同一坐标系中
多图叠加 …… 111
4.2.2 subplot 命令 …… 111
实例——在指定的坐标系中
绘图 …… 112
4.2.3 tiledlayout 命令 ……… 112
实例——在分块图布局中
绘图 …… 113
4.2.4 fplot 命令 ………… 114
实例——绘制一元函数图形 …… 114
4.3 二维图形的修饰处理 …… 115
4.3.1 控制坐标系 ………… 115
实例——绘制函数在指定
区间的图形 ……… 116
动手练一练——坐标轴范围
和尺度控制 …… 117
4.3.2 图形注释 …………… 117
实例——绘制复数向量的
图形 …… 119
4.3.3 图形缩放 …………… 120
实例——缩放图形 ………… 121

第5章 三维绘图 ……………… 123
📹 视频讲解：26集
5.1 三维绘图命令 ………… 123
5.1.1 绘制三维曲线 ……… 123
实例——绘制三维弹簧线 …… 123
实例——绘制圆锥螺线 …… 124
5.1.2 绘制三维网格 ……… 125
实例——绘制网格面 …… 126
实例——绘制参数函数
网格面 …… 127
5.1.3 绘制三维曲面 ……… 128
实例——比较网格图与
曲面图 …… 128
实例——绘制三维曲面图 …… 129

实例——绘制参数化曲面……130
实例——绘制曲面图法线……131
5.1.4 绘制散点图……132
实例——绘制三维散点图……133
5.1.5 绘制特殊曲面……133
实例——绘制山峰曲面……134
实例——绘制不同半径的
柱面……135
实例——绘制半径和位置
不同的球面……136
5.2 三维图形的修饰处理……137
5.2.1 视角处理……137
实例——查看函数曲面的
不同视图……137
5.2.2 颜色处理……138
实例——绘制不同颜色的
曲面……139
实例——变换曲面的色彩
强度……140
实例——曲面颜色映射……142
实例——对比轮胎曲面不同
的着色效果……143
5.2.3 光照处理……143
实例——绘制有光照的花朵
曲面……144
实例——设置曲面的光照
模式……145
5.3 三维统计图形……146
5.3.1 常用三维统计图……146
实例——绘制指定宽度和
样式的条形图……147
实例——绘制参数函数的
针状图……148
实例——绘制分离饼图并修
改属性……149
5.3.2 绘制等高线……150
实例——绘制函数曲面的
等高线图……150

实例——绘制山峰函数的
等高线图……152
实例——绘制二元函数的
等高线图……153
实例——添加高度标注……154

第6章 UI 的容器组件和常用组件……156
🎬 视频讲解：20 集
6.1 GUI 概述……156
6.2 创建 UI 容器组件……157
6.2.1 UI 图窗……157
实例——创建 UI 图窗……157
6.2.2 面板……158
实例——创建嵌套面板……158
6.2.3 选项卡组……158
实例——创建选项卡组……159
6.2.4 网格布局管理器……160
实例——使用网格定位 UI
组件……160
动手练一练——创建嵌套的
网格布局
管理器……161
6.3 创建 UI 常用组件……162
6.3.1 按钮……162
实例——创建按钮示例……163
6.3.2 坐标区……164
实例——设置 UI 坐标区属性……166
6.3.3 标签……167
实例——设计身份验证界面……167
6.3.4 下拉框和列表框……168
实例——设计模拟电压信号
采集界面……169
6.3.5 单选按钮和复选框……169
实例——设计后台设置系统……171
6.3.6 切换按钮……172
实例——智能控制系统 UI
设计……172
6.3.7 图像……173
实例——设计简易登记表……174
6.3.8 微调器……174

实例——设计信号波形显示
　　　　界面 ·············175
6.3.9 编辑字段 ·············176
实例——设计密码找回系统 ···176
6.3.10 HTML ·············177
实例——显示 HTML 文本 ·····178
6.3.11 文本区域 ·············179
实例——公园绿地平面图
　　　　设计说明 ···········179
6.3.12 滑块 ·············180
实例——设计音量合成系统 ···180
6.3.13 日期选择器 ·······181
实例——设计日程设置界面 ···181
6.3.14 树和树节点 ·······182
实例——公园绿地设计纲要 ···183
6.3.15 表 ·············184
实例——显示表数据 ·······184

第 7 章　图窗工具和仪器组件 ··········186
　　📹 视频讲解：7 集
7.1 创建图窗工具 ·············186
7.1.1 工具栏 ·············186
实例——创建工具栏 ·········187
7.1.2 菜单栏 ·············188
实例——创建菜单栏 ·········188
实例——在默认菜单栏中
　　　　添加菜单 ···········189
7.1.3 上下文菜单 ·········190
实例——创建上下文菜单 ·····190
7.2 创建仪器组件 ·············191
7.2.1 仪表 ·············191
实例——使用仪表显示函数
　　　　曲线的属性 ·········191
7.2.2 旋钮 ·············192
实例——使用旋钮控制
　　　　球面外观 ···········192
7.2.3 信号灯和开关 ·······194
实例——直升机外观控制
　　　　系统界面设计 ········194

第 8 章　图形用户界面设计 ·············196
　　📹 视频讲解：4 集
8.1 初识 App 设计工具 ·········196
8.1.1 预置的 App 应用程序 ··196
8.1.2 启动 App 设计工具 ·····198
实例——打开现有 App 文件 ·200
8.1.3 App 设计工具编辑
　　　　环境 ···········201
8.2 用"设计视图"布局组件 ······203
8.2.1 放置组件 ···········203
8.2.2 了解组件结构 ·······204
8.2.3 设置组件属性 ·······205
实例——温湿度测量仪界面
　　　　设计 ···········206
8.2.4 排布组件 ···········210
实例——心电采集系统界面
　　　　设计 ···········211
8.3 设计图窗工具 ·············216
8.3.1 工具栏 ·············216
8.3.2 菜单栏 ·············217
8.3.3 上下文菜单 ·········218
实例——创建图窗工具 ·······222

第 9 章　App 应用程序开发 ·············225
　　📹 视频讲解：6 集
9.1 代码视图 ·············225
9.2 类的语法结构 ·············227
9.3 控制组件行为 ·············228
9.3.1 添加回调 ···········229
实例——控制线图的外观 ·····231
9.3.2 回调参数 ···········234
实例——跟踪滑块的值 ·······234
9.3.3 定义函数 ···········237
实例——设置三维视图 ·······237
动手练一练——绘制柱体
　　　　　　　等高线 ········241
9.3.4 添加属性 ···········242
9.4 App 打包与共享 ·········243
9.4.1 打包 App ···········243
实例——创建 App 安装文件 ···244
9.4.2 共享 App ···········245

实例——安装 App ················246
9.5　GUIDE 迁移策略 ···········247

第 10 章　预定义对话框设计 ···········250
　　　📹 视频讲解：20 集
10.1　预定义对话框分类 ············250
10.2　设计公共对话框 ···············251
　　10.2.1　文件打开对话框·······251
　　实例——打开文件打开
　　　　　　对话框 ··············251
　　10.2.2　文件和文件夹选择
　　　　　　对话框 ··············252
　　实例——按扩展名筛选文件··252
　　实例——指定对话框标题
　　　　　　和默认文件名 ·······253
　　实例——显示指定目录下
　　　　　　的文件夹 ···········253
　　10.2.3　文件保存对话框·······254
　　实例——指定要保存的文件
　　　　　　名称 ···············254
　　实例——指定文件保存类型
　　　　　　和对话框标题 ·······255
　　实例——保存文件 ···········256
　　10.2.4　颜色设置对话框·······256
　　实例——打开颜色设置
　　　　　　对话框 ···········257
　　10.2.5　字体设置对话框·······257
　　实例——设置文本区域的
　　　　　　字体属性 ··········257
10.3　设计 MATLAB 自定义
　　　对话框 ·······················258
　　10.3.1　进度条对话框·········258
　　实例——模拟数据处理
　　　　　　进度 ···············259
　　实例——模拟 App 安装
　　　　　　进度条 ············260
　　10.3.2　列表选择对话框·······261
　　实例——创建列表选择
　　　　　　对话框 ···········262

10.3.3　普通对话框 ···········264
实例——创建普通对话框 ····264
10.3.4　错误对话框 ···········265
实例——创建模态错误
　　　　对话框 ···········265
实例——创建带错误图标
　　　　的对话框 ·········266
10.3.5　警告对话框 ···········267
实例——创建显示红色
　　　　斜体信息的警告
　　　　对话框 ···········267
10.3.6　帮助对话框 ···········267
实例——自定义 clc 命令的
　　　　帮助对话框 ·········268
10.3.7　消息对话框 ···········268
实例——自定义消息对话框··268
10.3.8　确认对话框 ···········269
实例——确认删除对话框 ····269
10.3.9　输入对话框 ···········270
实例——设计视频管理系统··270

第 11 章　数据计算在 GUI 中的应用 ····275
　　　📹 视频讲解：6 集
11.1　数据定义与转换 ···········275
实例——字符创建与转换 ···275
实例——创建数据 ···········278
11.2　矩阵的数学运算 ···········283
实例——向量运算 ···········284
实例——矩阵运算 ···········287
11.3　数据可视化 ···············291
实例——绘制统计图 ·········291
实例——绘制向量图 ·········295

第 12 章　图像显示在 GUI 中的应用 ····301
　　　📹 视频讲解：4 集
12.1　图像的显示 ···············301
12.1.1　读/写图像 ···········301
12.1.2　显示图像 ···········303
实例——显示不同格式的
　　　　图像文件 ··········303

实例——将图形转换为图像···306
　　12.1.3　显示索引图像·········312
实例——图像转换············312
12.2　图像剪辑····················316
　　12.2.1　图像拼贴·············316
　　12.2.2　图像组合成块········317
　　12.2.3　图像成对显示········318
实例——图像排列············318

第 13 章　图像滤波在 GUI 中的应用····322
　　　　🎬 视频讲解：8 集
13.1　图像滤波器的基本原理·······322
13.2　去噪滤波····················323
　　13.2.1　添加噪声·············323
实例——图像噪声············324
　　13.2.2　自适应去噪·········328
实例——含噪图像自适应滤波
　　　　去噪··················329

13.3　平滑滤波····················332
实例——对图像进行平滑
　　　　滤波··················332
13.4　中值滤波····················335
实例——对图像进行中值
　　　　滤波··················336
13.5　锐化滤波····················340
　　13.5.1　线性空间滤波········340
实例——图像线性空间滤波··341
　　13.5.2　微分锐化·············345
实例——图像梯度滤波·······346
　　13.5.3　反锐化掩蔽··········349
实例——对图像进行锐化····350
13.6　卷积滤波····················353
实例——图像卷积滤波·······354

第 1 章　MATLAB 基础知识

内容指南

MATLAB 是一款功能非常强大的科学计算软件，其将数值分析、矩阵计算、科学数据可视化以及非线性动态系统的建模和仿真等诸多强大功能集成在一个易于使用的视窗环境中，为科学研究、工程设计以及必须进行有效数值计算的众多科学领域提供了一种全面的解决方案。本章简要对 MATLAB 的操作界面和常用的基础命令进行介绍，让读者对 MATLAB 有一个基本的了解，为后面的学习奠定基础。

内容要点

- ➢ MATLAB 2023 操作界面
- ➢ MATLAB 命令的形式
- ➢ 设置路径
- ➢ 查询帮助

1.1　MATLAB 2023 操作界面

要熟练地利用 MATLAB 解决工程或科学计算问题，首要的是熟悉 MATLAB 操作界面中各个组成部分的功能和使用方法。

1.1.1　启动和关闭 MATLAB

在 Windows 系统中安装 MATLAB R2023a（以下简称 MATLAB 2023）后，可以使用多种方式启动 MATLAB。最常用的启动方式就是双击桌面上的 MATLAB 快捷方式图标；也可以在"开始"菜单的程序列表中单击 MATLAB R2023a。

第 1 次启动 MATLAB 2023，将进入其默认的操作界面，如图 1.1 所示。

从图 1.1 中可以看出，MATLAB 2023 的操作界面比较简洁，主要由功能区、工具栏、当前文件夹窗口、命令行窗口和工作区窗口组成。

（1）功能区：位于标题栏下方，以功能组的形式将应用命令分门别类地汇集在不同的选项卡中。"主页"选项卡用于显示基本的文件操作、变量和路径设置等命令；"绘图"选项卡用于显示图形绘制相关的编辑命令；APP（应用程序）选项卡用于显示创建 GUI、设计 App 相关的命令。

（2）工具栏：包含两部分，一部分位于功能区右上方，如图 1.2 所示，以图标方式汇集了常用的操作命令。将鼠标指针移到图标上，可查看功能提示。

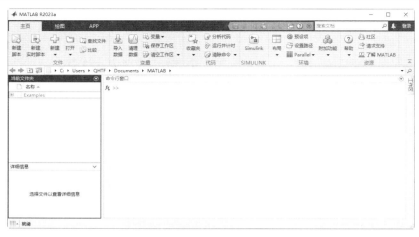

图 1.1　MATLAB 默认的操作界面

图 1.2　工具栏 1

工具栏的另一部分位于功能区下方，如图 1.3 所示，主要用于设置工作路径。具体操作方法将在 1.3 节进行介绍。

图 1.3　工具栏 2

（3）当前文件夹窗口：用于查看当前工作路径下的文件。单击该窗口右上角的"显示操作"按钮，利用弹出的下拉菜单可以执行常用的文件操作。例如，在当前目录下新建文件或文件夹、生成文件分析报告、查找文件、显示/隐藏文件信息、将当前目录按某种方式排序和分组等。

（4）命令行窗口：MATLAB 执行计算的主要窗口，相关的操作将在 1.1.2 小节进行详细介绍。

（5）工作区窗口：主要用于显示目前内存中所有的 MATLAB 变量名、数据结构、字节数与类型。不同的变量类型有不同的变量名图标。

如果要退出 MATLAB 应用程序窗口，可以选择以下几种方式之一。

（1）单击 MATLAB 标题栏右上角的"关闭"按钮 ✕ 。

（2）右击标题栏，在弹出的快捷菜单中选择"关闭"命令。

（3）按快捷键 Alt+F4。

1.1.2　命令行窗口

命令行窗口默认位于功能区下方、操作界面中央，是执行 MATLAB 命令最便捷、最常用的交互窗口，如图 1.4 所示。

在命令行窗口中可以运行单独的命令，也可以调用程序并显示除图形以外的执行结果。通过在命令行窗口中执行命令，还可以打开各种 MATLAB 工具、查看命令的帮助说明等。

命令行以命令提示符">>"开头，它是系统自动生成的，表示 MATLAB 处于准备就绪状态。在命令提示符后输入一条命令或一段程序后，按 Enter 键，MATLAB 将给出相应的执行结果并将结果保存在工作区窗口中，然后再次显示一个命令提示符，为下一段程序的输入做准备，如图 1.5 所示。

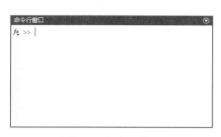

图 1.4　命令行窗口

图 1.5　输入并执行命令

📢 **注意：**

> 在 MATLAB 命令行窗口中输入命令时，应使用英文输入法，在中文状态下输入的符号和标点等不被认为是命令的一部分，会导致出现错误。有关 MATLAB 命令的书写形式将在 1.2 节进行详细介绍。

在命令行窗口中输入、执行命令后，选中命令并右击，在弹出的快捷菜单中可以对命令进行一些便捷操作，如图 1.6 所示。例如，再次执行选中的命令、打开命令所在的 M 文件、查看命令相关的帮助、在命令历史记录窗口中定位搜索对象的位置、清空命令行窗口等。

如果选择"函数浏览器"命令，则可以在打开的窗口中选择与选定命令或字符串匹配的函数，以进行安装或查看说明，如图 1.7 所示。

单击命令行窗口右上角的 按钮，在打开的下拉菜单中可以对命令行窗口进行相关操作，如图 1.8 所示。

图 1.6　快捷菜单

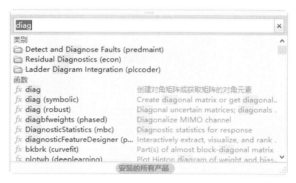

图 1.7　函数窗口

图 1.8　下拉菜单

例如，选择"最小化"命令，可以将命令行窗口最小化到主窗口左侧，使其以页签形式存在。当将鼠标指针移到页签上时，可以显示窗口中的内容。此时下拉菜单中的"最小化"命令变为"还原"命令，选择该命令可恢复窗口大小。

选择"页面设置"命令，在打开的"页面设置：命令行窗口"对话框中可以对命令行窗口中的文字布局、标题、字体进行打印前的设置。

1.1.3　当前文件夹窗口

当前文件夹窗口默认位于命令行窗口左侧，用于显示当前工作路径下的文件，也可以用于修改当前工作路径，如图 1.9 所示。

在当前文件夹窗口中双击某一个文件夹，在功能区下方的工具栏中可以看到当前工作路径也随之改变。

动手练一练——修改当前目录

本练习在当前文件夹窗口中新建一个文件夹，作为当前工作路径。

图 1.9　当前文件夹窗口

扫一扫，看视频

思路点拨：

> 源文件：yuanwenjian\ch01\prac_101.m
> （1）在当前文件夹窗口中新建一个文件夹。
> （2）双击进入文件夹。
> （3）在工具栏中查看当前工作路径。

1.1.4　命令历史记录窗口

命令历史记录窗口用于记录自 MATLAB 安装以来所有执行过的命令，并记录运行时间，以方便查询。在默认情况下，MATLAB 2023 并不在操作界面中显示命令历史记录窗口。

在"主页"选项卡中选择"布局"→"命令历史记录"命令，利用图 1.10 所示的级联菜单，可以根据需要，选择在操作界面中显示或隐藏命令历史记录窗口。

在图 1.10 所示的级联菜单中可以看到，用户可以根据需要选择主窗口的布局，调整各个功能窗口的显示状态。

在图 1.10 所示的级联菜单中选择"停靠"命令，可以将命令历史记录窗口停靠在操作界面中，效果如图 1.11 所示。在命令历史记录窗口中双击某一条命令，即可在命令行窗口中执行该命令。

图 1.10　"命令历史记录"级联菜单　　　　　　图 1.11　停靠命令历史记录窗口

在图 1.10 所示的级联菜单中选择"关闭"命令即可在操作界面中隐藏命令历史记录窗口。

1.2 MATLAB 命令的形式

MATLAB 软件是基于 C++语言开发的，因此语法特征与 C++语言极为相似，而且更加简单，更加符合科技人员对数学表达式的书写格式，从而使其更便于非计算机专业的科技人员使用。同时，这种语言可移植性好、可拓展性极强。

在 MATLAB 中，不同的数字、字符、符号代表不同的含义，能组合成极为丰富的表达式，以满足用户的各种应用需求。下面简要介绍在 MATLAB 命令行窗口中输入命令时常用的几种符号。

1.2.1 命令提示符

命令提示符 "≫" 标识一行命令的开头，由系统自动生成，表示 MATLAB 处于准备就绪状态。

在命令提示符之后输入数学表达式，按 Enter 键即可执行命令并返回运行结果，并且会将结果保存在工作区窗口中。

在命令行窗口中输入命令时，利用表 1.1 所列的常用快捷键可以移动光标，修改输入的命令。

表 1.1　常用快捷键

键 盘 按 键	说　　明	键 盘 按 键	说　　明
←	向前移一个字符	Esc	清除一行
→	向后移一个字符	Delete	删除光标处字符
Ctrl+ ←	向左移一个字	Backspace	删除光标前的一个字符
Ctrl+ →	向右移一个字	Alt+Backspace	删除光标所在行的所有字符

下面介绍命令输入过程中几种常见的错误及显示的警告与错误信息。

➢ 输入的等号为中文格式。

```
>> y＝sin(x)+cos(x)      %等号为中文格式
 y＝sin(x)+cos(x)
   ↑
```
错误：文本字符无效。请检查不受支持的符号、不可见的字符或非 ASCII 字符的粘贴。

➢ 函数使用格式错误。

```
>> y=diag()
错误使用 diag
输入参数的数目不足。
```

➢ 引用未定义变量。

```
>> y=diag(A)
函数或变量'A'无法识别。
```

1.2.2 功能符号

如果输入的命令过于冗长、烦琐，那么可以采用在命令行中添加分号、续行符及引入变量等方法进行处理。

1. 分号

一般情况下，在命令行窗口中输入一行命令，按 Enter 键将执行命令，并在命令行窗口中输出运算结果。例如：

```
>> x=0:5
x =
     0     1     2     3     4     5
>> y=sin(x)+cos(x)
y =
    1.0000    1.3818    0.4932   -0.8489   -1.4104   -0.6753
```

如果不希望 MATLAB 输出每一步的运算结果，可以在不输出结果的命令行末尾加上分号（；）。例如，上面的命令可以写成如下形式。

```
>> x=0:5;
>> y=sin(x)+cos(x)
y =
    1.0000    1.3818    0.4932   -0.8489   -1.4104   -0.6753
```

2. 续行符

如果某一行的命令太长，或出于某种需要，必须多行书写命令行时，可以使用续行符（...）（3 个或 3 个以上的圆点）进行处理，表示下一行是上一行的延续。例如，下面的命令行用于数列求和。

```
>> y=1-1/2+1/3-1/4+1/5-...
1/6+1/7-1/8+1/9-1/10+...
1/11-1/12+1/13-1/14+1/15
y =
    0.7254
```

3. 引入变量

如果需要解决的问题比较复杂，直接输入命令时，即使添加分号或续行符，命令行仍然较长且可读性不高，这种情况下可以引入变量，以简化命令行进行运算。

在这里需要注意的是，在使用变量前应先对其进行定义，否则系统不能识别，会弹出错误信息。例如：

```
>> A
函数或变量'A'无法识别。
```

接收运算结果的存储变量可以根据需要随时定义。例如：

```
>> x=5*8
x =
    40
>> y=3^3
y =
    27
```

上面的命令行中包含赋值号（=），表示将表达式的运算结果赋给变量 x 和 y。

1.2.3　常用命令

在使用 MATLAB 执行命令时，掌握常用的操作命令或技巧，可以起到事半功倍的效果。下面简要介绍几个与命令行窗口操作相关的命令。

1. clc 命令

在命令行窗口中执行 clc 命令，可以清除命令行窗口中的所有命令文本。此时，不能使用命令行窗口中的滚动条查看以前输入的命令，但是可以使用向上箭头键"↑"打开命令历史记录窗口重新调用命令语句，如图 1.12 所示。

图 1.12　查看清除的命令

2. clear 命令

在命令行窗口中执行 clear 命令，可以清除工作区中的所有变量，并将它们从系统内存中释放。clear 命令的语法格式及说明见表 1.2。

表 1.2　clear 命令的语法格式及说明

语 法 格 式	说　明
clear	从当前工作区中删除所有变量，并将它们从系统内存中释放
clear name1 ... nameN	删除内存中 name1 … nameN 指定的变量、脚本、函数或 MEX 函数
clear -regexp expr1 ... exprN	删除与列出的任何正则表达式 expr1 … exprN 匹配的所有变量。此选项仅删除变量
clear ItemType	删除 ItemType 指定类型的项目。参数 ItemType 可取值为 all、classes、functions、global、import、java、mex、variables

实例——清除变量

源文件：yuanwenjian\ch01\ex_101.m
本实例定义一个存储变量，然后清除该变量。
解： MATLAB 程序如下。

```
>> a=1              %定义变量 a
a =
    1
>> clear a          %清除变量 a
>> a                %查看变量 a 的值
函数或变量'a'无法识别。
```

3. close 命令

在命令行窗口中执行 close 命令，可以关闭当前或指定的图窗。close 命令的语法格式及说明见表 1.3。

表 1.3　close 命令的语法格式及说明

语　法　格　式	说　　明
Close	关闭当前图窗。该语法格式等效于 close(gcf)
close(fig)	关闭 fig 指定的图窗
close all	关闭句柄可见的所有图窗
close all hidden	关闭所有图窗，包括具有隐藏句柄（HandleVisibility 属性设置为'callback'或'off'）的图窗
close all force	强制关闭所有图窗，包括已指定 CloseRequestFcn 回调以防止用户关闭的图窗
status = close(…)	在以上任意一种语法格式的基础上，返回关闭操作的 status。如果一个或多个图窗被关闭，则返回 1；否则返回 0。在这种语法格式中，字符向量形式的输入参数必须包含在括号中。例如，status = close('all','hidden')

实例——关闭指定图窗

源文件：yuanwenjian\ch01\ex_102.m

本实例新建 3 个图窗，然后使用 close 命令关闭指定的图窗。

解： MATLAB 程序如下。

```
%新建3个图窗，返回图窗句柄
>> f1 = figure;
>> f2 = figure;
>> f3 = figure;
>> status = close(f1)        %关闭图窗f1，返回图窗状态以验证图窗是否关闭
status =
     1                       %返回值为1，表示已关闭图窗
>> close([f2 f3])           %同时关闭图窗f2和f3
```

4．clf 命令

在命令行窗口中执行 clf 命令，可以删除当前或指定的图窗中的内容。clf 命令的语法格式及说明见表 1.4。

表 1.4　clf 命令的语法格式及说明

语　法　格　式	说　　明
clf	删除当前图窗中具有可见句柄的所有子级
clf(fig)	删除 fig 指定的图窗中具有可见句柄的所有子级
clf('reset')	删除当前图窗中的所有子级（不管其句柄是否可见），并将图窗除 Position、Units、PaperPosition 和 PaperUnits 以外的属性重置为默认值。该语法格式等价于 clf reset
clf(fig,'reset')	删除 fig 指定的图窗中的所有子级并重置其属性
f = clf(…)	在以上任意一种语法格式的基础上，返回图窗对象 f

5．load 命令

在命令行窗口中执行 load 命令，可以将文件变量加载到工作区。load 命令的语法格式及说明见表 1.5。

表 1.5　load 命令的语法格式及说明

语　法　格　式	说　　明
load(filename)	从 filename 指定的文件中加载数据。如果 filename 是 MAT 文件，则将 MAT 文件中的变量加载到工作区；如果 filename 是 ASCII 文件，则创建一个包含该文件数据的双精度数组
load(filename,variables)	加载 MAT 文件 filename 中的指定变量

续表

语 法 格 式	说　明
load(filename,'-ascii')	不管 filename 的文件扩展名是什么，都视为 ASCII 文件
load(filename,'-mat')	不管 filename 的文件扩展名是什么，都视为 MAT 文件
load(filename, '-mat', variables)	加载 filename 中的指定变量
S = load(…)	在以上任意一种语法格式的基础上，将加载的数据存储到变量 S 中。如果 filename 是 MAT 文件，则 S 是结构数组；如果 filename 是 ASCII 文件，则 S 是包含该文件数据的双精度数组
load filename	该语法格式是上述语法格式的命令形式，不需要括号，也不用将输入参数包含在单引号或双引号中，使用空格（而不是逗号）分隔各个输入项

实例——加载数据集

源文件：yuanwenjian\ch01\ex_103.m

本实例使用 load 命令的不同语法格式加载数据集中的变量。

解：MATLAB 程序如下。

```
>> clear                      %清除工作区的变量
>> load clown                 %使用命令格式加载数据集
>> clear
>> load ('clown')            %使用函数格式加载数据集，不指定数据集的后缀
>> clear
>> load ('clown.mat')        %使用函数格式加载数据集，指定完整的数据集名称
>> load clown X               %仅加载数据集 clown.mat 中的变量 X
```

6. save 命令

在 MATLAB 中，save 命令可以将工作区中的变量保存到文件中。save 命令的语法格式及说明见表 1.6。

表 1.6　save 命令的语法格式及说明

语 法 格 式	说　明
save(filename)	将当前工作区中的所有变量保存在二进制文件（MAT 文件）filename 中。如果文件 filename 已存在，则覆盖该文件
save(filename,variables)	将 variables 指定的结构体数组的变量或字段保存在二进制文件（MAT 文件）filename 中
save(filename,variables,fmt)	在上一种语法格式的基础上，使用参数 fmt 指定文件的保存格式
save(filename,variables,'-append')	将 variables 中的变量追加到一个现有文件 filename 中。对于 ASCII 文件，'-append'会将数据添加到文件末尾
save filename	该语法格式是上述语法格式的命令形式，不需要括号，也不用将输入参数包含在单引号或双引号中，使用空格（而不是逗号）分隔各个输入项

实例——将变量保存到文件中

源文件：yuanwenjian\ch01\ex_104.m

解：MATLAB 程序如下。

```
>> [X,Y,Z]= peaks;            %使用山峰函数 peaks 创建 3 个 49×49 的矩阵 X、Y、Z
>> save('peak.mat','X','Y','Z')   %将变量保存到当前目录下的二进制文件 peak.mat 中
>> save peak.xlsx X Y Z       %将变量保存到当前目录下的电子表格文件 peak.xlsx 中
```

执行程序，在当前文件夹窗口中可以看到创建的 peak.mat 文件和 peak.xlsx 文件。

扫一扫，看视频

扫一扫，看视频

1.2.4　M 文件编辑器

在实际应用中，如果要完成的运算比较复杂，比如需要几十行甚至几百行命令，这时直接在命令行窗口中逐行输入并执行命令就不太适用了。因为如果中间有一行出错了也不能修改，只能重新输入；如果要在不同场景下反复运行该运算，就要反复输入。针对这种情况，MATLAB 提供了另一种工作方式，即利用 M 文件编程。

M 文件因其扩展名为.m 而得名，其是一个标准的文本文件，可以在任何文本编辑器中进行编辑、存储、修改和读取，MATLAB 也提供了专门的 M 文件编辑器。M 文件的语法是一种程序化的编程语言，比一般的高级语言简单，并且程序容易调试、交互性强。MATLAB 在初次运行 M 文件时将其代码装入内存，再次运行该文件时直接从内存中取出代码运行，因此会大大提高程序的运行速度。一个 M 文件可以包含许多连续的 MATLAB 命令，这些命令完成的操作可以是引用其他的 M 文件，也可以是引用自身文件，还可以进行循环和递归等。

在"主页"选项卡中单击"新建脚本"按钮，或在命令行窗口中执行 edit 命令，即可启动 M 文件编辑器，如图 1.13 所示。

根据命令编写的规则不同，M 文件可以分为命令文件和函数文件两种。命令文件像命令行窗口一样，由连续的多行命令组成；函数文件将实现某种特定功能的多行命令定义为一个函数，以关键字 function 标识。MATLAB 工具箱中的各种命令实际上都是函数文件。

图 1.13　M 文件编辑器

函数文件与命令文件的主要区别在于：函数文件要定义函数名，一般都带有输入参数和返回值，其中的变量仅在函数运行期间有效，一旦函数运行完毕，其中定义的一切变量都会被系统自动清除。命令文件一般不需要带参数和返回值，其中的变量在执行后仍会保存在内存中，直到用 clear 命令清除。

M 文件编写完成并保存后，在命令行窗口中输入 M 文件的名称即可调用 M 文件。按 Enter 键即可运行 M 文件。

📢 **注意：**

> 由于 MATLAB 的搜索顺序为变量→内部函数→程序文件，因此 M 文件中的变量名与程序文件名不能相同，如果相同，则优先调用变量而不是调用程序文件。此外，在运行 M 文件时，需要先将 M 文件复制到当前文件夹下或保存在搜索路径下；否则运行时无法调用。

扫一扫，看视频

实例——三角函数求和

源文件：yuanwenjian\ch01\jiafa.m、ex_105.m
本实例利用命令文件 M 计算两个三角函数的和。

【操作步骤】

（1）在命令行窗口中执行 edit 命令启动 M 文件编辑器，新建一个 M 文件。在 M 文件中输入如下命令，计算两个三角函数的和。

```
%jiafa.m
%计算三角函数在区间[-pi/2 pi/2]的值
x=-pi/2:pi/4:pi/2;              %定义取值点
```

```
       y=sin(x)+cos(x)
```

（2）将 M 文件保存在搜索路径下，文件名称为 jiafa.m。

（3）运行 M 文件。在 MATLAB 命令行窗口中输入文件名并执行，即可得到计算结果，代码如下所示。

```
>> jiafa
y =
     -1.0000    0.0000    1.0000    1.4142    1.0000
```

实例——三角函数求差

源文件：yuanwenjian\ch01\jianfa.m、ex_106.m

本实例利用函数文件 M 计算两个三角函数的差。

扫一扫，看视频

【操作步骤】

（1）在命令行窗口中执行 edit 命令启动 M 文件编辑器，新建一个 M 文件。在 M 文件中输入如下命令，计算两个三角函数的差。

```
%jianfa.m
function jianfa(x)
%此文件用于计算两个函数的差
a=sin(x);
b=cos(x);                  %计算两个关于 x 的函数
a-b                        %输出函数差值
```

（2）将 M 文件保存在搜索路径下，文件名称为 jianfa.m。

📢 **注意：**

> 函数文件 M 的名称与函数名相同。

（3）运行 M 文件。在 MATLAB 命令行窗口中输入文件名并执行，即可得到计算结果，代码如下所示。

```
>> x=-pi/2:pi/4:pi/2;       %定义变量取值点
>> jianfa(x)                %调用自定义函数，代入参数 x，计算函数差值
y =
     -1.0000   -1.4142   -1.0000   -0.0000    1.0000
```

1.3 设 置 路 径

在 1.2 节中讲解到，M 文件应保存在搜索路径或当前文件夹（当前工作路径）下，否则 MATLAB 会因找不到指定的文件而报错。这是因为 MATLAB 的搜索规则是：首先搜索工作内存，然后搜索当前工作路径，最后按照 MATLAB 出厂设置好的先后次序对各文件夹进行全面搜索。因此，脚本或函数只有在当前工作路径或搜索路径下才可以被调用，并且当前工作路径优先于搜索路径。

1.3.1 设置当前工作路径

当前工作路径是指当前运行程序的路径，也就是在功能区下方的工具栏中显示的路径，如图 1.14 所示。

图 1.14　当前工作路径

在图 1.14 所示的工具栏中单击"后退"按钮 ← 或"前进"按钮 →，可以返回或前进到当前路径之前或之后设置的路径。单击"向上一级"按钮 ，可以将当前路径的上一级目录设置为当前工作路径。单击"浏览文件夹"按钮 ，可以打开"选择新文件夹"对话框，从中选择文件夹作为当前工作路径。如果要将之前设置的路径重新设置为当前工作路径，可以单击工作路径列表框右侧的下拉按钮，在弹出的下拉列表中选择需要的路径。

此外，在工作路径列表框中，单击路径节点两侧的"展开"按钮 ▸，在弹出的下拉列表中可以修改某个路径节点，从而设置新的工作路径，如图 1.15 所示。

图 1.15　修改路径节点

1.3.2　查看搜索路径

MATLAB 是一种"逐句解释执行"的程序语言，使用搜索路径可以高效地定位用于 MathWorks 产品的文件。搜索路径是 MATLAB 系统中预先设定的一系列路径，是文件系统中所有文件夹的子集。用户也可以根据需要对搜索路径进行添加、修改或删除。

默认情况下，搜索路径包括以下文件夹。

（1）userpath（用户路径）文件夹。该文件夹是在双击 MATLAB 快捷方式启动 MATLAB 时的启动文件夹，在启动时会被自动添加到搜索路径中，在搜索路径中处于第 1 位，是存储用户文件的默认文件夹。

默认的 userpath 文件夹因平台而异。例如，Windows 平台为%USERPROFILE%\Documents\MATLAB；Mac 平台为$home\Documents\MATLAB。在命令行窗口中执行 userpath 命令，可以查看当前的 userpath 文件夹。例如：

```
>> userpath
ans =

    'C:\Users\QHTF\Documents\MATLAB'
```

（2）作为 MATLABPATH 环境变量的一部分定义的文件夹。MATLABPATH 环境变量可以包含其他一些要在启动时添加到 MATLAB 搜索路径中的文件夹。这些文件夹被置于 userpath 文件夹之后，但先于 MathWorks 产品的文件夹。

（3）MATLAB 和其他 MathWorks 产品的文件夹位于 matlabroot\toolbox 目录下。其中，matlabroot 是在命令行窗口中运行 matlabroot 时显示的文件夹。

（4）类、包、private 和 resources 文件夹。这些文件夹是特殊文件夹，无法被显式指定为搜索路径的一部分。当特殊文件夹的父文件夹被指定为路径的一部分时，该特殊文件夹会被隐式添加到搜索路径中。如果要访问特殊文件夹中的文件和文件夹，必须将其父文件夹添加到搜索路径中。

在命令行窗口中执行 path 命令，可以输出 MATLAB 当前的所有搜索路径。

实例——查看当前的所有搜索路径

源文件： yuanwenjian\ch01\ex_107.m
解： MATLAB 程序如下。

```
>> path

        MATLABPATH
    C:\Users\QHTF\Documents\MATLAB
    C:\Users\QHTF\Documents\MATLAB\yuanwenjian
    C:\Users\QHTF\Documents\MATLAB\yuanwenjian\images
    C:\Program Files\MATLAB\R2023a\examples\matlab\main
    C:\Users\QHTF\Documents\MATLAB\Examples
    C:\Users\QHTF\Documents\MATLAB\Examples\R2023a
    C:\Users\QHTF\Documents\MATLAB\Examples\R2023a\matlab
    C:\Users\QHTF\Documents\MATLAB\Examples\R2023a\matlab\GS2DAnd3DPlotsExample
    C:\Users\QHTF\Documents\MATLAB\Examples\R2023a\matlab\
    SaveAndRestoreDisplayFormatExample
    C:\Program Files\MATLAB\R2023a\bin
    C:\Program Files\MATLAB\R2023a\toolbox\matlab\addon_enable_disable_management\
    matlab
    C:\Program Files\MATLAB\R2023a\toolbox\matlab\addon_updates\matlab
    C:\Program Files\MATLAB\R2023a\toolbox\matlab\addons
    ...
    C:\Program Files\MATLAB\R2023a\toolbox\wt\wt
    C:\Program Files\MATLAB\R2023a\ui\composite_dv_widget_mi\m
    C:\Program Files\MATLAB\R2023a\ui\mw-webwindow\mw-webwindow-m
    C:\ProgramData\MATLAB\SupportPackages\R2023a\mex\supportpackages\mingw
```

其中，"…"表示由于版面限制而省略的多行内容。

如果不希望在命令行窗口中查看搜索路径，可以在 MATLAB 命令行窗口中执行 pathtool 命令，或直接在 MATLAB 主窗口的"主页"选项卡中单击"设置路径"按钮，打开如图 1.16 所示的"设置路径"对话框进行查看。

图 1.16 "设置路径"对话框

"MATLAB 搜索路径"列表框中列出的目录就是 MATLAB 当前的所有搜索路径，拖动列表框右侧的滚动条即可浏览搜索路径。

为帮助读者进一步了解使用"设置路径"对话框管理搜索路径的方法，下面简要介绍该对话框中各个按钮的作用。

（1）添加文件夹：忽略文件夹包含的子文件夹，仅将选中的文件夹添加到搜索路径中。

（2）添加并包含子文件夹：将选中的文件夹及其包含的子文件夹一并添加到搜索路径中。

（3）移至顶端：将选中的路径移到搜索路径的顶端。

（4）上移：在搜索路径中将选中的路径向上移动一位。

（5）下移：在搜索路径中将选中的路径向下移动一位。

（6）移至底端：将选中的路径移到搜索路径的底端。

📢 注意：

> 搜索路径中的文件夹顺序十分重要。当在搜索路径中的多个文件夹中出现同名文件时，MATLAB 将使用搜索路径中最靠前的文件夹中的文件。

（7）删除：在搜索路径中删除选中的路径。

（8）还原：恢复到改变路径之前的搜索路径列表。

（9）默认：恢复到 MATLAB 的默认路径列表。

1.3.3　扩展搜索路径

除了 MATLAB 预设的搜索路径，用户还可以将需要的路径添加到搜索路径中，或将不需要的路径从搜索路径中删除，还可以调整搜索路径中目录的顺序。

下面简要介绍扩展 MATLAB 搜索路径的 3 种常用方法。

1．使用"设置路径"对话框扩展搜索路径

使用图 1.16 所示的"设置路径"对话框可以最直观地扩展搜索路径。

实例——使用"设置路径"对话框扩展搜索路径

本实例将当前工作路径中的 yuanwenjian 文件夹及其子文件夹添加到搜索路径中。

扫一扫，看视频

【操作步骤】

（1）在 MATLAB 主窗口的"主页"选项卡中单击"设置路径"按钮，或在 MATLAB 命令行窗口中执行 pathtool 命令，打开图 1.16 所示的"设置路径"对话框。

（2）单击"添加并包含子文件夹"按钮，在打开的"文件夹浏览"对话框中选中要添加的文件夹，然后单击"确定"按钮，新路径即可显示在搜索路径列表中。

（3）单击"保存"按钮保存新的搜索路径，然后单击"关闭"按钮关闭对话框。至此，新的搜索路径设置完毕。

2．使用 path 命令扩展搜索路径

path 命令除了可以查看搜索路径，还可以更改或扩展搜索路径。path 命令的语法格式及说明见表 1.7。

表 1.7　path 命令的语法格式及说明

语 法 格 式	说　　明
path	显示 MATLAB® 搜索路径，该路径存储在 pathdef.m 中
path(newpath)	将搜索路径更改为 newpath 指定的路径

续表

语 法 格 式	说　　明
path(oldpath,newfolder)	将 newfolder 文件夹添加到搜索路径的末尾。如果 newfolder 已位于搜索路径中，则将 newfolder 移至搜索路径的底端
path(newfolder,oldpath)	将 newfolder 文件夹添加到搜索路径的开头。如果 newfolder 已经位于搜索路径中，则将 newfolder 移至搜索路径的顶端
p = path(…)	在以上任意一种语法格式的基础上，以字符向量形式返回 MATLAB 搜索路径

实例——使用 path 命令扩展搜索路径

源文件：yuanwenjian\ch01\ex_108.m

本实例使用 path 命令将指定的目录扩展为 MATLAB 的搜索路径，并将其添加到搜索路径列表的顶端。

【操作步骤】

（1）在当前文件夹窗口中右击，利用快捷菜单新建一个名为 New Folder 的文件夹。

（2）在 MATLAB 命令行窗口中执行以下命令。

```
>> oldpath = path;                %将当前的搜索路径存储到变量 oldpath 中
>> newfolder = 'New Folder';      %将当前工作路径下的路径赋值给变量 newfolder
>> path(newfolder, oldpath)       %将指定路径添加到搜索路径列表的顶端
```

（3）打开"设置路径"对话框，可以看到指定的路径已添加到搜索路径的顶端，如图 1.17 所示。

图 1.17　运行结果

3. 使用 addpath 命令扩展搜索路径

在早期的 MATLAB 中，向搜索路径中添加文件夹用得最多的命令是 addpath。addpath 命令的语法格式及说明见表 1.8。

表 1.8　addpath 命令的语法格式及说明

语 法 格 式	说　　明
addpath(folderName1,...,folderNameN)	将指定的文件夹添加到当前 MATLAB 会话的搜索路径的顶端
addpath(folderName1,...,folderNameN,position)	将指定的文件夹添加到 position（取值为'-begin'或'-end'）指定的搜索路径的顶端或底端
addpath(…,'-frozen')	在上述任意一种语法格式的基础上，为所添加的文件夹禁用文件更改检测，也就是 MATLAB 不检测从 MATLAB 以外的地方对文件夹所做的更改
oldpath = addpath(…)	在以上任意一种语法格式的基础上，返回在添加指定文件夹之前的路径

实例——使用 addpath 命令扩展搜索路径

源文件：yuanwenjian\ch01\ex_109.m

本实例使用 addpath 命令将两个目录分别添加到搜索路径的顶端和底端。

【操作步骤】

（1）在当前文件夹窗口中右击，利用快捷菜单新建两个名称分别为 folder1 和 folder2 的文件夹。

（2）在 MATLAB 命令行窗口中执行以下命令。

```
>> addpath('folder1', '-begin')        %将 folder1 添加到搜索路径的顶端
>> addpath('folder2','-end')           %将 folder2 添加到搜索路径的底端
```

（3）打开"设置路径"对话框，拖动"MATLAB 搜索路径"列表框右侧的滚动条，可以看到指定的路径已分别添加到搜索路径的顶端和底端。

1.4　查询帮助

MATLAB 提供了内容丰富、功能强大的帮助系统，其不仅具备完善的联机帮助文档和演示系统，还提供了一系列帮助命令。通过熟练使用 MATLAB 的帮助命令，用户可以快速查询 MATLAB 命令的使用方法。

1.4.1　帮助系统

MATLAB 的帮助系统包括帮助文档和演示系统两大部分。启动联机帮助系统的方法有很多，下面简要介绍常用的两种方法。

（1）使用 helpwin 命令和 doc 命令打开帮助中心。在命令行窗口中执行 helpwin 命令或 doc 命令可以打开如图 1.18 所示的帮助中心。

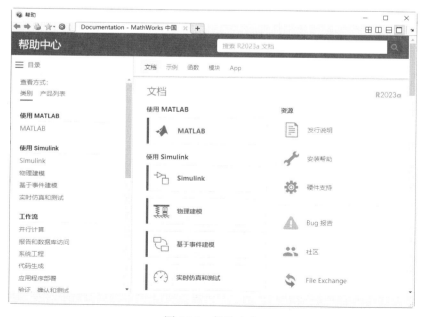

图 1.18　帮助中心

（2）使用菜单命令。在 MATLAB 的"主页"选项卡中选择"资源"→"帮助"→"帮助"下拉菜单中的"文档"或"示例"命令，都可以打开如图 1.18 所示的 MATLAB 帮助中心。不同的是，一个默认显示的是帮助文档列表，一个默认显示的是示例列表。如果在弹出的下拉菜单中选择"支持网站"命令，可在浏览器中打开 MATLAB 的帮助中心，如图 1.19 所示。

图 1.19　在浏览器中打开 MATLAB 的帮助中心

在帮助中心窗口顶部的搜索文本框中输入要查询的内容，按 Enter 键，即可显示相应的搜索结果列表。单击要查看的文档，即可看到相应的帮助内容。

动手练一练——查看 path 命令的帮助文档

本练习在帮助系统中查找 path 命令的帮助文档。

扫一扫，看视频

📝 思路点拨：

源文件：yuanwenjian\ch01\prac_102.m
（1）在命令行窗口中执行 helpwin 命令或 doc 命令，打开帮助中心。
（2）在搜索文本框中输入关键词 path，按 Enter 键。
（3）在搜索结果列表中单击要查看的文档。

除了查询命令的使用方法，对 MATLAB 或某个工具箱的初学者来说，更高效的学习方法是查看 MATLAB 的联机演示系统，可以了解命令或工具箱的具体使用方法和应用。

在 MATLAB 的"主页"选项卡中选择"资源"→"帮助"→"示例"命令，或者直接在命令行窗口中执行 demos 命令，即可进入 MATLAB 联机帮助系统的主演示页面，如图 1.20 所示。

单击示例类别（如 MATLAB），即可进入相应类别的示例列表，如图 1.21 所示。

单击某个示例，即可进入具体的演示界面，如图 1.22 所示。

图 1.20 主演示页面

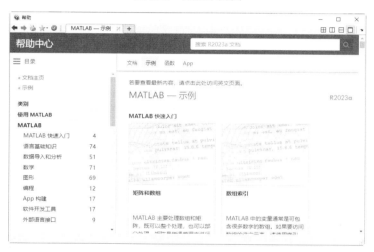

图 1.21 示例列表

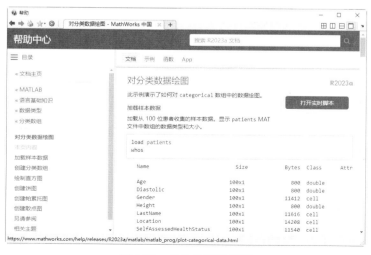

图 1.22 具体的演示界面

单击"打开实时脚本"按钮，可在实时编辑器中打开该示例，在"实时编辑器"选项卡中单击"运行"按钮，也可以运行该示例。

　　动手练一练——查看"基本矩阵运算"演示程序

本练习通过观看随机自带的演示程序，掌握联机演示系统的使用方法。

📝 思路点拨：

　　源文件：yuanwenjian\ch01\prac_103.m

　　（1）启动 MATLAB，进入帮助系统的示例列表。

　　（2）找到需要的示例，单击"打开实时脚本"按钮，查看示例程序。

　　（3）单击"运行"按钮，运行示例程序。

1.4.2　help 命令

　　如果要在命令行窗口中查看某个函数的帮助信息，使用 help 命令是最便捷、常用的方法。help 命令的语法格式及说明见表 1.9。

表 1.9　help 命令的语法格式及说明

语 法 格 式	说　　　明
help	根据用户在命令行窗口中是否已运行过其他命令，使用该语法格式可显示帮助向导或上一步执行的命令的帮助信息
help name	显示 name 指定的功能的帮助文本，如函数、方法、类、工具箱或变量

实例——help 命令使用示例

　　源文件：yuanwenjian\ch01\ex_110.m

本实例演示 help 命令的用法。

【操作步骤】

（1）启动 MATLAB 2023，确保没有在命令行窗口中执行过任何命令。

（2）在命令行窗口中输入并执行 help 命令。

```
>> help
不熟悉 MATLAB?请参阅有关快速入门的资源。

要查看文档，请打开帮助浏览器。
```

（3）单击"快速入门"链接，可打开帮助文档，并定位到"MATLAB 快速入门"的相关资源，如图 1.23 所示。

（4）单击"打开帮助浏览器"链接，可进入如图 1.24 所示的帮助中心。

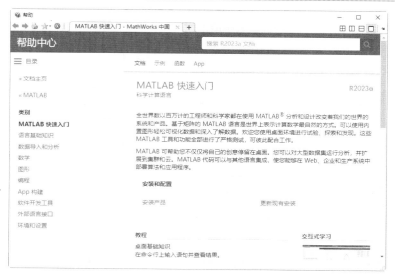

图 1.23　帮助文档

图 1.24　帮助中心

（5）在命令行窗口中执行了其他命令（如 clear 命令），然后再次执行 help 命令，查看前一条命令的相关帮助信息，MATLAB 程序如下：

```
>> clear
>> help
--- clear 的帮助 ---

clear - 从工作区中删除项目、释放系统内存
    此 MATLAB 函数从当前工作区中删除所有变量，并将它们从系统内存中释放。

    语法
      clear
      clear name1 ... nameN
      clear -regexp expr1 ... exprN
      clear ItemType
```

输入参数
　　name1 ... nameN - 要清除的变量、脚本、函数或 MEX 函数的名称。
　　　字符向量 | 字符串标量
　　expr1 ... exprN - 用于匹配要清除的变量名称的正则表达式
　　　字符向量 | 字符串标量
　　ItemType - 要清除的项目的类型
　　　all | classes | functions | global | import | java | mex | variables

示例
　　清除单个变量
　　按名称清除特定的变量
　　清除变量集
　　清除所有已编译的脚本、函数和 MEX 函数

另请参阅 clc, clearvars, delete, import, inmem, load, mlock, whos

已在 R2006a 之前的 MATLAB 中引入
clear 的文档
clear 的其他用法

实例——显示 close 命令的帮助信息

源文件：yuanwenjian\ch01\ex_111.m
本实例使用 help 命令查看 close 命令的语法格式、参数说明和示例文档等帮助信息。

扫一扫，看视频

【操作步骤】

在命令行窗口中执行以下命令。

```
>> help close
close - 关闭一个或多个图窗
    此 MATLAB 函数 关闭当前图窗。调用 close 等效于调用 close(gcf)。

    语法
      close
      close(fig)
      close all
      close all hidden
      close all force
      status = close(___)

    输入参数
      fig - 要关闭的图窗
        一个或多个 Figure 对象、图窗编号或图窗名称

    示例
      关闭单个图窗
      关闭多个图窗
      关闭具有指定编号的图窗
      使用指定名称关闭图窗
      验证图窗是否关闭
      使用可见句柄关闭所有图窗
      关闭所有具有可见或隐藏句柄的图窗
```

强制图窗关闭

另请参阅 delete, figure, gcf, Figure

已在 R2006a 之前的 MATLAB 中引入
close 的文档
close 的其他用法

1.4.3 lookfor 命令

在实际应用中，用户有时不能清楚地记住某个命令的具体写法，这种情况下可以使用 lookfor 命令，根据用户提供的关键字搜索相关的命令。lookfor 命令的语法格式及说明见表 1.10。

表 1.10 lookfor 命令的语法格式及说明

语 法 格 式	说 明
lookfor keyword	在 MathWorks 文档的所有参考页的摘要行中搜索指定的关键字 keyword。对于存在匹配项的所有参考页，显示该页的帮助文本和 H1 行（第一个注释行）的链接
lookfor keyword -all	搜索摘要行以及每个参考页的语法、描述、输入参数、输出参数和"另请参阅"章节。对于存在匹配项的所有参考页，显示指向该页的帮助文本以及存在匹配的各行的链接

扫一扫，看视频

实例——显示与关键字 inv 相关的帮助链接

源文件：yuanwenjian\ch01\ex_112.m
本实例使用 lookfor 命令搜索与关键字 inv 相关的帮助链接。

【操作步骤】

在命令行窗口中执行以下命令。

```
>> lookfor inv
Invert 3×3 Matrix         - Compute inverse of 3-by-3 matrix
Quaternion Inverse        - Calculate inverse of quaternion
quatinv                   - Calculate inverse of quaternion
invertedF                 - Create inverted-F antenna over rectangular ground plane
invertedF.Height          - Vertical element height along z-axis
invertedF.Width           - Strip width
invertedF.LengthToOpenEnd - Stub length from feed to open end
invertedF.LengthToShortEnd - Stub length from feed to shorting end
invertedF.GroundPlaneLength - Ground plane length along x-axis
invertedF.GroundPlaneWidth - Ground plane width along y-axis
invertedF.FeedOffset      - Signed distance from center along length and width
                            of ground plane
invertedF.Conductor       - Type of metal material
invertedF.Load            - Lumped elements
invertedF.Tilt            - Tilt angle of antenna
...
```

执行 lookfor 命令后，系统将对 MATLAB 搜索路径中的每个 M 文件的第一个注释行（H1 行）进行扫描，如果此行中包含查询的字符串，则输出对应的函数名和第一个注释行。H1 行通常位于帮助文本的第一行，紧跟在定义行后。如果 M 文件是命令文件，则直接位于文件顶端。对于自定义 M 文件，为便于查找，在编写函数文件 M 时，最好在第一个注释行添加函数的功能说明等信息。

第 2 章　MATLAB 程序设计基础

内容指南

作为一门高级的编程语言，MATLAB 包含数据类型、控制语句、函数、输入和输出等基本元素。在利用 MATLAB 进行计算之前，读者需要先了解 MATLAB 的基本数据类型、运算符、函数类型及流程控制结构等基础知识。

内容要点

➢ 基本数值类型
➢ 变量和数据操作
➢ 数据转换
➢ 函数类型
➢ 程序流程控制

2.1　基本数值类型

MATLAB 的基本数据类型有逻辑型（logical）、字符型（char）、数值型（numeric）、元胞数组（cell）、结构体（structure）、表格（table）和函数句柄（function handle）。其中，数值型数据又分为整型（int）、单精度浮点型（single）和双精度浮点型（double）。本节主要介绍数值型数据。

2.1.1　整型

整型数据是不包含小数部分的数值型数据，只用来表示整数，以二进制形式存储。MATLAB 提供了两种整型：有符号整型与无符号整型。

有符号整型是指带有正负号的整型。根据数据范围可分为 8 位有符号整数、16 位有符号整数、32 位有符号整数和 64 位有符号整数。其相应的转换函数和数据范围见表 2.1。

表 2.1　有符号整型的转换函数和数据范围

类　　型	转　换　函　数	数　据　范　围
8 位有符号整数	int8	$-2^7 \sim 2^7-1$
16 位有符号整数	int16	$-2^{15} \sim 2^{15}-1$
32 位有符号整数	int32	$-2^{31} \sim 2^{31}-1$
64 位有符号整数	int64	$-2^{63} \sim 2^{63}-1$

无符号整型是指没有正负号的整型，也就是只包含 0 和正数的整数。根据数据范围可分为 8 位无符号整数、16 位无符号整数、32 位无符号整数和 64 位无符号整数。其相应的转换函数和数据范围见表 2.2。

表 2.2　无符号整型的转换函数和数据范围

类　　型	转换函数	数据范围
8 位无符号整数	uint8	$0\sim 2^8-1$
16 位无符号整数	uint16	$0\sim 2^{16}-1$
32 位无符号整数	uint32	$0\sim 2^{32}-1$
64 位无符号整数	uint64	$0\sim 2^{64}-1$

如果要查询不同整型数据所能表示的最大值和最小值，可以使用 intmax 函数和 intmin 函数。如果不指定输入参数，则可以返回 32 位有符号整型数据的最大值和最小值。

实例——指定整型数据的最大值与最小值

源文件：yuanwenjian\ch02\ex_201.m
本实例分别使用 intmax 函数和 intmin 函数返回指定整型数据的最大值和最小值。
解： MATLAB 程序如下。

```
>> intmax('int8')          %8 位有符号整型数据的最大值
ans =
  int8
   127
>> intmin('int8')          %8 位有符号整型数据的最小值
ans =
  int8
   -128
>> intmax                  %32 位有符号整型数据的最大值
ans =
  int32
   2147483647
>> intmin                  %32 位有符号整型数据的最小值
ans =
  int32
   -2147483648
```

在 MATLAB 中，对相同类型的整数进行运算，结果仍是同种类型的整数；不同类型的整数之间不能进行运算。

实例——整型数据运算

源文件：yuanwenjian\ch02\ex_202.m
解： MATLAB 程序如下。

```
>> a=int16(52)*int16(16)          %同种类型的整数运算结果仍为该种整数类型
a =
  int16
   832
>> a=int32(52)*int16(16)          %不同类型的整数不能直接进行运算
错误使用  *
整数只能与同类的整数或双精度标量值组合使用。
```

2.1.2　浮点型

与整型不同，浮点型是指带有小数部分的实数，利用"浮点"（浮动小数点）的方法可以表示一个范围很大的数值。浮点数是属于有理数中某特定子集中的数的数字表示，在计算机中用以近似表示任意实数。这个实数由一个整数或定点数（尾数）乘以某个基数（计算机中通常是 2）的整数次幂得到，这种表示方法类似于基数为 10 的科学记数法。

根据存储数据所占用的位宽以及数据范围，MATLAB 提供了两种浮点型：单精度浮点型（single）与双精度浮点型（double）。这两种浮点型的转换函数、占用位宽、数据范围和数据位见表 2.3。

表 2.3　浮点型的转换函数、占用位宽、数据范围和数据位

类　型	转换函数	占用位宽	数据范围	数　据　位
单精度浮点型	single	4 字节（32 位）	−3.4028e+38 ～ 3.4028e+38	0～22 位为小数部分 23～30 位为指数部分 31 位为符号位
双精度浮点型	double	8 字节（64 位）	−1.7977e+308 ～ 1.7977e+308	0～51 位为小数部分 52～62 位为指数部分 63 位为符号位 符号位 0 位为正，1 位为负

单精度浮点型数一般用于科学计算，占用 4 字节（32 位）内存空间，包括符号位 1 位（0 代表正，1 代表负），阶码 8 位（可表示 $2^8=256$ 个数），尾数 23 位。单精度浮点型数最多有 7 位十进制有效数字，单精度浮点型数的指数用 E 或 e 表示。

双精度浮点型与单精度浮点型相似，但占 8 字节（64 位）内存空间，精度更高。双精度浮点型可有 15 位有效数字。MATLAB 中数值的默认存储类型是双精度浮点型。

如果将某个数定义为单精度浮点型变量，其有效数字位数超过 7 位，则超出的部分会自动四舍五入。如果定义为双精度浮点型变量，其有效数字位数超过 15 位，则超出的部分会自动四舍五入。

浮点型数据有两种表示形式，即十进制数形式和指数形式。

（1）十进制数形式。十进制数形式由正负号符号、数码 0～9 和小数点组成，如 0.5、.25、5.789、5.0、300.、−267.8230。

实例——显示十进制数

扫一扫，看视频

源文件：yuanwenjian\ch02\ex_203.m

解： MATLAB 程序如下。

```
>> 3.0015
ans =
    3.0015
>> 3
ans =
    3
>> .3      %整数部分为 0，输入时可省略
ans =
    0.3000
>> -.06
ans =
    -0.0600
```

（2）指数形式。指数形式由十进制数加阶码标志 e 或 E 以及阶码（只能为整数，可以带符号）组成。其一般形式为

a E n

其中，a 为十进制数；n 为十进制整数，表示的值为 a×10^n。

例如，2.1E5 等于 $2.1×10^5$，3.7E–2 等于 $3.7×10^{-2}$，0.5E7 等于 $0.5×10^7$，–2.8E–2 等于$–2.8×10^{-2}$。下面介绍常见的不合法的实数。

➤ E7：阶码标志 E 之前无数字。

➤ 53. –E3：负号位置不对。

➤ 2.7E：无阶码。

实例——显示指数

源文件：yuanwenjian\ch02\ex_204.m

解：MATLAB 程序如下。

```
>> 3.15E4
ans =
      31500
>> 3.2e-2
ans =
      0.0320
>> -4.82E3
ans =
      -4820
>>.5e5
ans =
      50000
```

在对浮点型数据进行运算时，单精度浮点型与整型不能直接进行数学运算；单精度浮点型与字符型、逻辑型以及任何浮点型的运算结果都是单精度浮点型。双精度浮点型数据与整型数据进行数值运算时，保持浮点运算精度，然后将结果转换为整型，但非标量的双精度浮点型数据不能与整型数据进行运算；双精度浮点型与单精度浮点型的数学运算结果是单精度浮点型；双精度浮点型与字符型、逻辑型的运算结果是双精度浮点型。

实例——浮点型数据运算

源文件：yuanwenjian\ch02\ex_205.m

解：MATLAB 程序如下。

```
>> A=single(5.2)+int32(123)        %single 型+int32 型，显示错误提示
错误使用  +
整数只能与同类的整数或双精度标量值组合使用。
>> B=single(5.2)+double(3.4)       %single 型+double 型，结果为 single 型
B =
  single
    8.6000
>> C=double(3.8)+int8(123)         %double 型+int8 型，结果为 int8 型
C =
  int8
    127
```

```
>> D=double(63.5)-'a'                    %double 型与字符型运算，结果为 double 型
D =
  -33.5000
```

2.2　变量和数据操作

利用 MATLAB 进行数据计算的最基本操作就是定义变量，然后使用变量进行运算操作。MATLAB 提供了多种类型的变量，本节简要介绍定义变量的方法，以及相应的数据操作。

2.2.1　定义变量

变量是所有程序设计语言的基本元素，MATLAB 语言也不例外。与常规的程序设计语言不同的是，MATLAB 并不要求对变量进行声明，也不需要指定变量类型，MATLAB 会自动依据所赋予变量的值或对变量所进行的操作来识别变量的类型。

在 MATLAB 中，变量的命名应遵循以下规则。

➢ 变量名必须以字母开头，之后可以是任意的字母、数字或下划线，不能包含空格和标点。

➢ 变量名字母区分大小写。因此，X 和 x 表示不同的变量。

➢ 变量名不超过 31 个字符，第 31 个字符以后的字符将被忽略。

与其他的程序设计语言相同，MATLAB 中的变量也存在作用域的问题。在未加特殊说明的情况下，MATLAB 将所识别的一切变量视为局部变量，仅在其使用的 M 文件内有效。若要将变量定义为全局变量，则应当对变量进行说明，即在该变量前加关键字 global。一般来说，全局变量均用大写的英文字符表示。

如果将数值赋给变量，则此变量称为数值变量。在赋值过程中，如果赋值变量已存在，则MATLAB 将使用新值代替旧值，并以新值类型代替旧值类型。

实例——定义变量

源文件：yuanwenjian\ch02\ex_206.m

解：MATLAB 程序如下。

```
>> x                    %直接输入变量名
函数或变量'x'无法识别。
>> x=14^2               %定义数值变量 x
x =
   196
>> global X             %定义全局变量 X
>> X                    %查看变量 X 的值
X =
    []
```

2.2.2　预定义变量

MATLAB 提供了一些预定义变量，其中有些变量被赋予了特定的值，这类特殊的变量称为常量。表 2.4 给出了 MATLAB 中常用的预定义变量。

表 2.4　MATLAB 中常用的预定义变量

预定义变量名称	说　明
ans	默认变量名，存储最近的运算结果
pi	圆周率
eps	浮点运算的相对精度
inf	无限值
NaN	非数值，不合法的数值
i，j	复数中的虚数单位
realmin	双精度表示的最小正浮点数
realmax	双精度表示的最大正浮点数
intmax	32 位有符号整型的最大整数
intmin	32 位有符号整型的最小整数

这里需要说明的是，如果没有为运算表达式指定变量存储运算结果，则默认使用预定义变量 ans 存储。

扫一扫，看视频

实例——查看内部常量的值

源文件：yuanwenjian\ch02\ex_207.m

解： MATLAB 程序如下。

```
>> pi                    %查看圆周率的值
ans =
    3.1416
    >> eps               %浮点运算的相对精度
    ans =
        2.2204e-16
    >> realmin           %最小正浮点数
    ans =
        2.2251e-308
    >> realmax           %最大正浮点数
    ans =
        1.7977e+308
```

在定义变量时，应避免与预定义的常量名相同，以免改变这些常量的值。如果已经改变了某个常量的值，可以通过"clear+常量名"命令恢复该常量的初始设定值。当然，重新启动 MATLAB 也可以恢复这些常量值。

扫一扫，看视频

实例——修改常量的值并恢复

源文件：yuanwenjian\ch02\ex_208.m

解： MATLAB 程序如下。

```
>> pi                    %查看常量 pi 的默认值
ans =
3.1416
    >> pi=1              %修改常量 pi 的值
    pi =
        1
    >> clear pi          %恢复常量 pi 的默认值
```

```
>> pi                          %查看常量pi的值
ans =
    3.1416
```

2.2.3　数据显示格式

在 MATLAB 中，数据的存储与计算默认都是以双精度进行的，但有多种显示形式。在默认情况下，如果数据为整数，则以整数表示；如果数据为实数，则以保留小数点后 4 位的精度近似表示。用户也可以根据需要，使用 format 命令改变数据的显示格式。format 命令的语法格式及说明见表 2.5。

表 2.5　format 命令的语法格式及说明

语法格式	说　明
format short	默认的格式设置，短固定十进制小数点格式，小数点后包含 4 位数
format long	长固定十进制小数点格式，double 值的小数点后包含 15 位数，single 值的小数点后包含 7 位数
format shortE	短科学记数法，小数点后包含 4 位数
format longE	长科学记数法，double 值的小数点后包含 15 位数，single 值的小数点后包含 7 位数
format shortG	使用短固定十进制小数点格式或科学记数法中更紧凑的一种格式，总共 5 位
format longG	使用长固定十进制小数点格式或科学记数法中更紧凑的一种格式
format shortEng	短工程记数法，小数点后包含 4 位数，指数为 3 的倍数
format longEng	长工程记数法，包含 15 位有效位数，指数为 3 的倍数
format hex	十六进制格式表示
format +	在矩阵中，用符号+、–和空格表示正号、负号和 0
format bank	银行格式，用美元与美分定点表示，小数点后包含 2 位数
format rat	以有理数形式输出结果
format compact	输出结果之间没有空行
format loose	输出结果之间有空行
format	将输出格式重置为默认值，即浮点表示法的短固定十进制小数点格式和适用于所有输出行的宽松行距

实例——控制数值显示格式

源文件：yuanwenjian\ch02\ex_209.m

解：MATLAB 程序如下。

```
>> format compact              %用紧凑格式显示数据，输出结果之间没有空行
>> pi                          %查看常量的值
ans =
    3.1416
>> format long, pi             %长固定十进制小数点格式，小数点后包含15位数
ans =
   3.141592653589793
>> format hex, pi              %用十六进制格式显示pi的值
ans =
   400921fb54442d18
>> format bank,pi              %用银行格式显示pi的值
ans =
        3.14
>> format rat,pi               %用有理数形式显示pi的值
```

```
ans =
     355/113
>> format                    %恢复默认的数据显示格式
>> pi                        %用默认格式显示 pi 的值，输出结果之间有空行
             %空行
ans =
             %空行
     3.1416
             %空行
```

2.2.4 运算符

MATLAB 提供了丰富的运算符，能满足用户的各种应用要求。这些运算符包括算术运算符、关系运算符和逻辑运算符。在这 3 种运算符中，算术运算符优先级最高，关系运算符次之，而逻辑运算符优先级最低。在逻辑运算符中，"非"的优先级最高，"与"和"或"有相同的优先级。

1. 算术运算符

MATLAB 语言的算术运算符见表 2.6。

表 2.6 MATLAB 语言的算术运算符

运 算 符	定 义
+	算术加
−	算术减
*	算术乘
.*	点乘
^	算术乘方
.^	点乘方
\	算术左除
.\	点左除
/	算术右除
./	点右除
'	矩阵转置。当矩阵是复数时，求矩阵的共轭转置
.'	矩阵转置。当矩阵是复数时，不求矩阵的共轭转置

其中，算术运算符加、减、乘、除及乘方与传统意义上的加、减、乘、除及乘方类似，用法基本相同，而点乘、点乘方等运算有其特殊的一面。点运算是指元素点对点的运算，即矩阵内元素对元素之间的运算。点运算要求参与运算的变量在结构上必须是相似的。

MATLAB 的除法运算较为特殊。对于简单数值而言，算术左除与算术右除也不同。算术右除与传统的除法相同，即 $a/b=a\div b$；而算术左除则与传统的除法相反，即 $a\backslash b=b\div a$。对矩阵而言，算术右除 A/B 相当于求解线性方程 $B*X=A$ 的解；算术左除 $A\backslash B$ 相当于求解线性方程 $A*X=B$ 的解。点左除与点右除与上面的点运算相似，是变量对应于元素进行点除。

2. 关系运算符

关系运算符主要用于对矩阵与数、矩阵与矩阵进行比较，返回表示二者关系的由数 0 和 1 组成的矩阵，0 和 1 分别表示不满足和满足指定关系。

MATLAB 语言的关系运算符见表 2.7。

表 2.7 MATLAB 语言的关系运算符

运　算　符	定　　义
==	等于
～=	不等于
>	大于
>=	大于等于
<	小于
<=	小于等于

3．逻辑运算符

MATLAB 语言进行逻辑判断时，所有非零数值均被认为真，而零为假。在逻辑判断结果中，判断为真时输出 1，判断为假时输出 0。

MATLAB 语言的逻辑运算符见表 2.8。

表 2.8 MATLAB 语言的逻辑运算符

运　算　符	定　　义
&或 and	逻辑与。两个操作数同时为非零值时，结果为 1；否则为 0
|或 or	逻辑或。两个操作数同时为 0 时，结果为 0；否则为 1
～或 not	逻辑非。操作数为 0 时，结果为 1；否则为 0
xor	逻辑异或。两个操作数之一为非零值时，结果为 1；否则为 0
any	有非零元素则为真
all	所有元素均非零则为真

实例——逻辑运算示例

源文件：yuanwenjian\ch02\ex_210.m

解：MATLAB 程序如下。

扫一扫，看视频

```
>> 1&2
ans =
  logical
   1
>> 4|0
ans =
  logical
   1
>> or (0,1)
ans =
  logical
   1
>> xor(0,1)
ans =
    logical
    1
>> any(15)
```

```
   ans =
      logical
      1
>> all(15)
   ans =
      logical
      1
```

MATLAB 常用的基本数学函数与三角函数见表 2.9。

表 2.9　MATLAB 常用的基本数学函数与三角函数

名　称	说　明	名　称	说　明
abs(x)	数值的绝对值或向量的长度	sign(x)	符号函数（Signum function）。当 x<0 时，sign(x)=-1；当 x=0 时，sign(x)=0；当 x>0 时，sign(x)=1
angle(z)	复数 z 的相角（Phase angle）	sin(x)	正弦函数
sqrt(x)	开平方	cos(x)	余弦函数
real(z)	复数 z 的实部	tan(x)	正切函数
imag(z)	复数 z 的虚部	asin(x)	反正弦函数
conj(z)	复数 z 的共轭复数	acos(x)	反余弦函数
round(x)	四舍五入至最近整数	atan(x)	反正切函数
fix(x)	无论正负，舍去小数至最近整数	atan2(x,y)	四象限的反正切函数
floor(x)	向负无穷大方向取整	sinh(x)	超越正弦函数
ceil(x)	向正无穷大方向取整	cosh(x)	超越余弦函数
rat(x)	将实数 x 化为分数表示	tanh(x)	超越正切函数
rats(x)	将实数 x 化为多项分数展开	asinh(x)	反超越正弦函数
rem	求两整数相除的余数	acosh(x)	反超越余弦函数
atanh(x)	反超越正切函数	idivide	带有舍入选项的整除
mod	除后的余数（取模运算）	hypot	平方和的平方根

扫一扫，看视频

实例——计算函数值

源文件：yuanwenjian\ch02\ex_211.m

本实例计算函数 $y = \dfrac{1}{\sin x^2 + \exp(-x) - \sqrt{x}}$ 在 x=20 时的函数值。

解：MATLAB 程序如下。

```
>> x=20;                            %定义变量 x
>> y=1/(sin(x^2)+exp(-x)-sqrt(x))   %计算函数值
   y =
     -0.1879
```

2.3　数　据　转　换

在 MATLAB 中执行数值运算时，如果参与运算的操作数的数据类型不能直接进行运算，则需要转换数据类型。本节介绍几种常用的数据类型转换函数，用于将数据转换成特定的类型。

2.3.1　转换数据类型

在 MATLAB 中,使用 class 函数可以返回数据对象的类别。class 函数的语法格式及说明见表 2.10。

表 2.10　class 函数的语法格式及说明

语 法 格 式	说　明
className = class(obj)	返回 obj 的类的名称

使用 cast 函数可以将指定变量转换为不同的数据类型。cast 函数的语法格式及说明见表 2.11。

表 2.11　cast 函数的语法格式及说明

语 法 格 式	说　明
B = cast(A,newclass)	将输入数据 A 转换为类 newclass,其中 newclass 是与 A 兼容的内置数据类型的名称。返回转换类型后的数据 B。如果 A 中的值太大,则 cast 函数将截断 A 中无法映射到 newclass 的任何值
B = cast(A,'like',p)	将 A 转换为与变量 p 相同的数据类型、稀疏性和复/实性(复数或实数)。如果 A 和 p 都为实数,则 B 也为实数;否则 B 为复数

实例——将 int8 值转换为 uint8

源文件：yuanwenjian\ch02\ex_212.m

解： MATLAB 程序如下。

扫一扫,看视频

```
>> a = int8(pi)              %定义 8 位整数标量
a =
  int8
   3
>> class(a)                  %返回变量 a 的类型
ans =
    'int8'
>> b = cast(a,'uint8')       %将 a 转换为 8 位无符号整型
b =
  uint8
   3
>> class(b)                  %返回 b 的类型
ans =
 'uint8'
```

如果希望类型转换后,输出数据的字节数始终与输入数据的字节数相同,可以使用 typecast 函数。该函数可以在不更改基础数据的情况下转换数据类型。typecast 函数的语法格式及说明见表 2.12。

表 2.12　typecast 函数的语法格式及说明

语 法 格 式	说　明
Y = typecast(X,type)	将 X 中的数值转换为 type 指定的数据类型。输入数据 X 必须是非复数数值组成的标量或向量

实例——转换相同存储大小的整数

源文件：yuanwenjian\ch02\ex_213.m

本实例使用 typecast 函数将指定的整型数据转换为相同存储大小的另一种整型数据。

扫一扫,看视频

解： MATLAB 程序如下。

```
>> typecast(uint8(255),'int8')        %将255从默认的双精度转换为uint8，再转换为int8格式
ans =
  int8
  -1
>> typecast(int16(-1),'uint16')       %将-1从默认的双精度转换为int16，再转换为uint16格式
ans =
  uint16
  65535
```

扫一扫，看视频

实例——生成 32 位无符号整型数据

源文件：yuanwenjian\ch02\ex_214.m

本实例使用 typecast 函数将输入数组转换为一个 32 位无符号整型数据。

解： MATLAB 程序如下。

```
>> typecast(uint8([120 86 52]),'uint32') %由于输入中的字节数不足，因此 MATLAB 会发出错误
错误使用 typecast
第一个输入项必须包含 4 个元素的倍数，才能从 uint8(8 位)转换为 uint32(32 位)。
>> typecast(uint8([120 86 52 1]), 'uint32')
ans =
 uint32
   20207224
```

2.3.2 将整数转换为字符

MATLAB 使用 int2str 函数将整数转换为字符。int2str 函数的语法格式及说明见表 2.13。

表 2.13 int2str 函数的语法格式及说明

语 法 格 式	说　　明
chr = int2str(N)	将 N 视为整数，转换为表示整数的字符数组 chr。如果 N 包含浮点值，int2str 会在转换之前对这些值进行舍入

扫一扫，看视频

实例——将数值转换为整数字符

源文件：yuanwenjian\ch02\ex_215.m

解： MATLAB 程序如下。

```
>> chr = int2str(pi)           %将常量 pi 转换为字符
chr =
    '3'
>> int2str(3.52)               %将实数舍入为整数，然后转换为字符
ans =
    '4'
>> int2str(3.21)
ans =
    '3'
```

2.3.3 转换图像数据

在 MATLAB 中，为了节省存储空间，一般使用 uint8 型存储图像数据。MATLAB 读入图像的数据是 uint8 型，而 MATLAB 中的数值一般采用 double 型（64 位）存储和运算，因此在处理图像

时，通常要先将图像数据转换为 double 型，再进行运算。

（1）转换索引图像数据。假设 X8 为 uint8 型的索引图像数据，使用以下程序可将其转换为 64 位 double 型的数据。

```
X64 = double(X8) + 1;        %要将索引图像数据从 uint8 型转换为 64 位 double 型，需要加 1
```

反之，如果要将 64 位 double 型的索引图像数据 X64 转换为 uint8 型，需要减 1，程序如下所示。

```
X8 = uint8(round(X64 - 1));   %将索引图像数据 X64 减 1，使用 round 函数舍入取整后，转换为
                              %uint8 类型
```

（2）转换 RGB 图像数据。假设 RGB8 为 uint8 型的真彩色图像数据，执行以下程序可将其转换为 double 型。

```
RGB64 = double(RGB8)/255;  %将真彩色图像数据从 unit8 型转换为 double 型，需要重新缩放数据
```

反之，如果要将 64 位 double 型的索引图像数据 RGB64 转换为 uint8 型，可执行如下程序。

```
RGB8 = uint8(round(RGB64*255));   %重新缩放真彩色图像数据并舍入取整，然后转换为 uint8 型
```

2.3.4　数值的舍入与取整

使用整型转换函数，可以将带小数的实数转换为整数。这种情况下，MATLAB 自动将数值舍入到最接近的整数。

实例——使用整型转换函数转换小数

源文件：yuanwenjian\ch02\ex_216.m

解：MATLAB 程序如下。

```
>> int16(123.499)           %舍入小数，转换为 16 位有符号整数
ans =
 int16
  123
>> int16(123.999)
ans =
 int16
  124
```

如果要使用非默认舍入方式对数值进行舍入，MATLAB 提供了以下 4 种舍入函数：round、fix、floor 和 ceil。

在 MATLAB 中，round 函数表示将带有小数的数值四舍五入为最接近的小数或整数。round 函数的语法格式及说明见表 2.14。

表 2.14　round 函数的语法格式及说明

语 法 格 式	说 明
Y = round(X)	将 X 的每个元素四舍五入为最接近的整数。如果元素的十进制小数部分为 0.5（在舍入误差内），则 MATLAB 会从两个同样临近的整数中选择绝对值较大的整数
Y = round(X,N)	在上一种语法格式的基础上，使用参数 N 指定舍入位数。N>0，表示舍入到小数点右侧的第 N 位数；N = 0，表示舍入到最接近的整数；N<0，表示舍入到小数点左侧的第 N 位数
Y = round(X,N,type)	在上一种语法格式的基础上，使用参数 type 指定舍入的类型。如果 type 取值为默认值"decimals"，表示基于小数点相关位数，等价于上一语法格式；如果取值为"significant"，此时 N 必须为正整数，表示基于全部有效位数，将 X 四舍五入到具有 N 个有效位数的最近数值
Y = round(…,TieBreaker=direction)	在以上任意一种语法格式的基础上，按照 direction 指定的方向对结果进行舍入。结果很少见，在使用这种格式取整时，仅当 X*10^N 的十进制小数部分为 0.5（在舍入误差内）时，才会出现结果值

语 法 格 式	说　　明
Y = round(t)	将 duration 数组 t 的每个元素四舍五入到最接近的秒数
Y = round(t,unit)	在上一种语法格式的基础上，将 t 的每个元素四舍五入到指定单位时间的最接近的数

实例——将实数按指定方式舍入数值

源文件：yuanwenjian\ch02\ex_217.m

本实例将实数按指定方式进行舍入。

解： MATLAB 程序如下。

```
>> round(6.5274,3 ,'significant')      %四舍五入为保留 2 位有效数字
ans =
    6.5300
>> round(6.5274,3)                      %舍入到小数点右侧第 3 位数
ans =
    6.5270
```

在 MATLAB 中，fix 函数可以将带有小数的数值（无论正负）舍去小数至最近整数。fix 函数的语法格式及说明见表 2.15。

表 2.15　fix 函数的语法格式及说明

语 法 格 式	说　　明
Y = fix(X)	将 X 的每个元素向零方向四舍五入为最接近的整数。该函数实际上是通过删除 X 中每个元素的小数部分，将它们截断为整数

实例——将数值向零取整

源文件：yuanwenjian\ch02\ex_218.m

解： MATLAB 程序如下。

```
>> A = fix(3.22)
A =
    3
>> B = fix(2.88)
B =
    2
>> C=fix(-3.2)
C =
    -3
>> D=fix(-5.8)
D =
    -5
```

在 MATLAB 中，floor 函数可以将带有小数的数值向负无穷大方向舍入取整。floor 函数的语法格式及说明见表 2.16。

表 2.16　floor 函数的语法格式及说明

语 法 格 式	说　　明
Y = floor(X)	将 X 的每个元素四舍五入到小于或等于该元素的最接近整数
Y = floor(t)	将 duration 数组 t 的每个元素四舍五入到小于或等于此元素的最接近的秒数

续表

语 法 格 式	说　　明
Y = floor(t, unit)	在上一种语法格式的基础上，使用参数 unit 指定时间单位，将 t 的每个元素四舍五入到小于或等于该元素的最接近的数。unit 可取值为 seconds（默认）、minutes、hours、days 或 years。一年的持续时间正好等于 365.2425 天

扫一扫，看视频

实例——将实数向下取整

源文件：yuanwenjian\ch02\ex_219.m

解： MATLAB 程序如下。

```
>> A=floor(3.6)                                    %将实数向下取整
A =
     3
>> B=floor(-4.2)
B =
    -5
>> t = hours(8) + minutes(29:31) + seconds(2.56);  %定义持续时间 t
>> t.Format= 'hh:mm:ss.SS'                          %修改持续时间的显示格式
t =
  1×3 duration 数组
    08:29:02.56   08:30:02.56   08:31:02.56
>> T=floor(t)                                       %将持续时间 t 的秒数向下取整
T =
  1×3 duration 数组
    08:29:02.00   08:30:02.00   08:31:02.00
```

与 floor 函数相对应，ceil 函数用于将带有小数的数值向正无穷大方向取整。ceil 函数的语法格式及说明见表 2.17。

表 2.17　ceil 函数的语法格式及说明

语 法 格 式	说　　明
Y = ceil(X)	将 X 的每个元素四舍五入到大于或等于该元素的最接近整数
Y = ceil(t)	将 duration 数组 t 的每个元素四舍五入到大于或等于此元素的最接近的秒数
Y = ceil(t,unit)	在上一种语法格式的基础上，使用参数 unit 指定时间单位，将 t 的每个元素四舍五入到大于或等于该元素的最接近的数。unit 可取值为 seconds（默认）、minutes、hours、days 或 years。一年的持续时间正好等于 365.2425 天

扫一扫，看视频

实例——将实数向上取整

源文件：yuanwenjian\ch02\ex_220.m
解： MATLAB 程序如下。

```
>> A = ceil(pi)                                     %将实数向上取整
A =
     4
>> B=ceil(-5.4)
B =
    -5
>> t = hours(8) + minutes(29:31) + seconds(2.56);  %定义持续时间 t
>> t.Format= 'hh:mm:ss.SS'                          %修改持续时间的显示格式
t =
  1×3 duration 数组
```

```
       08:29:02.56   08:30:02.56   08:31:02.56
>> T=floor(t,'minutes')                                    %舍入到最接近的分钟数
T =
   1×3 duration 数组
       08:29:00.00   08:30:00.00   08:31:00.00
```

2.4 函数类型

MATLAB 中的函数可以分为匿名函数、M 文件主函数、子函数、私有函数、嵌套函数和重载函数。

2.4.1 匿名函数

匿名函数通常只是由一句很简单的声明语句组成，不需要创建 M 文件就可以快速生成简单的函数，通常在命令行或函数、脚本中运行时创建。

匿名函数使用函数句柄算子@创建，其语法格式如下：

```
fhandle=@(arglist)expr
```

其中，arglist 是以逗号分隔的参数列表，可以有一个或多个参数，也可以为空（表示没有参数）；expr 表示函数体；fhandle 为匿名函数句柄名称。如果要创建匿名函数数组，可以采用如下语法格式。

```
fhandle={@(arglist1)expr1, @(arglist2)expr2,…, @(arglistn)exprn}
```

创建匿名函数句柄 fhandle 后，执行该匿名函数的语法如下：

```
fhandle(arglist)
```

使用函数 feval 也可以执行匿名函数，其语法格式如下：

```
[outlist] = feval(fhandle,arglist)
```

其中，fhandle 为匿名函数句柄的名称；outlist 为输出参数列表。

这种调用相当于执行以参数列表为输入变量的函数句柄所对应的函数。

实例——计算平方和

源文件：yuanwenjian\ch02\ex_221.m

本实例创建匿名函数计算两个数的平方和。

解： MATLAB 程序如下。

```
>> fh=@(x,y) x.^2+y.^2          %创建匿名函数，计算给定参数 x 和 y 的平方和
fh =
   包含以下值的 function_handle:
     @(x,y)x.^2+y.^2
>> fh(3,4)                      %代入参数执行匿名函数 fh
ans =
   25
>> feval(fh,3,4)               %执行匿名函数
ans =
   25
```

在 MATLAB 中，还可以为指定的自定义函数、内置函数创建函数句柄，具体语法格式如下：

```
fhandle = @函数名称
```

使用函数 functions 可以显示函数句柄的内容，包括函数句柄所对应的函数名、类型、文件类型以及加载方式。其中函数句柄常见的信息字段见表 2.18。

表 2.18　函数句柄常见的信息字段

函 数 类 型	说　　　明
function	函数句柄对应的函数名。如果与句柄相关联的函数是嵌套函数，则名称的形式为'主函数名/嵌套函数名'
type	函数类型。例如，'simple'（内部函数）、'nested'（嵌套函数）、'scopedfunction'（局部函数） 或 'anonymous'（匿名函数）
file	带有文件扩展名的函数的完整路径

📢 注意：

　　函数的加载方式只有当函数类型为 overloaded 时才存在。

实例——为 save 函数创建函数句柄

源文件：yuanwenjian\ch02\ex_222.m
函数句柄创建示例。

解：MATLAB 程序如下。

```
>> fun_handle=@save          %为 MATLAB 内置函数 save 创建函数句柄
fun_handle =
  包含以下值的 function_handle:
    @save
>> functions(fun_handle)     %显示函数句柄 fun_handle 的内容
ans =
  包含以下字段的 struct:

    function: 'save'
        type: 'simple'
        file: 'MATLAB built-in function'
```

实例——差值计算

源文件：yuanwenjian/ch02/chazhi.m、ex_223.m
本实例为自定义函数创建函数句柄，并调用句柄执行函数。

【操作步骤】

（1）启动 M 文件编辑器，创建一个函数文件 chazhi.m，计算两个输入参数的差值。

```
function f=chazhi(x,y)
f=x-y;
```

将 M 文件保存在搜索路径下。

（2）创建自定义函数 chazhi 的函数句柄。

```
>> fhandle=@chazhi           %使用函数句柄算子@引导函数名，创建函数句柄
fhandle =
  包含以下值的 function_handle:
    @chazhi
>> functions(fhandle)        %显示函数句柄对应的函数名、类型和文件类型
ans =
  包含以下字段的 struct:

    function: 'chazhi'
        type: 'simple'
        file: 'C:\Users\QHTF\Documents\MATLAB\chazhi.m'
```

（3）调用函数句柄执行匿名函数。

扫一扫，看视频

```
>> feval(fhandle,25,13)
ans =
    12
```

这种操作相当于执行以函数名为输入变量的 feval 函数。

```
>> feval('chazhi',25,13)
ans =
    12
```

2.4.2 M 文件主函数、子函数与私有函数

子函数是针对主函数而言的。M 文件主函数是指每一个 M 文件的第一行使用关键字 function 定义的函数，一个 M 文件只能包含一个主函数，但可以有多个子函数。

子函数是一个 M 文件中除了主函数外的其他函数，用来扩充函数的功能。所有的子函数都有自己独立的声明、帮助和注释等结构，只需要注意在位置上处于主函数之后即可，同一个 M 文件中的各个子函数没有前后顺序之分。

子函数只能被主函数或同一主函数下其他的子函数调用，M 文件内部发生函数调用时，MATLAB 首先检查该文件中是否存在相应名称的子函数，然后检查这一 M 文件所在目录的子目录下是否存在同名的私有函数，最后按照 MATLAB 路径检查是否存在同名的 M 文件或内部函数。保存 M 文件时使用主函数名，外部函数只能对主函数进行调用。

📢 注意：

> 在同一 M 文件中，子函数内部定义的变量不能被其他子函数使用，除非定义为全局变量或作为参数传递。

扫一扫，看视频

实例——使用子函数实现数值的加、减运算

源文件：yuanwenjian\ch02\compute.m、ex_224.m
本实例编写子函数，通过调用子函数实现两个输入参数的加、减运算。

【操作步骤】

（1）启动 M 文件编辑器，创建一个函数文件 compute.m，对两个输入参数进行简单的加、减运算。

```
function [a,b] = compute(x,y)        %主函数
%此文件演示子函数的编写方法
%对输入参数进行加、减运算
%输出运算的结果 a 和 b
a = num_add(x,y);                    %调用子函数 1 计算加法
b = num_sub(x,y);                    %调用子函数 2 计算减法
end
function k = num_add(i,j)            %子函数 1，计算加法
   k =i+j;
   disp('两数之和为: ')
   outprint(k);                      %调用子函数 3
end
function m = num_sub(s,t)            %子函数 2，计算减法
   m = s-t;
   disp('两数之差为: ')
   outprint(m);                      %调用子函数 3
end
function outprint(num)               %子函数 3，输出结果
```

```
    disp(num);
  end
```

（2）将 M 文件保存在搜索路径下。切换到命令行窗口，调用主函数，代入参数计算，程序如下所示。

```
>> compute(28,15)
两数之和为：
    43
两数之差为：
    13
```

私有函数是具有限制性访问权限的函数，在 MATLAB 中，位于名为 private 的私有目录下的函数称为私有函数。私有函数的构造与普通 M 函数完全相同，只不过私有函数只能被 private 目录的直接父目录中的函数调用，其他目录中的函数不能调用。任何指令通过"名称"对函数进行调用时，私有函数的优先级仅次于 MATLAB 的内置函数和子函数。

私有函数与子函数的区别主要有以下两点。

（1）私有函数只能被其直接父目录中的函数调用，子函数则只能被其所在的 M 文件的主函数或同一主函数下的其他子函数调用。

（2）在函数结构上，私有函数与一般的函数文件相同，而子函数则只能在主函数文件中定义。

2.4.3　嵌套函数

在一个函数内部可以定义一个或多个函数，这种定义在其他函数内部的函数就称为嵌套函数。一个函数内部可以嵌套多个函数，嵌套函数内部又可以继续嵌套其他函数。

嵌套函数的语法格式如下：

```
function [outlist1]=function_1(arglist1)
...
    function [outlist2]=function_2(arglist2)
    ...
    end
...
end
```

匿名函数也可以进行嵌套，嵌套的匿名函数也称为多重匿名函数。例如：

```
fh=@(y) (quad(@(x)(x.^2+x*y+2),0,1));
```

上式用于计算函数 $x^2 + xy + 2$ 在区间[0,1]对 x 的积分。其中，@(x)(x.^2+x*y+2)为第一重匿名函数，计算结果作为参数传递给积分函数 quad 进行计算。

嵌套函数和子函数类似，嵌套函数之间的内部变量不互通，二者的区别仅仅在于主函数的变量对嵌套函数可见（类似全局变量），对子函数不可见（除非定义为全局变量）。严格来说，嵌套函数可以直接操作主函数在调用嵌套函数之前声明的变量。嵌套函数能调用子函数，子函数不能调用嵌套函数。

实例——使用嵌套函数实现数值幂运算

源文件：yuanwenjian/ch02/nesting.m、ex_225.m
本实例编写嵌套函数，实现数值的幂运算。

扫一扫，看视频

【操作步骤】

（1）启动 M 文件编辑器，创建一个函数文件 nesting.m，对两个输入参数进行幂运算。

```
function p = nesting(x,y)                    %主函数
%此文件演示嵌套函数的用法
%对输入参数进行幂运算，输出运算结果 p
    k = input('请输入幂次（整数）: ');        %输入幂次
    p = num_power(x,y);                      %调用嵌套函数
    function s = num_power(i,j)              %嵌套函数，计算两数之和的幂
        t = i+j;
        s = t.^k;                           %使用主函数中的变量 k
        disp('(x+y)^k=: ')
         outprint(s);                       %调用子函数
    end
end
function outprint(num)                       %子函数，输出结果
    disp(num);
end
```

（2）将 M 文件保存在搜索路径下。切换到命令行窗口，调用主函数，代入参数计算，程序如下所示。

```
>> nesting(5,2)
请输入幂次（整数）: 2                         %从键盘输入 2
(x+y)^k=:
    49
>> nesting(3,2)
请输入幂次（整数）: 0                         %从键盘输入 0
(x+y)^k=:
    1
>> nesting(3,2)
请输入幂次（整数）: -2                        %从键盘输入-2
(x+y)^k=:
    0.0400
```

2.4.4 重载函数

重载是计算机编程中非常重要的一个概念，常用于处理功能类似但是参数类型或个数不同的函数。例如，实现两个相同的计算功能，输入变量数量相同，不同的是，其中一个输入变量的类型为双精度浮点型，另一个输入变量的类型为整型，此时就可以编写两个同名函数，一个用来处理双精度浮点型的输入函数，另一个用来处理整型的输入参数。

在 MATLAB 中，函数重载不能像 C++ 一样通过不同的参数类型进行重载，而要在函数体内使用内部变量 nargin 和 nargout 控制函数主体内容的实现。简单来说，就是用 if 判断，根据条件执行不同的语句。其中，nargin 用于记录调用函数时输入的参数个数；nargout 用于记录调用函数时返回的参数个数。定义的参数与调用时的参数个数不需要相同，即定义参数（x,y），但是调用时可以只输入参数 x。

输入参数时可以只用内部变量 varargin 表示，调用时输入的参数是元胞数组 varargin 中的元素。例如，用 varargin{1} 可以获得第一个输入参数。

扫一扫，看视频

实例——计算输入参数的最小值

源文件：yuanwenjian\ch02\overload.m、ex_226.m
本实例通过重载函数计算输入参数的最小值。

【操作步骤】

（1）启动 M 文件编辑器，创建一个函数文件 overload.m，计算不同数量的输入参数的最小值。

```
function y=overload(varargin)
%此文件演示重载函数的用法
%返回输入参数中的最小值
minArgs=3;
maxArgs=4;
narginchk(minArgs,maxArgs)      %验证输入参数的个数，个数少于 3 或多于 4 时程序会报错
if nargin==3
    %将 3 个输入参数依次赋值给变量
    x1=varargin{1};
    x2=varargin{2};
    x3=varargin{3};
    y=min([x1 x2 x3]);          %计算 3 个输入参数中的最小值
elseif nargin==4
    %将 4 个输入参数依次赋值给变量
    x1=varargin{1};
    x2=varargin{2};
    x3=varargin{3};
    x4=varargin{4};
    y=min([x1 x2 x3 x4]);       %计算 4 个输入参数中的最小值
end
```

（2）将函数文件保存在搜索路径下。切换到命令行窗口，执行以下程序验证重载函数的效果。

```
>> A=overload(24,56)
错误使用 overload
输入参数的数目不足。
>> B=overload(24,56,38)
B =
    24
>> C=overload(24,56,38,19)
C =
    19
>> D=overload(24,56,38,19,31)
错误使用 overload
输入参数太多。
```

2.5　程序流程控制

与其他程序设计语言类似，MATLAB 的程序结构也可以分为顺序结构、选择结构与循环结构。本节将分别介绍这些程序结构，以及控制程序流程的相关指令。

2.5.1　顺序结构

顺序结构是一种简单、易学的程序结构，它由多个 MATLAB 语句顺序构成，各语句之间用分号（;）隔开。如果不加分号，则必须分行编写，程序执行时按由上至下的顺序逐行执行。

实例——计算两数之和

源文件：yuanwenjian\ch02\sumAB.m、ex_227.m

解： 启动 M 文件编辑器，在 M 文件中输入下面的内容，以 sumAB.m 为文件名保存在搜索路径下。

```
A=input('输入变量 a 的值：');      %输出提示信息，将从键盘输入的值赋值给变量 A
disp('a=');                       %输出文本
disp(A);                          %输出变量
B=input('输入变量 b 的值：');
disp('b=');
disp(B);
C=A+B;                            %计算两数之和
disp('两数之和为：');
disp('a+b=');
disp(C);
```

在上面的程序中，input 命令用于提示用户从键盘输入数据、字符串或者表达式，并接收输入值。input 命令的语法格式及说明见表 2.19。

表 2.19 input 命令的语法格式及说明

语 法 格 式	说　　明
s=input(message)	在屏幕上显示提示信息 message，待用户输入信息后，将相应的值赋给变量 s；如果无输入，则返回空矩阵
s=input(message, 's')	在屏幕上显示提示信息 message，并将用户输入的信息以字符串的形式赋给变量 s；如果无输入，则返回空矩阵

disp 命令用于显示变量的值。disp 命令的语法格式及说明见表 2.20。

表 2.20 disp 命令的语法格式及说明

语 法 格 式	说　　明
disp(X)	显示变量 X 的值，而不输出变量名称。显示变量的另一种方法是输入它的名称，这种方法会在值前面显示一个前导"X ="。如果变量包含空数组，则会返回 disp，但不显示任何内容

在命令行窗口中输入 M 文件名称，按 Enter 键执行，运行结果如下：

```
>> sumAB
输入变量 a 的值：15          %从键盘输入 15
a=
    15

输入变量 b 的值：62          %从键盘输入 62
b=
    62

两数之和为：
a+b=
    77
```

2.5.2　选择结构

选择结构也称为分支结构，即根据条件选择执行不同的语句。MATLAB 提供了两种选择结构：if-else-end 结构和 switch-case-end 结构。

1．if-else-end 结构

if-else-end 结构是一种最常用的选择结构，它有 3 种形式。

（1）if-else-end 结构，其形式如下：

```
if  表达式
    语句组
end
```

在这种形式中，如果表达式的值非零，则执行 if 与 end 之间的语句组；否则直接执行 end 后面的语句。

实例——判断数值能否被整除

扫一扫，看视频

源文件：yuanwenjian\ch02\yushu.m、ex_228.m

本实例编写一个函数文件，判断给定的参数能否被整除。

【操作步骤】

启动 M 文件编辑器，编写如下函数文件。

```
function f=yushu(a,b)
%本文件演示 if_end 的用法
r=rem(a,b);                    %rem(a,b)返回 a 除以 b 后的余数
if r==0
    disp('a 能被 b 整除');      %余数为 0 时执行
end
if r~=0
    disp('a 不能被 b 整除');    %余数不为 0 时执行
end
```

将函数文件以文件名 yushu.m 保存在搜索路径下，然后在命令行窗口中输入函数名称并代入参数运行可得：

```
>> yushu(2,4)
a 不能被 b 整除
>> yushu(6,2)
a 能被 b 整除
```

（2）if-else-end 结构，其形式如下：

```
if  表达式
    语句组 1
else
    语句组 2
end
```

在这种形式中，如果表达式的值非零，则执行语句组 1；否则执行语句组 2。因此，上例中的函数文件 yushu.m 可以改写成如下形式。

```
function f=yushu(a,b)
%本文件演示 if_end 的用法
r=rem(a,b);                    %rem(a,b)返回 a 除以 b 后的余数
if r==0
    disp('a 能被 b 整除');      %余数为 0 时执行
else
    disp('a 不能被 b 整除');    %余数不为 0 时执行
end
```

（3）if-elseif-elseif...else-end 结构，其形式如下：

```
if      表达式 1
        语句组 1
elseif  表达式 2
        语句组 2
elseif  表达式 3
        语句组 3
...
else
        语句组 n
end
```

这种形式用于分支较多的情况。程序执行时先判断表达式 1 的值，如果非零，则执行语句组 1，然后执行 end 后面的语句；否则判断表达式 2 的值，如果非零，则执行语句组 2，然后执行 end 后面的语句；否则继续上面的过程。如果所有的表达式都不成立，则执行 else 与 end 之间的语句组 n。

扫一扫，看视频

实例——计算分段函数

源文件：yuanwenjian\ch02\fd.m、ex_229.m

本实例编写一个求分段函数 $f(x)=\begin{cases} 3x+2 & x<-1 \\ x & -1\leqslant x\leqslant 1 \\ 2x+3 & x>1 \end{cases}$ 的程序，并用它来求 $f(1.5)$ 的值。

【操作步骤】

（1）启动 M 文件编辑器，创建如下的函数文件。

```
function y=fd(x)
%此函数用来求分段函数 f(x)的值
%当 x<1 时，f(x)=3x+2;
%当-1<=x<=1 时，f(x)=x;
%当 x>1 时，f(x)=2x+3;
if x<-1
    y=3*x+2;
elseif -1<=x<=1
    y=x;
else
    y=2*x+3;
end
```

然后将函数文件以默认名称保存在搜索路径下。

（2）在命令行窗口中输入函数文件的名称并代入参数，求 $f(1.5)$ 的值。

```
>> y=fd(1.5)
y =
    1.5000
```

2．switch-case-end 结构

switch-case-end 分支结构也可以由 if-else-end 结构实现，并且结构一目了然，更便于后期维护，这种结构的形式为

```
switch  变量或表达式
case    常量表达式 1
        语句组 1
```

```
case        常量表达式 2
            语句组 2
...    ...
case        常量表达式 n
            语句组 n
otherwise
            语句组 n+1
end
```

其中,switch 后面的表达式可以是任何类型的变量或表达式,如果变量或表达式的值与其后某个 case 后的常量表达式的值相等,就执行这个 case 和下一个 case 之间的语句组;否则就执行 otherwise 后面的语句组。执行完一个语句组,程序就退出分支结构,执行 end 后面的语句。

📢 注意:

> MATLAB 中的多分支判断语句 switch-case 与其他程序设计语言的 switch-case 语句的执行方式有所不同。在 MATLAB 中,如果有一个 case 语句后的条件与指定的变量或表达式匹配,则 switch-case 语句不会再对其后的 case 语句进行判断。也就是说,在 MATLAB 中,即使多条 case 判断语句为真,也只执行遇到的第一条为真的语句,而不是像其他语法(如 C)那样,在每条 case 语句后加上 break 语句,以防止继续执行后面为真的 case 条件语句。

实例——查询日程

源文件：yuanwenjian\ch02\schedule.m、ex_230.m
本实例利用 switch-case-end 结构编写一个查询日程的程序。

扫一扫，看视频

【操作步骤】

（1）启动 M 文件编辑器，编写如下的函数文件。

```
function f=schedule(date)
%本文件演示 switch 的用法
%匹配变量 date 的值，返回使用的方法
switch date
    case '星期一',disp('2：30PM 舞蹈训练')
    case '星期三',disp('8：30AM 研讨会')
    case '星期四',disp('4：30PM 学术讲座')
    case '星期六',disp('10：00AM 参观美术展')
    otherwise, disp('暂无安排')
end
```

然后将函数文件以名称 schedule.m 保存在搜索路径下。
（2）在命令行窗口中输入函数文件名称并代入参数，运行结果如下。

```
>> schedule('星期六')
10：00AM 参观美术展
>> schedule('星期三')
8：30AM 研讨会
>> schedule('星期二')
暂无安排
```

2.5.3 循环结构

循环结构常用于需要重复执行某些语句组的程序结构中，被重复执行的语句组称为循环体。MATLAB 中常用的循环结构有两种：for-end 循环与 while-end 循环。

1. for-end 循环

for-end 循环结构通常用于循环次数已知的程序中，循环体重复执行指定的次数，除非用其他语句提前终止循环。其一般形式如下：

```
for  变量＝表达式
    语句组
end
```

其中，表达式通常为形如 $m:s:n$（s 的默认值为 1）的形式，即变量的取值从 m 开始，以间隔值 s 递增（减）到 n，变量每取一次值，循环便执行一次。

实例——输出 3 的整数倍数

源文件：yuanwenjian\ch02\divisible.m、ex_231.m
本实例输出 1~n 之间能被 3 整除的数。

【操作步骤】

（1）新建一个 M 文件，编写如下的函数文件。

```
function f=divisible(n)
%此文件演示 for-end 循环结构
%输出 1~n 之间能被 3 整除的数
if n>1
    for i=1:n
        if mod(i,3)==0
            disp(i);            %输出符合条件的值
        end
    end
else
    disp('参数应为大于 1 的整数!')
end
```

（2）在命令行窗口中输入函数名之后的结果如下：

```
>> divisible(10)                %调用自定义函数，代入参数 10
    3
    6
    9
>> divisible(-5)
参数应为大于 1 的整数!
```

2. while-end 循环

如果不知道循环体到底要执行多少次，可以选择 while-end 循环。这种循环以 while 开头，以 end 结束，其一般形式如下：

```
while  表达式
    语句组
end
```

其中，表达式为循环控制语句，一般是由逻辑运算或关系运算组成的表达式。如果表达式的值非零（或为逻辑真），则执行一次循环，然后再次判断表达式的值是否为逻辑真；否则终止循环。

一般来说，能用 for-end 循环实现的程序也能用 while-end 循环实现。例如，上一个实例中的函数体也可以写成如下形式。

```
i=1;
while i<=n
    if mod(i,3)==0
        disp(i);              %输出符合条件的值
    end
    i=i+1;
end
```

实例——数值升序排列

源文件：yuanwenjian\ch02\ascend.m、ex_232.m
本实例利用 while-end 循环实现数值由小到大排列。

扫一扫，看视频

【操作步骤】

（1）启动 M 文件编辑器，编写如下的函数文件。

```
function f=ascend(a,b)
%本文件演示 while-end 循环结构
%将输入参数 a 和 b 按升序排列输出
while a>b
    t=a;
    a=b;
    b=t;                      %将较小的参数存储在 a 中，较大的数存储在 b 中
end
disp('升序排列结果：');
disp([a,b])                   %输出排序后 a、b 的值
```

（2）在命令行窗口中运行，结果如下：

```
>> ascend(32,28)             %从小到大排序 32 和 28
升序排列结果：
    28    32
>> ascend(27,13)             %从小到大排序 27 和 13
升序排列结果：
    13    27
```

2.5.4　流程跳转命令

默认情况下，程序按照既定的程序结构执行。用户也可以根据需要，在满足某个条件时中断循环或暂停程序。

1．break 命令

break 命令的作用是中断循环语句的执行，不执行循环体中位于 break 命令之后的语句。中断的循环语句可以是 for 语句，也可以是 while 语句。在很多情况下，这种判断是十分必要的。显然，循环体内设置的条件必须在 break 命令之前。对于嵌套的循环结构，break 命令只能退出包含它的最内层循环。

实例——计算圆的半径和面积

源文件：yuanwenjian/ch02/circle.m、ex_233.m

本实例编写程序计算半径为 1～10 的圆的面积，并输出第一个面积大于 100 的圆的半径和对应的面积。

【操作步骤】

（1）启动 M 文件编辑器，编写如下函数文件。

```
function f=circle
%本文件演示 break 的用法
%圆的面积大于 100 时，退出循环并输出面积和对应的半径
for r=1:10
    area=pi*r*r;              %计算面积
    if area>100
        break;               %退出 for 循环
    end
end
%输出退出循环时的半径和对应的面积
disp('半径: ');
disp(r);
disp('面积: ');
disp(area);
end
```

（2）将函数文件以默认名称 circle.m 保存在搜索路径下，然后在命令行窗口中输入函数文件的名称，运行程序可得以下计算结果。

```
>> circle
半径:
     6
面积:
  113.0973
```

在本实例中，半径值设置为 1～10 的整数。从上面的运行结果中可以看到：当半径为 6 时，area>100，此时执行 break 命令，提前结束 for 循环，即不再继续执行其余的几次循环。

2．continue 命令

与 break 命令类似，continue 命令通常也用在 for 或 while 循环结构中，用于中断循环。与 break 命令不同的是，continue 只是结束本次循环，将控制传递给 for 或 while 循环的下一迭代，即跳过循环体中 continue 之后的循环语句，直接进行下一次循环。continue 仅在调用它的循环的主体中起作用。在嵌套循环中，continue 仅跳过循环所发生的循环体内的剩余语句。

实例——计算阶乘

源文件：yuanwenjian\ch02\jiech.m、ex_234.m

本实例计算给定整数的阶乘，演示 continue 命令的功能。

【操作步骤】

（1）启动 M 文件编辑器，编写如下的函数文件。

```
function f=jiech(n)
%本文件演示 continue 的用法
%计算 n!，在指定的数值处中断循环
```

```
    s=1;
    m=input('输入要中断的位置（小于等于 n 的正整数）：');
    for i=1:n
        if i==m
            continue;                %若没有该语句，则该程序求的是 n!，加上就变成了求 n!/m
        end
        s=s*i;                       %当 i==m 时，该语句得不到执行
    end
    i
    s
```

然后将函数文件以默认名称 jiech.m 保存在搜索路径下。

（2）在命令行窗口中输入函数名称，代入参数运行，结果如下：

```
>> jiech(4)
输入要中断的位置（小于等于 n 的正整数）：4        %从键盘输入 4
i =
    4
s =
    6
>> jiech(4)
输入要中断的位置（小于等于 n 的正整数）：3        %从键盘输入 3
i =
    4
s =
    8
```

从运行结果可以看到，当 n=4 时，如果在 i=4 时中断循环，则不执行 s=s*4，然后退出循环，也就是 s=1×2×3=6；如果在 i=3 时中断循环，则不执行 s=s*3，然后 i 递增为 4，计算 s=s*4，也就是 s=1×2×4=8。

3．warning 命令

warning 命令用于在程序运行时给出必要的警告信息，这在实际中是非常必要的。因为一些人为因素或其他不可预知的因素可能会使某些数据输入有误，如果编程者在编程时能够考虑到这些因素，并设置相应的警告信息，则可以大大降低因数据输入有误而导致程序运行失败的可能性。

warning 命令的语法格式及说明见表 2.21。

表 2.21　warning 命令的语法格式及说明

语 法 格 式	说 明
warning(message)	显示警告信息，message 为文本信息
warning(message,a1,a2,…)	显示警告信息 message，其中包含转义字符，并且每个转义字符的值将被转化为 a1,a2,…的值
warning(msgID,…)	将警告标识符附加至警告消息
warning(state)	启用、禁用或显示所有警告的状态：on、off 或 query
warning(state,msgID)	处理指定警告的状态
warning	显示所有警告的状态，等效于 warning('query')
warnStruct = warning	返回一个结构体或一个包含有关启用和禁用哪些警告的信息的结构体数组
warning(warnStruct)	按照结构体数组 warnStruct 中的说明设置当前警告设置
warning(state,mode)	控制 MATLAB 是否显示堆栈跟踪或有关警告的其他信息
warnStruct = warning (state,mode)	返回一个结构体，其中包含 mode 的 identifier 字段和 mode 当前状态的 state 字段

4．return 命令

return 命令的作用是中断函数的运行，并返回到调用它的函数或命令行窗口。return 命令既可以用在循环体内，也可以用在非循环体内。

扫一扫，看视频

实例——计算商和余数

源文件：yuanwenjian\ch02\quotient.m、ex_235.m
本实例编写一个求两个数值的商和余数的程序。

【操作步骤】

（1）启动 M 文件编辑器，编写如下的函数文件。

```
function [Q,C]=quotient(A,B)
%此函数用来求 A 除以 B 的商和余数
%若 B 为 0，则返回空矩阵，并给出警告信息
if B==0
    warning('除数不能为 0!');
    Q=[];
    C=[];
    return;
else
    C=mod(A,B);            %取余
    Q=(A-C)/B;            %取商
end
```

将函数文件以 quotient.m 为文件名保存在搜索路径下。

（2）在命令行窗口中输入函数名称，代入参数调用函数文件，运行结果如下：

```
>> A=input('请输入被除数：')
请输入被除数：5
A =
    5
>> B=input('请输入除数：')
请输入除数：2
B =
    2
>> [Q,C]=quotient(A,B)
Q =
    2
C =
    1
>> [Q,C]=quotient(6,0)
警告：除数不能为 0!
> 位置：quotient(第 5 行)
Q =
    []
C =
    []
```

5．pause 命令

pause 命令可以暂停执行程序，等待用户按下任意键后继续执行。pause 命令在程序的调试过程中或者用户需要查看中间结果时是十分有用的。

pause 命令的语法格式及说明见表 2.22。

表 2.22　pause 命令的语法格式及说明

语 法 格 式	说　　明
pause	暂停执行 M 文件，当用户按下任意键后继续执行
pause(n)	暂停执行 M 文件，n 秒后继续
pause(state)	启用、禁用或显示当前暂停设置。 pause('on')启用其后的暂停命令； pause('off')禁用其后的暂停命令； pause('query')显示当前暂停设置
oldState = pause(state)	返回当前暂停设置，并根据参数 state 设置暂停状态

扫一扫，看视频

实例——模拟排队叫号系统

源文件：yuanwenjian\ch02\queue.m、ex_236.m
本实例使用 pause 命令模拟排队叫号系统。

【操作步骤】

（1）启动 M 文件编辑器，编写如下所示的命令文件，建立 M 文件。

```
%此程序段用来演示 pause 命令
disp('031 号客户请到窗口受理');
disp('5 秒后下一位……');
pause(5)                          %等待 5 秒
disp('032 号客户请到窗口受理');
disp(pause('query'))             %输出当前暂停状态
disp('请稍候……');
pause(5)                          %等待 5 秒
disp('02 号 VIP 客户请到窗口受理');
disp('正在受理中……，按任意键完成')
pause                             %暂停执行 M 文件，按下任意键后继续执行
disp('033 号客户请到窗口受理');
```

（2）将命令文件以名称 queue.m 保存在搜索路径下，然后在命令行窗口中输入文件名称，按
Enter 键执行，具体运行结果如下：

```
>> queue
031 号客户请到窗口受理
5 秒后下一位……
032 号客户请到窗口受理
on
请稍候……
02 号 VIP 客户请到窗口受理
正在受理中……，按任意键完成
033 号客户请到窗口受理
```

运行程序时，首先显示第一条叫号信息和提示信息；然后暂停 5 秒，自动显示第二条叫号信息，
并输出当前暂停状态和提示信息；5 秒后显示 VIP 客户叫号信息及提示信息，此时程序暂停执行，
直到用户按键盘上的任意一个键，才显示最后一条叫号信息。

2.5.5 调试命令

MATLAB 程序设计完成后，因为可能会出现运行错误或者输出结果与预期结果不一致，所以需要对所编写的程序进行调试。本小节将介绍几个用于调试 M 文件的命令。

1. keyboard 命令

keyboard 命令是一个键盘调用命令，用于暂停执行正在运行的程序，并将控制权交给键盘。此时命令行窗口中显示为以 K 开头的提示符（K>>），表示处于调试模式，用户可以通过操作键盘输入各种合法的 MATLAB 命令。

如果要终止调试模式并继续执行，则执行 dbcont 命令。如果要终止调试模式并退出 M 文件，则执行 dbquit 命令，将控制权交还给 M 文件。

2. dbcont 命令

dbcont 命令的功能是在暂停后恢复执行 MATLAB 代码文件，直到遇到另一个断点、满足暂停条件、发生错误或执行成功完成为止。

3. dbquit 命令

dbquit 命令用来立即强制终止调试模式，正在执行的文件未能完成，也不会返回任何结果，此时命令行窗口会显示标准提示符（>>）。如果 MATLAB 对多个函数使用调试模式，该命令只终止对活动函数的调试。

扫一扫，看视频

实例——调试时修改变量值

源文件：yuanwenjian\ch02\keytest.m、ex_237.m
本实例使用 keyboard 命令暂停执行程序，并在继续之前修改变量值。

【操作步骤】

（1）启动 M 文件编辑器，编写如下的函数文件。

```
function s=keytest(x)
m=x^2+x;
keyboard          %使用键盘调用 keyboard 命令暂停执行正在运行的程序
s=sin(m);
end
```

将函数文件以默认名称 keytest.m 保存在搜索路径下。

（2）在命令行窗口中输入函数名称，代入参数调用函数文件，运行结果如下：

```
>> keytest(2)          %调用函数文件，运行到 keyboard 命令时暂停，此时 M 文件中暂停处显示
                       %一个绿色的箭头，命令行窗口中的命令提示符显示为 K>>，如图 2.1 所示
```

图 2.1　调试模式

（3）在命令提示符右侧输入命令，修改 x 的值，然后使用新的 x 值继续运行程序。

```
K>> x=x+pi/2              %修改变量 x 的值
x =
    3.5708
K>> dbcont                %继续运行程序
ans =
   -0.2794
```

4．dbstop 命令

dbstop 命令的功能是设置断点，用来临时中断一个函数文件的执行，给用户提供一个考查函数局部变量的机会。dbstop 命令的语法格式及说明见表 2.23。

表 2.23　dbstop 命令的语法格式及说明

语 法 格 式	说　　明
dbstop in file	在文件 file 中的第一个可执行代码行位置设置断点。运行 file 时，进入调试模式，在断点处暂停执行并显示暂停位置对应的行
dbstop in file at location	在指定位置设置断点。执行时，会在到达该位置之前立即暂停，除非该位置处是一个匿名函数。如果该位置处是匿名函数，则执行将在断点之后立即暂停
dbstop in file if expression	在文件 file 的第一个可执行代码行位置设置条件断点，仅在 expression 的计算结果为 true(1) 时暂停执行
dbstop in file at location if expression	在指定位置设置条件断点。仅在 expression 的计算结果为 true 时，在该位置处或该位置前暂停执行
dbstop if condition	在满足指定的 condition（如 error 或 naninf）的行位置处暂停执行
dbstop(b)	恢复之前保存到断点列表 b 的断点。包含保存断点的文件必须位于搜索路径中或当前文件夹中。MATLAB 按行号分配断点；因此，文件中的行数必须与保存断点时的行数相同

5．dbclear 命令

dbclear 命令的功能是删除断点。dbclear 命令的语法格式及说明见表 2.24。

表 2.24　dbclear 命令的语法格式及说明

语 法 格 式	说　　明
dbclear all	移除 MATLAB 中的所有断点
dbclear in file	移除指定文件中的所有断点
dbclear in file at location	移除指定文件中指定位置设置的断点
dbclear if condition	删除使用指定的 condition 设置的所有断点

实例——设置条件断点

源文件：yuanwenjian\ch02\sequence.m、ex_238.m
本实例演示使用 dbstop 命令设置条件断点的方法。

扫一扫，看视频

【操作步骤】

（1）启动 M 文件编辑器，编制如下命令文件。

```
x=[1,3,6,10,15];          %定义数列的元素
m=length(x);              %计算数列中元素的个数
s=0;                      %数列和的初始值
for i=1:m
  s=s+i;                  %数列求和
```

```
end
s                                                %输出求和结果
```

将 M 文件以 sequence.m 为文件名保存在搜索路径下。

（2）在命令行窗口中执行程序，运行可得如下结果。

```
>> sequence                              %执行 M 文件，返回计算结果
s =
    15
>> dbstop in sequence if i>=3            %在 M 文件 sequence.m 的第一个可执行代码行设置
                                         %一个条件断点，以在 i>=3 时暂停
>> sequence                              %执行 M 文件
1    x=[1,3,6,10,15];
K>>               %在第一个可执行代码行暂停并进入调试模式，命令行窗口中显示对应的行，M 文件中对应的行显示
                  %一个绿色箭头，如图 2.2 所示
```

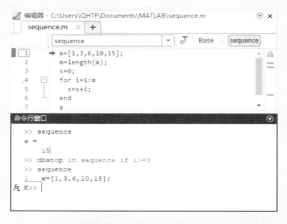

图 2.2　进入调试模式

```
K>> dbquit        %退出调试模式
>> dbstop in sequence at 5 if i>=3       %在第 5 行设置一个条件断点，M 文件中对应
                                         %行的行号显示边框，如图 2.3 所示
```

图 2.3　在第 5 行设置条件断点

```
>> sequence       %执行 M 文件
1    x=[1,3,6,10,15];
```

K>>　　%在第一个可执行代码行暂停并进入调试模式，命令行窗口中显示对应的行，如图 2.4 所示

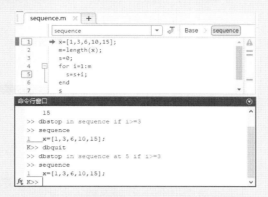

图 2.4　暂停并进入调试模式

K>> dbcont　　%恢复执行 M 文件
5　　s=s+i;
K>>　　　　%在第二个断点处（第 5 行）暂停并进入调试模式，如图 2.5 所示

图 2.5　在第二个断点处暂停

K>> dbquit　　%退出调试模式，此时 M 文件中的绿色箭头消失，但 M 文件中的断点标志可见，如图 2.6 所示

图 2.6　退出调试模式

>> dbclear all　　%清除所有断点，此时 M 文件中的断点标志不可见，如图 2.7 所示

图 2.7　清除所有断点

第 3 章　数组与矩阵

MATLAB 是一种以线性代数软件包 LINPACK 和特征值计算软件包 EISPACK 中的子程序为基础发展起来的开放式程序设计语言，即高性能的工程计算语言。MATLAB 中的所有数据都按照数组的形式进行存储和运算，最基本的数值运算功能以没有维数限制的矩阵为基本单元数据单位。本章将对常用的数组和矩阵运算进行详细介绍。

内容要点

- ➢ 数组与矩阵的区别
- ➢ 数值数组
- ➢ 字符数组和字符串数组
- ➢ 元胞数组
- ➢ 结构体数组
- ➢ 常用的矩阵运算与操作

3.1　数组与矩阵的区别

数组是一个计算机程序设计领域的概念，是具有相同类型的有限个元素的有序序列，序列的名称为数组名。组成数组的各个变量称为数组的分量，也称为数组的元素，元素可以是数值、逻辑值、日期和时间、字符串或者其他 MATLAB 支持的数据类型。用于区分数组的各个元素的数字编号称为下标。

向量和矩阵是线性代数中的数学概念，向量可以看作线性空间中的一个元素，是一维数组的数学原型。矩阵从某种意义上讲是向量的扩展，是二维数组的数学原型。

由于数组和矩阵有很多共同之处，为便于读者了解本章的内容，下面简要介绍二者的主要区别。

（1）数组中的元素可以是数、字符或字符串，而矩阵元素只能是数。

（2）数学运算符和运算法则不同。矩阵直接用"*"相乘，而数组需要用.dot()。

（3）数组不仅能表示一维数组、二维数组，还能表示多维数组，运算速度也更快。

在 MATLAB 中，数组的定义是广义的，包括数值数组、字符数组、元胞数组、结构体数组等。本书中，在不需要强调向量的特殊性和元素的类型时，向量可以当作只有一行或一列的矩阵，标量则为只有一个元素的矩阵，矩阵是数组的一个特例，统称为数组。

3.2 数值数组

根据数组中元素的维度，数组可以分为一维数组、二维数组、多维数组。

3.2.1 一维数组

一维数组相当于向量，创建一维数组有直接输入法、增量法和函数法。

1. 直接输入法

直接输入法就是直接在命令行窗口中输入数组元素。其语法格式要求如下：

（1）元素要用方括号"[ ]"括起来，界定数组的首与尾。

（2）元素之间可以用逗号（可用空格代替）或分号（可用 Enter 键代替）分隔。用空格和逗号分隔生成行数组，用分号分隔形成列数组。

扫一扫，看视频

实例——使用直接输入法创建一维数组

源文件：yuanwenjian\ch03\ex_301.m

本实例使用直接输入法创建一个包含 5 个元素的行数组 a，一个包含 3 个元素的列数组 b。

解： MATLAB 程序如下。

```
>> a=[1 3 5 7 9]            %行数组，元素之间使用空格分隔
a =
    1    3    5    7    9
>> b=[2;4;6]               %列数组，元素之间使用分号分隔
b =
    2
    4
    6
```

2. 增量法

增量法的基本语法格式为 x=first:increment:last。其中的冒号操作符相当于文字中的省略号，表示创建一个从 first 开始，到 last 结束，数据元素的步长为 increment 的一维数值数组。如果增量为 1，可简写为 x=first:last。

扫一扫，看视频

实例——使用增量法创建一维数值数组

源文件：yuanwenjian\ch03\ex_302.m

本实例使用增量法创建从 0 开始，到 10 结束的一维数值数组。

解： MATLAB 程序如下。

```
>> x=0:2:10        %步长为2
x =
    0    2    4    6    8    10
>> x=0:10          %步长为1
x =
    0    1    2    3    4    5    6    7    8    9    10
```

3. 函数法

MATLAB 提供了两个函数，用于创建元素值为线性间距值或对数间距值的一维数值数组。

（1）linspace 函数。linspace 函数通过直接指定数据元素个数，而不是数据元素之间的步长，在指定范围内创建一维数值数组。linspace 函数的语法格式如下：

```
linspace(first_value,last_value,number)
```

表示创建一个以 first_value 为起始元素，以 last_value 为结束元素，包含 number 个等距值的一维数组。如果不指定元素个数，则默认包含 100 个等距值。

实例——使用 linspace 函数创建线性间隔值数组

源文件：yuanwenjian\ch03\ex_303.m

本实例使用 linspace 函数创建一个从 0 开始，到 10 结束，包含 6 个数据元素的向量 x。

解：MATLAB 程序如下。

```
>> x=linspace(0,10,6)
x =
    0     2     4     6     8    10
```

（2）logspace 函数。logspace 函数与 linspace 函数类似，通过指定向量元素个数，而不是数据元素之间的步长创建数组。不同的是，logspace 函数创建的是对数间距值。logspace 函数的语法格式如下：

```
logspace(first_value,last_value,number)
```

表示创建一个以 10^{first_value} 为起始元素，10^{last_value} 为结束元素，包含 number 个对数间隔值的一维数值数组。如果第二个参数为 pi，则表示结束元素为 pi。如果没有指定 number 参数，则默认创建 50 个对数间隔值。

实例——使用 logspace 函数创建对数间隔值数组

源文件：yuanwenjian\ch03\ex_304.m

本实例使用 logspace 函数创建两个对数间隔值数组。

解：MATLAB 程序如下。

```
>> x=logspace(1,3,3)          %结束元素为10^3
x =
    10          100         1000
>> y=logspace(1,pi,3)         %结束元素为pi
y =
   10.0000     5.6050      3.1416
```

3.2.2　二维数组

二维数组的下标在两个方向上变化，创建方法主要有直接输入法、M 文件创建法和文本文件创建法等。

1. 直接输入法

直接输入法适合较小的简单矩阵。在用这种方法创建矩阵时，应注意以下几点。

（1）矩阵要以方括号 "[ ]" 为标识符号，矩阵的所有元素必须包含在 "[ ]" 中。

（2）矩阵同行元素之间由个数不限的空格或逗号分隔，行与行之间用分号或 Enter 键分隔。

（3）矩阵大小不需要预先定义。

（4）矩阵元素可以是运算表达式。

（5）如果"[ ]"中没有元素，表示空矩阵。

扫一扫，看视频

实例——使用直接输入法创建二维数组

源文件：yuanwenjian\ch03\ex_305.m

解： MATLAB 程序如下。

```
>> a=[5 15 25;5 25 35;5 35 45]        %同一行使用空格分隔，不同行使用分号分隔
a =
     5    15    25
     5    25    35
     5    35    45
```

2．M 文件创建法

如果矩阵的规模较大，直接输入法就显得笨拙，出差错也不易修改。在这种情况下，可以将要输入的数组按格式写入一个文本文件中，并将此文件以.m 为后缀名（即 M 文件）保存在搜索路径下。执行 M 文件，即可将文件中的数据创建为数组。

实例——使用 M 文件创建法创建二维数组

源文件：yuanwenjian\ch03\ex_306.m

【操作步骤】

（1）在"主页"选项卡中单击"新建脚本"按钮，启动 M 文件编辑器，输入以下内容。

```
%sample.m
%创建一个 M 文件，用以输入大规模矩阵
gmatrix=[378 89 90  83 382 92 29;
3829 32 9283 2938 378 839 29;
388 389 200 923 920 92 7478;
3829 892 66 89 90 56 8980;
7827 67 890 6557 45  123 35]
```

（2）单击"保存"按钮，将脚本文件以 sample.m 为文件名保存在搜索路径下。

（3）在 MATLAB 命令行窗口中输入文件名，按 Enter 键运行 M 文件，得到二维数组，代码如下：

```
>> sample                %调用 M 文件输出 5×7 矩阵
gmatrix =
       378          89          90          83         382          92          29
      3829          32        9283        2938         378         839          29
       388         389         200         923         920          92        7478
      3829         892          66          89          90          56        8980
      7827          67         890        6557          45         123          35
```

此时在工作区窗口中可以看到一个名为 gmatrix 的变量，值为 5×7 double。

3．文本文件创建法

文本文件创建法就是将数组元素保存在搜索路径下的一个文本文件中，然后加载文件，生成一个与文件同名的变量，变量的值即为数组元素。

实例——使用文本文件创建法创建二维数组

源文件：yuanwenjian\ch03\ex_307.m

本实例利用文本文件创建法创建二维数组 $A = \begin{bmatrix} 1 & 2 & 3 \\ 4 & 5 & 6 \\ 7 & 8 & 10 \end{bmatrix}$。

【操作步骤】

（1）新建一个文本文件，在其中输入以下内容，同一行数值之间使用空格或制表符分隔，不同行使用 Enter 键分隔。

```
1    2    3
4    5    6
7    8    10
```

（2）将文本文件以 wenben.txt 为文件名保存在搜索路径下。

（3）在 MATLAB 命令行窗口中输入命令加载文本文件，并查看变量的值，代码如下：

```
>> load wenben.txt          %加载文本文件，创建与文件同名的变量 wenben
>> wenben                   %查看变量 wenben 中的数据
wenben =
    1    2    3
    4    5    6
    7    8    10
```

3.2.3 多维数组

在 MATLAB 中，具有两个以上维度的数组称为多维数组。MATLAB 中的多维数组是二维数组的扩展，因此，一般先创建一个二维数组，然后对该二维数组进行扩展，生成一个多维数组。

实例——多维数组示例

源文件：yuanwenjian\ch03\ex_308.m

解： 在 MATLAB 命令行窗口中输入以下命令。

```
>> a = [7 9 5; 6 1 9; 4 3 2]          %创建一个二维数组 a
a =
    7    9    5
    6    1    9
    4    3    2
>> a(:,:,2)= [ 1 2 3; 4 5 6; 7 8 9]   %通过直接赋值，添加数组的第三维
a(:,:,1) =
    7    9    5
    6    1    9
    4    3    2
a(:,:,2) =
    1    2    3
    4    5    6
    7    8    9
>> a(:,:,:,2)= a                      %添加第四维，创建四维数组
a(:,:,1,1) =
```

```
           7     9     5
           6     1     9
           4     3     2
a(:,:,2,1) =
           1     2     3
           4     5     6
           7     8     9
a(:,:,1,2) =
           7     9     5
           6     1     9
           4     3     2
a(:,:,2,2) =
           1     2     3
           4     5     6
           7     8     9
```

3.2.4　特殊数值数组

在工程计算以及理论分析中，经常会遇到一些特殊的数组，如全 0 数组、全 1 数组、单位数组、随机数组、测试数组以及其他常用特殊数组等。MATLAB 提供了相应的命令用于直接生成这些数组。

1．全 0 数组

全 0 数组中的所有元素均为 0。在 MATLAB 中，全 0 数组使用 zeros 命令创建。zeros 命令的语法格式及说明见表 3.1。

表 3.1　zeros 命令的语法格式及说明

语　法　格　式	说　　　明
X = zeros	创建标量 0
X = zeros(m)	创建一个 m 阶的全 0 数组
X = zeros(m,n)	生成一个 m 行 n 列的全 0 数组
X = zeros(sz)	创建一个由向量 sz 指定大小的全 0 数组
X = zeros(…,typename)	在以上任意一种语法格式的基础上，使用参数 typename 指定全 0 数组中元素的数据类型。参数 typename 可指定为 double、single、logical、int8、uint8、int16、uint16、int32、uint32、int64、uint64 或提供 zeros 支持的其他类的名称
X = zeros(…,'like',p)	在以上任意一种语法格式的基础上，使用参数 p 指定数组元素具有与 p 相同的数据类型（类）、稀疏度和复/实性

2．全 1 数组

全 1 数组中的所有元素均为 1。在 MATLAB 中，全 1 数组使用 ones 命令创建。该命令的语法格式与 zeros 相同，不带输入参数的语法格式返回标量 1。该命令的语法格式这里不再赘述。

3．单位数组

单位数组的主对角线元素为 1，其他位置的元素为 0。在 MATLAB 中，单位数组使用 eye 命令创建，该命令的语法格式与 zeros 相同，不带输入参数的语法格式返回标量 1。具体的语法格式这里不再赘述。

实例——创建特殊数组示例

源文件:yuanwenjian\ch03\ex_309.m

本实例演示创建全 0 数组、全 1 数组和单位数组的方法。

解: 在 MATLAB 命令行窗口中输入以下命令。

```
>> A=zeros(3)                    %3 阶全 0 数组
A =
     0     0     0
     0     0     0
     0     0     0
>> B=ones([2 3])                 %参数[2 3]指定数组的行列数
B =
     1     1     1
     1     1     1
>> C=eye(3)                      %3 阶单位数组
C =
     1     0     0
     0     1     0
     0     0     1
>> D=eye(3,'uint8')              %数组元素的类型为 uint8
D =
  3×3 uint8 矩阵
     1     0     0
     0     1     0
     0     0     1
>> E=eye(3,2,'like',1+2i)        %数组元素为复数形式
E =
   1.0000 + 0.0000i   0.0000 + 0.0000i
   0.0000 + 0.0000i   1.0000 + 0.0000i
   0.0000 + 0.0000i   0.0000 + 0.0000i
```

4. 随机数组

随机数组,顾名思义,随机生成,没有规律,因此每一次生成的随机数组都不同。MATLAB 中生成随机数组常用的函数有 rand、randi 和 randn。其中,rand 函数用于生成均匀分布的随机数;randi 函数用于生成均匀分布的伪随机整数;randn 函数用于生成正态分布的随机数。

rand 函数的语法格式及说明见表 3.2。

表 3.2 rand 函数的语法格式及说明

语 法 格 式	说 明
X = rand	生成一个从区间 (0,1) 的均匀分布中得到的随机标量 X
X = rand(m)	在区间(0,1)内生成 m 阶均匀分布的随机数组
X = rand(sz1,...,szN)	生成大小为 sz1×···×szN 的均匀分布的随机数组
X = rand(sz)	在区间(0,1)内创建一个由向量 sz 指定大小的均匀分布的随机数组
X = rand(...,typename)	在以上任意一种语法格式的基础上,使用参数 typename 指定随机数的数据类型,取值可为'single'或'double'
X = rand(...,'like',p)	在以上任意一种语法格式的基础上,使用'like'参数指定数组元素与 p 有相同的数据类型和复/实性。在这种语法格式中,可以指定 typename 或'like',但不能同时指定二者
X = rand(s,...)	在以上任意一种语法格式的基础上,从随机数流 s(而不是默认全局流)生成随机数组。这种语法格式不支持'like'参数

randi 和 randn 的语法格式与 rand 类似，在此不再赘述。

MATLAB 使用 rng 函数控制 rand、randn、randi 以及所有其他随机数生成器（如 randperm、sprand 等）使用的共享生成器。rng 函数的语法格式及说明见表 3.3。

表 3.3　rng 函数的语法格式及说明

语 法 格 式	说　　明
rng(seed)	使用 seed 指定随机数生成器的种子，初始化生成器。输入参数 seed 的取值可为以下之一。 ➤ 0：用种子 0 初始化生成器。 ➤ 正整数：用指定的正整数种子初始化生成器。 ➤ 'default'：默认设置，用种子 0 初始化梅森旋转生成器。 ➤ 'shuffle'：根据当前时间初始化生成器，在每次调用 rng 后会产生一个不同的随机数序列。 ➤ 结构体：基于结构体中包含的设置初始化生成器，结构体包含字段 Type、Seed 和 State
rng(seed, generator)	在上一种语法格式的基础上，使用参数 generator 指定生成随机数的算法。参数 generator 可为以下值之一。 ➤ 'twister'：梅森旋转。 ➤ 'simdTwister'：面向 SIMD 的快速梅森旋转算法。 ➤ 'combRecursive'：组合多递归。 ➤ 'philox'：执行 10 轮的 Philox 4×32 生成器。 ➤ 'threefry'：执行 20 轮的 Threefry 4×64 生成器。 ➤ 'multFibonacci'：乘法滞后 Fibonacci
s = rng	以结构体的形式返回当前随机数生成器的设置

扫一扫，看视频

实例——设置和还原生成器设置

源文件：yuanwenjian\ch03\ex_310.m

解：在 MATLAB 命令行窗口中输入以下命令。

```
>> x = rand(1,5)              %第一次调用 rand，在区间(0,1)内生成 1×5 的随机数数组
x =
    0.8147    0.9058    0.1270    0.9134    0.6324
>> x = rand(1,5)              %第二次调用 rand，生成不同的随机数数组
x =
   0.0975    0.2785    0.5469    0.9575    0.9649
>> s = rng;                   %将当前生成器设置保存在结构体 s 中
>> x = rand(1,5)             %调用 rand 生成随机数
x =
    0.1576    0.9706    0.9572    0.4854    0.8003
>> rng(s);                    %还原生成器设置
>> y = rand(1,5)            %再次调用 rand 生成一组新的随机值，验证 x 和 y 是否相同
y =
    0.1576    0.9706    0.9572    0.4854    0.8003
```

5. 测试数组

在 MATLAB 中，使用 gallery 命令生成测试数组。gallery 命令的语法格式及说明见表 3.4。

表 3.4　gallery 命令的语法格式及说明

语 法 格 式	说　　明
[A1,A2,...,Am] = gallery(matrixname,P1,P2,...,Pn)	生成由矩阵系列名称 matrixname 指定的一系列测试数组，P1,P2,…,Pn 是单个矩阵系列要求的输入参数。输入参数 P1,P2,…的数目因数组类型而异
[A1,A2,...,Am] = gallery(matrixname,P1,P2,...,Pn, typename)	在上一语法格式的基础上，使用参数 typename 指定生成的测试矩阵的数据类型为 single 或 double。如果 matrixname 是 integerdata，则 typename 可以是 double、single、int8、int16、int32、uint8、uint16 或 uint32

续表

语 法 格 式	说　　明
A = gallery(3)	生成一个对扰动敏感的病态 3 阶矩阵
A = gallery(5)	生成一个对舍入误差很敏感的 5 阶矩阵

实例——生成测试数组

扫一扫，看视频

源文件：yuanwenjian\ch03\ex_311.m

解： 在 MATLAB 命令行窗口中输入以下命令。

```
>> x=1:5;
>> y=1:5;                       %定义输入参数
>> A=gallery('cauchy',x,y)      %柯西矩阵
A =
    0.5000    0.3333    0.2500    0.2000    0.1667
    0.3333    0.2500    0.2000    0.1667    0.1429
    0.2500    0.2000    0.1667    0.1429    0.1250
    0.2000    0.1667    0.1429    0.1250    0.1111
    0.1667    0.1429    0.1250    0.1111    0.1000
>> c=linspace(0,10,6);
>> B=gallery('fiedler',c)       %6 阶对称矩阵
B =
     0     2     4     6     8    10
     2     0     2     4     6     8
     4     2     0     2     4     6
     6     4     2     0     2     4
     8     6     4     2     0     2
    10     8     6     4     2     0
>> M=gallery('minij',5)         %5 阶对称正定矩阵
M =
     1     1     1     1     1
     1     2     2     2     2
     1     2     3     3     3
     1     2     3     4     4
     1     2     3     4     5
```

6. 其他常用特殊数组

其他常用特殊数组的创建命令见表 3.5。

表 3.5　其他常用特殊数组的创建命令

命令名	说　　明
magic	创建魔方数组
hilb	创建希尔伯特（Hilber）数组
invhilb	创建逆希尔伯特数组
pascal	创建帕斯卡数组
diag	创建对角数组
compan	创建伴随数组

实例——创建特殊数组

源文件：yuanwenjian\ch03\ex_312.m

解： 在 MATLAB 命令行窗口中输入以下命令。

```
>> magic(3)
ans =
        8    1    6
        3    5    7
        4    9    2
>> hilb(3)
ans =
    1.0000    0.5000    0.3333
    0.5000    0.3333    0.2500
    0.3333    0.2500    0.2000
>> invhilb(3)
ans =
     9    -36     30
   -36    192   -180
    30   -180    180
>> pascal(5)
ans =
    1    1    1    1    1
    1    2    3    4    5
    1    3    6   10   15
    1    4   10   20   35
    1    5   15   35   70
>> v=2:2:10;              %对角元素
>> diag(v)               %以 v 为对角元素的对角数组
ans =
    2    0    0    0    0
    0    4    0    0    0
    0    0    6    0    0
    0    0    0    8    0
    0    0    0    0   10
>> u = [1 0 -2 5];       %多项式系数向量
>> compan(u)             %第一行为-u(2:n)/u(1)的对应伴随数组。该数组的特征值是多项的根
ans =
    0    2   -5
    1    0    0
    0    1    0
```

3.3 字符数组和字符串数组

字符和字符串运算是各种高级语言必不可少的部分。MATLAB 作为一种高级的数字计算语言，还具备专门的符号运算工具箱（symbolic toolbox），提供了丰富、强大的字符和字符串运算功能。

在 MATLAB 中，字符包括数字、字母与符号，多个字符可组成字符串。

3.3.1 创建字符数组和字符串数组

字符数组是一个字符序列，就像数值数组是一个数字序列一样。它的典型用途是将一小段文本作为一行字符存储在字符向量中。MATLAB 将一个字符串视为一个行向量，存储为一个字符数组，可以用 size 函数来查看数组的维数。字符串的每个字符（包括空格）都是字符数组的一个元素。

字符串数组的每个元素存储一个字符序列，该序列可以具有不同长度。只有一个元素的字符串数组也称为字符串标量。

在 MATLAB 中，应用单引号直接赋值生成 char 类型的字符串，也称为字符数组；应用双引号直接赋值生成 string 类型的字符串，也可称为字符串数组。

实例——使用引号创建字符数组和字符串数组

源文件：yuanwenjian\ch03\ex_313.m

解： 在 MATLAB 命令行窗口中输入以下命令。

```
>> s='Hello, MATLAB!'          %使用单引号创建字符数组
s =
    'Hello, MATLAB!'
>> s1="Hello, MATLAB!"          %使用双引号创建字符串数组
s1 =
    "Hello, MATLAB!"
>> whos                         %显示变量的信息，可以看到两个数组的类型不同
  Name      Size        Bytes     Class       Attributes

  s         1×14           28     char
  s1        1×1           166     string
>> size(s)                      %查看字符数组 s 的维度
ans=
    1   14
>> s(8)                         %返回字符数组的第 8 个元素（第 7 个元素为空格）
ans =
    'M'
>> size(s1)                     %查看字符串数组 s1 各个维度的大小
ans =
    1    1
>> s1(1)                        %返回字符串数组的第 1 个元素
ans =
    "Hello, MATLAB!"
```

实例——创建字符数组和字符串数组

源文件：yuanwenjian\ch03\ex_314.m

解： 在 MATLAB 命令行窗口中输入以下命令。

```
>> A=['apple','orange','peach','banana']        %字符数组
A =
    'appleorangepeachbanana'
>> B=["apple","orange","peach","banana"]         %字符串数组
B =
  1×4 string 数组
```

```
     "apple"     "orange"    "peach"    "banana"
>> C=['apple';'orange';'peach';'banana']          %字符数组各个元素的长度不同，出错
错误使用 vertcat
要串联的数组的维度不一致。
>>  C=['apple ';'orange';'peach ';'banana']        %填补元素为相同长度
C =
  4×6 char 数组
    'apple '
    'orange'
    'peach '
    'banana'
>> D=["apple";"orange";"peach";"banana"]           %字符串数组各个元素的长度可以不同
D =
  4×1 string 数组
    "apple"
    "orange"
    "peach"
    "banana"
>> A(2)                                             %字符行向量的第 2 个元素
ans =
    'p'
>> B(2)                                             %字符串数组的第 2 个元素
ans =
    "orange"
>> C(2)                                             %4×6 字符数组的第 2 个元素
ans =
    'o'
>> D(2)                                             %字符串数组的第 2 个元素
ans =
    "orange"
```

如果要创建空白字符数组，可以使用 blanks 命令。blanks 命令的语法格式及说明见表 3.6。

表 3.6　blanks 命令的语法格式及说明

语 法 格 式	说　　明
chr = blanks(n)	创建由 n 个空白字符组成的 1×n 字符数组

扫一扫，看视频

实例——空白字符数组使用示例

源文件：yuanwenjian\ch03\ex_315.m

解： 在 MATLAB 命令行窗口中输入以下命令。

```
>> chr=blanks(5)                    %创建由 5 个空白字符组成的字符数组
chr =
    '     '
>> size(chr)                        %查看数组维度大小
ans =
    1    5
>> chr_2=[blanks(2),'new',blanks(3),'paper']    %将空白字符数组嵌入可见字符，以便查看
chr_2 =
    '  new   paper'
>> size(chr_2)                      %新字符数组的维度大小
ans =
    1    13
```

3.3.2　数组类型转换

1. 字符数组与字符串数组进行转换

在 MATLAB 中，通常需要对字符数组和字符串数组进行转换。字符数组在转换为字符串数组时会转换为一个字符串；字符串数组转换为字符数组时会首先将每个字符串拆分为字符，然后放入数组中。

字符数组与字符串数组进行转换时常用的函数见表 3.7。

表 3.7　字符数组与字符串数组进行转换时常用的函数

函　数　名	说　明
char	将字符串数组转换为字符数组
string	将字符数组转换为字符串数组
ischar	判断输入是否为字符数组
isstring	判断输入是否为字符串数组

实例——字符数组与字符串数组转换示例

源文件：yuanwenjian\ch03\ex_316.m

解： MATLAB 程序如下。

扫一扫，看视频

```
>> s=['beauty';'girl  ']          %字符数组，填补空格，使每一行的长度相同
s =
  2×6 char 数组
    'beauty'
    'girl  '
>> s0=["beauty";"girl"]           %字符串数组
s0 =
  2×1 string 数组
    "beauty"
    "girl"
>> s1=char(s0)                    %将字符串数组转换为字符数组，较短的字符串自动填补空格
s1 =
  2×6 char 数组
    'beauty'
    'girl  '
>> s2=string(s)                   %将字符数组转换为字符串数组，包含其中的空格
s2 =
  2×1 string 数组
    "beauty"
    "girl  "
>> whos                           %查看变量信息
  Name      Size        Bytes    Class      Attributes
  s         2×6            24    char
  s0        2×1           204    string
  s1        2×6            24    char
  s2        2×1           204    string
>> ischar(s1)                     %判断 s1 是否为字符数组
```

```
ans =
  logical
    1
>> isstring(s2)                    %判断 s2 是否为字符串数组
ans =
  logical
    1
```

2. 数值数组与字符数组进行转换

数值数组与字符数组进行转换时常用的函数见表 3.8。

表 3.8　数值数组与字符串数组进行转换时常用的函数

函　数　名	说　　明
num2str	数值数组转换成表示数字的字符数组，输出格式取决于原始值的量级。常用于使用数值为绘图添加标签和标题
str2num	字符数组或字符串标量转换为数值数组。输入可以包含空格、逗号和分号。如果不能将输入解析为数值，则返回空矩阵
int2str	将整数转换为表示整数的字符数组
mat2str	将数值矩阵转换为表示矩阵的字符数组，精度最多 15 位
eval	将字符数组转换为数值

📢 注意：

数值数组转换成字符数组后，虽然表面上形式相同，但此时的元素是字符而非数字。如果要使字符数组能够进行数值计算，应先将它转换成数值。

扫一扫，看视频

实例——数值数组与字符数组转换示例

源文件：yuanwenjian\ch03\ex_317.m

解： MATLAB 程序如下。

```
>> num=[2 5 8;3 6 9]           %数值数组
num =
    2    5    8
    3    6    9
>> chr=num2str(num)            %将数值数组转换为字符数组
chr =
  2×7 char 数组
    '2 5 8'
    '3 6 9'
>> num_new=str2num(chr)        %将字符数组转换为数值数组
num_new =
    2    5    8
    3    6    9
>> chr2 = int2str([5.2 13.6 20.8;10.5 20 41.3]) %将实数数组进行舍入，视为一个整数数组，
                                                %转换为字符数组
chr2 =
  2×10 char 数组
    ' 5 14 21'
    '11 20 41'
>> chr3 = mat2str([5.2 13.6 20.8;10.5 20 41.3]) %将数值数组转换为字符数组
chr3 =
```

```
    '[5.2 13.6 20.8;10.5 20 41.3]'
>> mat_new=eval(chr3)            %按字符数组 chr3 中指定的精度重新生成数值数组
mat_new =
    5.2000   13.6000   20.8000
   10.5000   20.0000   41.3000
>> whos
  Name         Size         Bytes    Class      Attributes

  chr          2×7          28       char
  chr2         2×10         40       char
  chr3         1×28         56       char
  mat_new      2×3          48       double
  num          2×3          48       double
  num_new      2×3          48       double
```

实例——数值数组与字符数组运算示例

源文件：yuanwenjian\ch03\ex_318.m

解：MATLAB 程序如下。

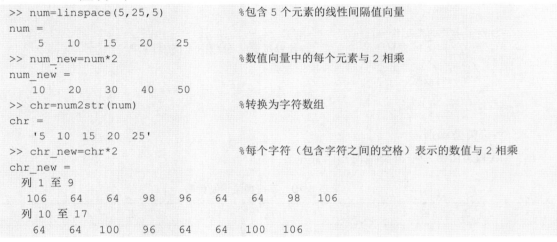

```
>> num=linspace(5,25,5)          %包含 5 个元素的线性间隔值向量
num =
    5    10    15    20    25
>> num_new=num*2                 %数值向量中的每个元素与 2 相乘
num_new =
   10    20    30    40    50
>> chr=num2str(num)              %转换为字符数组
chr =
    '5  10  15  20  25'
>> chr_new=chr*2                 %每个字符（包含字符之间的空格）表示的数值与 2 相乘
chr_new =
  列 1 至 9
   106    64    64    98    96    64    64    98   106
  列 10 至 17
    64    64   100    96    64    64   100   106
```

3.3.3　常用的字符串操作函数

MATLAB 提供了丰富的字符串操作函数，本小节简单介绍常用的几种。

1. 连接字符串

在 MATLAB 中，连接字符串的操作可由表 3.9 中的函数实现。

表 3.9　字符串连接函数

函 数 名	说　　明
strcat	水平连接字符串
strvcat	垂直连接字符串

实例——连接字符串

源文件：yuanwenjian\ch03\ex_319.m

扫一扫，看视频

解： MATLAB 程序如下。

```
>> x='first';
>> y='second';                  %水平连接的字符串，长度可以不同
>> chr_h1=strcat(x,y)           %将两个字符串水平连接成一个字符串
chr_h1 =
    'firstsecond'
>> chr_h2=[x,y]                 %使用[]水平连接字符串
chr_h2 =
    'firstsecond'
>> c1=' big ';
>> c2='big';
>> c3='world';                  %垂直连接的字符串
>> chr_v1=strvcat(c1,c2,c3)     %垂直连接长度不同的3个字符串
chr_v1 =
  3×5 char 数组
    ' big '
    'big  '
    'world'
>> chr_v2=[c1;c2;c3]            %使用[]垂直连接字符串时，字符串长度应相同；否则出错
错误使用 vertcat
要串联的数组的维度不一致。
>> chr_v2=[c1;c3]              %使用[]垂直连接相同长度的字符串
chr_v2 =
  2×5 char 数组
    ' big '
    'world'
```

2. 字符类型识别

在 MATLAB 中，字符类型识别函数见表 3.10。

表 3.10　字符类型识别函数

函　数　名	说　　明
isStringScalar	判断输入是否为包含一个元素的字符串数组
isspace	确定字符数组或字符串标量中哪些字符是空白字符
isstrprop	确定输入文本中的字符是否为指定的类别
isletter	确定哪些字符为字母

实例——字符类型识别示例

源文件：yuanwenjian\ch03\ex_320.m

解： MATLAB 程序如下。

```
>> chr = 'Merry Christmas'       %创建字符数组
chr =
    'Merry Christmas'
>> str="Hello 123"               %字符串数组（字符串标量）
str =
    "Hello 123"
>> isStringScalar(chr)           %判断字符数组 chr 是否只包含一个元素
ans =
```

```
  logical
    0
>> isStringScalar(str)              %判断字符串数组 str 是否只包含一个元素
ans =
  logical
    1
>> tf=isspace(chr)                  %使用逻辑值返回字符数组 chr 中的字符是否为空格
tf =
  1×15 logical 数组
   0 0 0 0 0 1 0 0 0 0 0 0 0 0 0
>> isstrprop(str,'alpha')           %使用逻辑值返回字符串数组 str 中的字符是否为字母
ans =
  1×9 logical 数组
   1 1 1 1 1 0 0 0 0
>> isstrprop(str,'digit')           %使用逻辑值返回字符串数组 str 中的字符是否为数字
ans =
  1×9 logical 数组
   0 0 0 0 0 0 1 1 1
>> isletter(str)                    %使用逻辑值返回字符串数组 str 中的字符是否为字母
ans =
  1×9 logical 数组
   1 1 1 1 1 0 0 0 0
```

3. 查找和替换子串

在 MATLAB 中，查找和替换子串的常用命令见表 3.11。

表 3.11　查找和替换子串的常用命令

命　令　名	说　　　明
strfind	在第一个参数字符串中查找第二个参数字符串，返回第二个参数字符串每次出现的起始索引
strrep	将第一个参数字符串中所有与第二个参数匹配的字符串替换为第三个参数表示的字符串
strsplit	在指定分隔符处拆分字符串，返回拆分后的字符串。如果没有指定分隔符，则在空白处拆分
strtok	忽略字符串的任何前导空白，从左至右解析字符串，使用指定字符作为分隔符，返回部分或全部文本
validatestring	检查字符串是否在一组有效值中，返回匹配的文本。如果文本与给定的要匹配的文本中的任何元素是不区分大小写的明确匹配，则是有效文本。如果存在多个部分匹配项，而每个字符串不是另一个的子字符串，则会引发错误

实例——查找、替换子串

源文件：yuanwenjian\ch03\ex_321.m

解： MATLAB 程序如下。

扫一扫，看视频

```
>> x='who are you';
>> strfind(x,'o')            %返回字符'o'的索引
ans =
     3    10
>> y='how';
>> z=strrep(x,'who',y)       %使用 y 替换 x 中的所有'who'
z =
    'how are you'
>> strsplit(z)               %在空白处拆分字符串 z
ans =
    1×3 cell 数组
```

```
            {'how'}    {'are'}    {'you'}
>> strtok(z)                                  %以空白字符为分隔符，返回所选的子串
ans =
    'how'
>> strtok(z,'r')                              %以字符 r 为分隔符，返回所选的子串
ans =
    'how a'
>> chr=["how","holly","hold"]                 %字符串数组
chr =
    1×3 string 数组
    "how"    "holly"    "hold"
>> vstr=validatestring("HOL1",chr)            %不区分大小写部分匹配，检查字符串 HOL1
                                              %是否在一组有效值 chr 中
vstr =
"holly"
>> vstr=validatestring("Hol",chr)             %存在多个部分匹配项，引发错误
输入应与以下值之一匹配：
    'how', 'holly', 'hold'
输入'Hol'与多个有效值匹配。
```

4. 字符串比较

在 MATLAB 中，字符串比较命令见表 3.12。

表 3.12　字符串比较命令

命令名	说　明
strcmp	比较两个字符串（区分大小写），如果二者相同，则返回 1（true）；否则返回 0（false）。如果文本的大小和内容相同，则将它们视为相等
strcmpi	比较两个字符串（不区分大小写）
strncmp	比较两个字符串的前 n 个字符（区分大小写）。如果二者相同，返回 1（true）；否则返回 0（false）。如果两个文本段的内容一直到结尾都相同或前 n 个字符相同（以先出现者为准），则这两个文本段视为相同
strncmpi	比较两个字符串的前 n 个字符（不区分大小写）

实例——比较字符串

源文件：yuanwenjian\ch03\ex_322.m

解： MATLAB 程序如下。

```
>> s1='how wonderful the world is';
>> s2='how wonderful the city is';        %两个字符串
>> tf=strcmp(s1,s2)                        %比较两个字符串是否相同
tf =
  logical
   0
>> tf2=strncmp(s1,s2,18)                   %比较两个字符串的前 18 个字符是否相同
tf2 =
  logical
   1
>> strncmp(s1,s2,20)                       %比较两个字符串的前 20 个字符是否相同
ans =
  logical
   0
```

5. 修改字符串

在 MATLAB 中，修改字符串包括改变字符大小写、添加或删除空格、对齐字符串等操作。修改字符串的函数见表 3.13。

表 3.13　修改字符串的函数

函　数　名	说　　明
lower	将字符转换为小写
upper	将字符转换为大写
deblank	删除字符串末尾的尾随空白字符
strtrim	从字符串中删除前导和尾随空白字符
strjust	按指定方式对齐字符串。如果没有指定对齐方式，默认为右对齐

实例——修改字符串

源文件：yuanwenjian\ch03\ex_323.m

解： MATLAB 程序如下。

```
>> b=blanks(2);                %创建由 2 个空白字符组成的字符数组
>> s='How Wonderful!';
>> str=[b,s,b]
str =
    '  How Wonderful!  '        %构造字符串
>> str_low=lower(str)          %字符全部小写
str_low =
    '  how wonderful!  '
>> str_upper=upper(str)        %字符全部大写
str_upper =
'  HOW WONDERFUL!  '
>> deblank(str)               %删除尾随空白字符
ans =
    '  How Wonderful!'
>> strtrim(str)              %删除前导和尾随空白字符
ans =
    'How Wonderful!'
```

实例——对齐字符串

源文件：yuanwenjian\ch03\ex_324.m

解： MATLAB 程序如下。

```
>> s1= ["Life     ";
        "is       ";
        "FULL     ";
        "of       ";
        "Unexpected"]          %字符串数组
s1 =
  5×1 string 数组
    "Life      "
    "is        "
    "FULL      "
```

```
    "of      "
    "Unexpected"
>> s2= strjust(s1)              %右对齐
s2 =
  5×1 string 数组
    "      Life"
    "       is"
    "      FULL"
    "        of"
    "Unexpected"
>> s3= strjust(s1,'center')    %居中对齐
s3 =
  5×1 string 数组
    "   Life   "
    "    is    "
    "   FULL   "
    "    of    "
    "Unexpected"
```

3.4 元 胞 数 组

一般的数组中只包含一种数据结构，在同一个矩阵或数组中，元素是数字或字符，而元胞数组的内部元素可以是不同的数据类型。

元胞数组中的每个元素称为单元，每个单元可以包含不同类型的数组，如实数矩阵、字符串、复数向量。

3.4.1 创建元胞数组

创建元胞数组有两种常用的方式：一种是用赋值语句直接定义；另一种是由 cell 函数预先分配存储空间，然后对单元逐个赋值。

1. 赋值语句直接定义

与定义矩阵时使用方括号不同，元胞数组使用大括号定义，同一行的单元之间由逗号或空格隔开，行之间由分号隔开。

实例——创建元胞数组

源文件：yuanwenjian\ch03\ex_325.m

解：MATLAB 程序如下。

扫一扫，看视频

```
>> A={'abcdef' 1 2 [3 4]}          %直接赋值
A =
  1×4 cell 数组
    {'abcdef'}    {[1]}    {[2]}    {[3 4]}
%定义各个单元
>> A=[1 2;3 4];                    %数值矩阵
>> B=3+2*i;                        %复数
>> C='efg';                        %字符串
```

```
>> D=2;                          %实数
>> E={A,B;C,D}                   %用{}定义元胞数组
E =
  2×2 cell 数组
    {2×2 double}    {[3.0000 + 2.0000i]}
    {'efg'     }    {[              2]}
>> F={}                                     %创建一个空的 0×0 元胞数组
F =
  空的 0×0 元胞数组
```

从运行结果可以看到,MATLAB 会根据显示的需要决定是完全显示数组元素,还是只显示存储量。

引用元胞数组的单元的具体值时，应采用大括号作为下标的标识，如果采用圆括号作为下标标识符，则只显示该单元的压缩形式。

实例——引用单元型变量

源文件：yuanwenjian\ch03\ex_326.m
本实例演示单元型变量的引用。

解： MATLAB 程序如下。

```
>> E={[5:7],[2 3;4 5]}
E =
  1×2 cell 数组
    {{5 6 7}}    {2×2 double}
>> E{2}                          %大括号引用单元型变量的第 2 个单元，显示该单元的具体值
ans =
     2     3
     4     5
>> E(2)                          %圆括号引用单元型变量的第 2 个单元，显示该单元的压缩形式
ans =
  1×1 cell 数组
    {2×2 double}
```

2．函数定义

在 MATLAB 中，cell 函数用于为元胞数组预分配存储空间，以便之后再为其分配数据。cell 函数的语法格式及说明见表 3.14。

表 3.14　cell 函数的语法格式及说明

语 法 格 式	说　　　明
C = cell(n)	返回由空矩阵构成的 n×n 元胞数组
C = cell(sz1,...,szN)	返回由空矩阵构成的 sz1×…×szN 元胞数组。其中，sz1,…,szN 表示每个维度的大小
C = cell(sz)	返回由空矩阵构成的元胞数组，并由大小向量 sz 定义数组大小
D = cell(obj)	将 Java 数组、.NET System.String 或 System.Object 数组或者 Python 序列 obj 转换为 MATLAB 元胞数组

实例——创建一个 2×3 的元胞数组

源文件：yuanwenjian\ch03\ex_327.m
解： MATLAB 程序如下。

```
>> A= cell([2 3])               %创建 2 行 3 列的空元胞数组
A =
```

扫一扫，看视频

```
   2×3 cell 数组
     {0×0 double}    {0×0 double}    {0×0 double}
     {0×0 double}    {0×0 double}    {0×0 double}
%为第一行的每个单元赋值
>> A{1,1}=[1:4];
>> A{1,2}=3+2*i;
>> A{1,3}=2;
%为第二行的每个单元赋值
>> A{2,1}=[2 4;3 6];
>> A{2,2}=[3:2:9];
>> A{2,3}='MATLAB';
>> A                              %显示元胞数组
A =
   2×3 cell 数组
     {[  1 2 3 4]}    {[3.0000 + 2.0000i]}    {[      2]}
     {2×2 double}    {[        3 5 7 9]}      {'MATLAB'}
```

在 MATLAB 中，使用 deal 函数也可以很方便地为元胞数组的多个单元赋值。deal 函数的语法格式及说明见表 3.15。

表 3.15　deal 函数的语法格式及说明

语 法 格 式	说　　　明
[B1,...,Bn] = deal(A1,...,An)	复制输入参数 A1,…,An，并将它们作为输出参数 B1,…,Bn 返回。这种格式等价于 B1 = A1、…、Bn = An。在这种语法格式中，输入和输出参数的数目必须相同
[B1,...,Bn] = deal(A)	复制单个输入参数 A，并将其作为输出参数 B1,…,Bn 返回。这种语法格式等价于 B1 = A、…、Bn = A

扫一扫，看视频

实例——同时为多个单元赋值

源文件：yuanwenjian\ch03\ex_328.m
解： MATLAB 程序如下。

```
>> A= cell(2)                    %创建 2 行 2 列的空元胞数组
A =
   2×2 cell 数组
     {0×0 double}    {0×0 double}
     {0×0 double}    {0×0 double}
%定义每个单元的值
>> A1=[3:6];
>> A2=3+2*i;
>> A3=[1 2;8 9];
>> A4='MATLAB';
>>[A{:}] = deal(A1,A2,A3,A4)      %同时为所有单元赋不同的值
A =
   2×2 cell 数组
     {[         3 4 5 6]}    {2×2 double}
{[3.0000 + 2.0000i]}    {'MATLAB' }
>> B= cell(1,3)                   %创建 1 行 3 列的空元胞数组
B =
   1×3 cell 数组
     {0×0 double}    {0×0 double}    {0×0 double}
>> [B{:}] = deal(6)               %同时为所有单元赋值为 6
B =
```

```
1×3 cell 数组
    {[6]}    {[6]}    {[6]}
```

3.4.2　显示元胞数组的内容和结构

MATLAB 提供了专门的命令用于显示元胞数组的内容和结构。在此之前，先要确定输入是否为元胞数组。

1. 判断输入是否为元胞数组

MATLAB 使用 iscell 命令判断输入是否为元胞数组。iscell 命令的语法格式及说明见表 3.16。

表 3.16　iscell 命令的语法格式及说明

语 法 格 式	说　　明
tf = iscell(A)	确定输入数组 A 是否为元胞数组，如果是，则返回逻辑值 1（true）；否则返回 0（false）

2. 显示元胞数组的内容

在 MATLAB 中，celldisp 命令用于以递归方式显示元胞数组的内容，还可以显示数组的名称。如果没有要显示的名称，则显示默认的存储名称 ans。celldisp 命令的语法格式及说明见表 3.17。

表 3.17　celldisp 命令的语法格式及说明

语 法 格 式	说　　明
celldisp(C)	以递归方式显示元胞数组 C 的内容
celldisp(C,name)	在上一种语法格式的基础上，使用参数 name 指定数组的显示名称，而不是使用默认名称

实例——显示单元内容

源文件：yuanwenjian\ch03\ex_329.m
解：MATLAB 程序如下。

扫一扫，看视频

```
>> A= {'NO.1',[3 6 9],3+2i;
    'NO.2',[2 4;6 9],'Hello'}          %创建 2 行 3 列的元胞数组
A =
  2×3 cell 数组
    {'NO.1'}    {[   3 6 9]}    {[3.0000 + 2.0000i]}
    {'NO.2'}    {2×2 double}    {'Hello'            }
%使用数组的默认名称显示每个单元的值
>> celldisp(A)
A{1,1} =
NO.1
A{2,1} =
NO.2
A{1,2} =
     3     6     9
A{2,2} =
     2     4
     6     9
A{1,3} =
   3.0000 + 2.0000i
```

```
A{2,3} =
Hello
%使用指定的名称 mycell 显示每个单元的值
>> celldisp(A,'mycell')
mycell{1,1} =
NO.1
mycell{2,1} =
NO.2
mycell{1,2} =
     3     6     9
mycell{2,2} =
     2     4
     6     9
mycell{1,3} =
   3.0000 + 2.0000i
mycell{2,3} =
Hello
```

3. 显示元胞数组的结构

在 MATLAB 中，cellplot 命令用于以图形方式显示元胞数组的结构。cellplot 命令的语法格式及说明见表 3.18。

表 3.18　cellplot 命令的语法格式及说明

语 法 格 式	说　　明
cellplot(C)	在一个图窗中以图形方式显示元胞数组 C 的内容。向量和数组用填充的矩形表示；标量和短字符向量显示为文本
cellplot(C, 'legend')	在上一种语法格式的基础上，在绘图旁边放置一个颜色栏以表示元胞数组 C 中的数据类型
handles = cellplot(C)	在一个图窗中以图形方式表示元胞数组 C 的内容，并返回图形句柄

实例——用图形方式显示数组结构

源文件：yuanwenjian\ch03\ex_330.m

解：MATLAB 程序如下。

```
>> E= {[1 2 3 4],2;3+2i,'MATLAB'}        %定义元胞数组 E
E =
  2×2 cell 数组
    {[      1 2 3 4]}    {[     2]}
    {[3.0000 + 2.0000i]}    {'MATLAB'}
>> cellplot(E,'legend')                  %以图形方式显示数组结构，颜色栏显示数据类型
>> title('2×2 元胞数组的结构')           %添加图形标题
```

结果如图 3.1 所示。

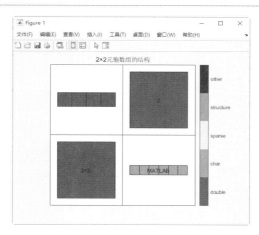

图 3.1 元胞数组的图形形式

3.4.3 字符向量元胞数组

根据字符向量创建字符数组时，所有向量都必须具有相同长度。如果输入的字符长度不同，必须在字符向量的结尾填充空白以使它们的长度相等。但是元胞数组可以容纳不同大小和类型的数据，因此无须填充。

字符向量元胞数组是指每个单元都包含一个字符向量（不是字符串）的元胞数组，提供了一种灵活的方式来存储长度不同的字符向量。

在 MATLAB 中，cellstr 命令用于将字符数组转换为字符向量元胞数组。cellstr 命令的语法格式及说明见表 3.19。

表 3.19 cellstr 命令的语法格式及说明

语 法 格 式	说　　明
C = cellstr(A)	将输入数组 A 转换为字符向量元胞数组。输入数组 A 的类型可以是字符串数组 string、字符数组、分类数组和 datetime 数组
C = cellstr(A,fmt)	当输入数组 A 是 datetime 或 duration 数组时，将 A 转换为字符向量元胞数组，并使用参数 fmt 指定日期或持续时间的格式

如果字符数组中的尾随空白字符是实义空白字符（如不间断空白字符），cellstr 命令不会将它们删除。常见的实义空白字符及其说明见表 3.20。

表 3.20 常见的实义空白字符及其说明

实义空白字符	说　　明
char(133)	下一行
char(160)	不间断空格
char(8199)	图窗空格
char(8239)	不间断窄空格

实例——将字符数组转换为字符向量元胞数组

源文件：yuanwenjian\ch03\ex_331.m

解：MATLAB 程序如下。

```
>> A = ['abc ';'defg';'hi  ']    %创建一个字符数组，包括结尾空格以使每行的长度相同，
                                  %生成一个 3×4 的字符数组
A =
  3×4 char 数组
    'abc '
    'defg'
    'hi  '
>> C = cellstr(A)                %将字符数组转换为一个 3×1 的字符向量元胞数组
C =
  3×1 cell 数组
    {'abc' }
    {'defg'}
    {'hi'  }
```

3.4.4 元胞数组的转换操作

MATLAB 中有关元胞数组的转换操作命令见表 3.21。

表 3.21 MATLAB 中有关元胞数组的转换操作命令

命 令 名	说 明
cell2mat	将元胞数组转换为基础数据类型的普通数组。元胞数组的元素必须有相同的数据类型，并且生成的数组也是该数据类型
num2cell	将数值转换成元胞数组
cell2struct	将元胞数组转换成结构体数组
struct2cell	将结构体数组转换成元胞数组

实例——元胞数组转换示例

源文件：yuanwenjian\ch03\ex_332.m

解：MATLAB 程序如下。

```
>> A = {[1],[2 3 4];[5;9],[6 7 8; 10 11 12]}
A =
  2×2 cell 数组
    {[       1]}    {[   2 3 4]}
    {2×1 double}    {2×3 double}
>> B = cell2mat(A)                %将元胞数组 A 转换为普通数组 B
B =
     1     2     3     4
     5     6     7     8
     9    10    11    12
>> C=num2cell(B)                  %将普通数组 B 中的每个元素转换为元胞数组 C 中的一个单元
C =
  3×4 cell 数组
    {[1]}    {[ 2]}    {[ 3]}    {[ 4]}
    {[5]}    {[ 6]}    {[ 7]}    {[ 8]}
    {[9]}    {[10]}    {[11]}    {[12]}
```

3.5　结构体数组

结构体数组是根据属性名（field）组织起来的不同数据类型的集合。结构体的属性可以包含不同数据类型的值，如字符串、矩阵等。

3.5.1　创建结构体数组

创建结构体数组有两种常用的方法：一种是使用赋值语句直接定义；另一种是使用 struct 函数定义。

1. 使用赋值语句直接定义

使用赋值语句直接定义方法是直接使用 structName.fieldName 格式的圆点表示法为结构体中的字段赋值，可以直接引用，而且可以动态扩充。

实例——创建一个结构体数组

源文件：yuanwenjian\ch03\ex_333.m

解：MATLAB 程序如下。

```
>> s.a = [1 2 3];
>> s.b = {'x','y','z'}          %为结构体 s 的字段 a 和 b 赋值，输出结构体 s
s =
  包含以下字段的 struct:
    a: [1 2 3]
    b: {'x'  'y'  'z'}
```

2. 使用 struct 函数定义

在 MATLAB 中，使用 struct 函数可以创建结构体数组，也可以把其他形式的数据转换为结构体数组。struct 函数的语法格式及说明见表 3.22。

表 3.22　struct 函数的语法格式及说明

语 法 格 式	说　　明
s = struct	创建不包含任何字段的标量（1×1）结构体 s
s = struct(field,value)	创建具有指定字段 field 和值 value 的结构体数组 s。输入参数 value 可以是任何数据类型，如数值、逻辑值、字符或元胞数组
s=struct(field,values1,field2,values2,…)	创建包含多个字段的结构体数组
s = struct([])	创建不包含任何字段的空（0×0）结构体 s
s = struct(obj)	创建包含与 obj 的属性对应的字段名称和值的标量结构体 s

实例——结构体数组创建示例

源文件：yuanwenjian\ch03\ex_334.m

解：MATLAB 程序如下。

```
%创建包含 3 个字段的结构体数组，字段值之间使用逗号分隔
>> s = struct('Time',{'morning','afternoon'},'color',{'blue','red'},'A',{3,4})
s =
```

```
      包含以下字段的 1×2 struct 数组:
        Time
        color
        A
%创建包含 3 个字段的结构体数组，字段值之间使用分号分隔
>> s = struct('Time',{'morning';'afternoon'},'color',{'blue';'red'},'A',{3;4})
s =
      包含以下字段的 2×1 struct 数组:
        Time
        color
        A
```

3.5.2 引用结构体数组元素

结构体数组利用圆括号及圆点符号，通过索引号和字段名来引用数组元素的内容。

实例——显示结构体数组的内容

源文件：yuanwenjian\ch03\ex_335.m

解： MATLAB 程序如下。

```
>> student=struct('name',{'Wang', 'Li'},'Age',{20,23})      %创建 1×2 的结构体数组
student =
   包含以下字段的 1×2 struct 数组:
     name
     Age
>> student(1)                  %通过元素索引号引用结构体数组 student 的第 1 个元素
ans =
   包含以下字段的 struct:
     name: 'Wang'
      Age: 20
>> student(2)                  %引用结构体数组 student 的第 2 个元素
ans =
   包含以下字段的 struct:
     name: 'Li'
      Age: 23
>> student(2).name            %通过元素索引号和字段名引用结构体数组 student 的第 2 个元素的 name 字段
   包含以下字段的 1×2 struct 数组:
   ans =
     'Li'
```

实例——动态扩充结构体数组

源文件：yuanwenjian\ch03\ex_336.m

解： MATLAB 程序如下。

```
>> x.real = 0;                %为结构体数组 x 创建字段 real，并将该字段赋值为 0
>> x.imag = 1                 %为结构体数组 x 创建一个新的字段 imag，并将该字段赋值为 1
x =
   包含以下字段的 struct:
     real: 0
     imag: 1
>> x(2).real = 2;             %将 x 扩充为 1×2 的结构体，并赋值
```

扫一扫，看视频

```
>> x(2).imag = 3
x =
  包含以下字段的 1×2 struct 数组:
    real
    imag
>> x(1).scale = 0            %为数组动态扩充字段 scale
x =
  包含以下字段的 1×2 struct 数组:
    real
    imag
    scale
%所有 x 都增加了一个 scale 字段,而 x(1)之外的其他变量的 scale 字段为空
>> x(1)                      %查看结构体数组第 1 个元素各个字段的内容
ans =
  包含以下字段的 struct:
     real: 0
     imag: 1
    scale: 0
>> x(2)                      %查看结构体数组第 2 个元素各个字段的内容,注意没有赋值的字段为空
ans =
  包含以下字段的 struct:
     real: 2
     imag: 3
    scale: []
```

动手练一练——引用结构体数组元素

使用 struct 函数创建一个包含两个字段的 1×2 结构体数组,并引用数组中的元素和字段。

思路点拨:

源文件: yuanwenjian\ch03\prac_301.m
(1)定义结构体数组。
(2)使用圆括号引用元素索引,获取两个元素的值。
(3)使用圆点表示法引用字段名称,获取第 2 个元素的字段值。

3.5.3　结构体数组的常用操作命令

MATLAB 中有关结构体数组的常用操作命令见表 3.23。

表 3.23　MATLAB 中有关结构体数组的常用操作命令

命 令 名	说 明
fieldnames	获取结构体数组的字段名
getfield	获取结构体数组指定字段的值
setfield	设置结构体数组指定字段的值
rmfield	删除结构体数组中指定的一个或多个字段
isfield	判断输入是否为结构体数组的字段
isstruct	判断输入是否为结构体数组

扫一扫，看视频

实例——获取结构体数组的字段名和字段值

源文件：yuanwenjian\ch03\ex_337.m

解： MATLAB 程序如下。

```
>> S.a = [5 10 15 20 25];
>> S.b= 'two'          %创建一个结构体数组 S，其中，一个字段的值为数组，另一个字段是字符串
S =
  包含以下字段的 struct:
    a: [5 10 15 20 25]
    b: 'two'
>> fields=fieldnames(S)              %返回结构体数组 S 中的所有字段名
fields =
  2×1 cell 数组
    {'a'}
    {'b'}
>> value = getfield(S,'a',{[2:4]})   %返回结构体字段 a 的第 2~4 个值，该字段为数值数组，
                                     %在字段名称后面指定索引

value =
    10    15    20
>> value = S.a(2:4)                  %使用圆点表示法显示结构体数组索引值对应的元素
value =
    10    15    20
>> S2=setfield(S,'c',[4 6;8 10])     %设置结构体数组 S 中字段 c 的值，如果没有该字段，
                                     %则创建一个字段

S2 =
  包含以下字段的 struct:
    a: [5 10 15 20 25]
    b: 'two'
    c: [2×2 double]
>> S3=rmfield(S2,'b')                %从结构体数组 S2 中删除字段 b
S3 =
  包含以下字段的 struct:
    a: [5 10 15 20 25]
    c: [2×2 double]
>> tf=isfield(S3,'b')                %判断字段 b 是否为 S3 的字段
tf =
  logical
   0
>> tf2=isstruct(S3)                  %判断 S3 是否为结构体数组
tf2 =
  logical
   1
```

3.6 常用的矩阵运算与操作

MATLAB 是矩阵实验室（matrix laboratory）的简称，以矩阵作为数据操作的基本单位，由此可以看出矩阵在 MATLAB 中的重要性。为便于读者进一步理解矩阵，下面给出矩阵的定义。

矩阵 A 是由 $m \times n$ 个数 a_{ij} $(i = 1,2,\cdots,m; j = 1,2,\cdots,n)$ 排成的 m 行 n 列数表，记成

$$A = \begin{pmatrix} a_{11} & a_{12} & \dots & a_{1n} \\ a_{21} & a_{22} & \dots & a_{2n} \\ \vdots & \vdots & \vdots & \vdots \\ a_{m1} & a_{m2} & \dots & a_{mn} \end{pmatrix}$$

称为 $m \times n$ 矩阵，也可以记成 $A_{m \times n}$。如果 $m = n$，则该矩阵称为 n 阶矩阵或 n 阶方阵。

3.6.1　向量的点积与叉积

在空间解析几何学中，向量的点积是指两个向量 a、b 在其中某一个向量方向上的投影的乘积，即

$$a \cdot b = |a||b|\cos\theta$$

其中，a、b 均为向量；θ 是两个向量的夹角。计算点积通常可以用来引申定义向量的模。

在 MATLAB 中，向量可以看作某个维度为 1 的矩阵。如果行空间维度为 1，则称为行向量；如果列空间维度为 1，则称为列向量。对于向量 a、b，点积的计算方法为 $a \cdot b = a_1 b_1 + a_2 b_2 + \cdots + a_n b_n$，相当于对点乘的向量结果求和 sum(a.*b)。此外，MATLAB 还提供了专门计算向量点积的 dot 函数。dot 函数的语法格式及说明见表 3.24。

表 3.24　dot 函数的语法格式及说明

语 法 格 式	说　　明
dot(a,b)	返回向量、矩阵或多维数组 a 和 b 的标量点积。需要说明的是，a 和 b 必须同维。如果 a、b 都是实数列向量，dot(a,b) 等价于 a'*b
dot(a,b,dim)	计算 a 和 b 沿指定维度的点积。输入参数 dim 是一个正整数标量

实例——向量的点积运算

源文件：yuanwenjian\ch03\ex_338.m

解：MATLAB 程序如下。

```
>> a=[2 4 5 3 1];
>> b=[3  8  10  12  13];     %两个同维的向量
>> c=dot(a,b)
c =
      137
```

在空间解析几何学中，两个向量叉乘的结果是一个过两个相交向量的交点且垂直于两向量所在平面的向量。在 MATLAB 中，向量的叉积运算可由 cross 函数直接实现。cross 函数的语法格式及说明见表 3.25。

表 3.25　cross 函数的语法格式及说明

语 法 格 式	说　　明
cross(a,b)	返回向量、矩阵或多维数组 a 和 b 的叉积。需要说明的是，如果 a 和 b 为向量，则它们的长度必须为 3；如果 a 和 b 为具有相同大小的矩阵或多维数组，则将 a 和 b 视为三元素向量集合，计算对应向量沿大小等于 3 的第一个数组维度的叉积
cross(a,b,dim)	返回 a 和 b 沿指定维度 dim 的叉积。a 和 b 必须有相同的大小，并且 size(a,dim) 和 size(b,dim) 的结果必须为 3

实例——向量的叉积运算

源文件：yuanwenjian\ch03\ex_339.m

解：MATLAB 程序如下。

```
>> a=[2 3 4];
>> b=[3 4 6];            %两个长度为 3 的向量
>> c=cross(a,b)
c =
      2    0    -1
>> a=[2 3 4;4 5 6];
>> b=[3 4 6;2 6 9];      %两个相同大小的矩阵，并且有一维（dim=2）的大小为 3
>> size(a)               %矩阵的大小
ans =
      2    3
>> c=cross(a,b)          %将 a 和 b 视为三元素向量集合，计算对应向量沿大小等于 3 的第一个维度的叉积
c =
      2    0    -1
      9   -24   14
>> c=cross(a,b,2)        %将 a 和 b 的行视为向量，返回对应行的叉积
c =
      2    0    -1
      9   -24   14
```

向量的混合积又称三重积，是 3 个向量相乘 $(a \cdot b) \cdot c$ 的结果。在 MATLAB 中，向量的混合积运算可由以上两个函数（dot、cross）共同来实现。

扫一扫，看视频

实例——向量的混合积运算

源文件：yuanwenjian\ch03\ex_340.m
解： MATLAB 程序如下。

```
>> a=[2 3 4];
>> b=[3 4 6];
>> c=[1 4 5];           %3 个长度为 3 的向量
>> d=dot(a,cross(b,c))
d =
      -3
```

3.6.2 矩阵的基本变换

矩阵的基本变换包括旋转、镜像和变维。

1. 矩阵旋转

在 MATLAB 中，rot90 命令用于将矩阵以 90°为单位进行旋转。rot90 命令的语法格式及说明见表 3.26。

表 3.26 rot90 命令的语法格式及说明

语 法 格 式	说　　明
rot90(A)	将输入矩阵 A 逆时针旋转 90°。如果 A 是多维数组，则在由第一个和第二个维度构成的平面中旋转
rot90(A,k)	将 A 逆时针旋转 90°并乘以 k，k 为整数

2. 矩阵镜像

在 MATLAB 中，flip 命令用于镜像翻转矩阵。flip 命令的语法格式及说明见表 3.27。

表 3.27　flip 命令的语法格式及说明

语 法 格 式	说 明
B = flip(A)	翻转 A 中的元素，返回与 A 具有相同大小的矩阵 B
B = flip(A,dim)	沿维度 dim 翻转 A 中元素的顺序

矩阵的镜像变换实质是翻转矩阵元素的操作，分为左右翻转与上下翻转两种。在 MATLAB 中，还提供了专门的左右翻转与上下翻转命令。翻转命令的语法格式及说明见表 3.28。

表 3.28　翻转命令的语法格式及说明

语 法 格 式	说 明
B = fliplr(A)	将矩阵 A 中的元素围绕垂直轴从左向右翻转
B = flipud(A)	将矩阵 A 中的元素围绕水平轴从上向下翻转

实例——矩阵翻转变换

源文件：yuanwenjian\ch03\ex_341.m

解： 在 MATLAB 命令行窗口中输入以下命令。

扫一扫，看视频

```
>> C =[1 4 7 10;2 5 8 11;3 6 9 12]
C =
     1     4     7    10
     2     5     8    11
     3     6     9    12
>> M1=rot90(C)              %逆时针旋转 90°
M1 =
    10    11    12
     7     8     9
     4     5     6
     1     2     3
>> M2=rot90(C,-1)           %顺时针旋转 90°
M2 =
     3     2     1
     6     5     4
     9     8     7
    12    11    10
>> M3=flip(C,1)            %沿列翻转，即垂直镜像
M3 =
     3     6     9    12
     2     5     8    11
     1     4     7    10
>> M4=flipud(C)            %上下翻转，即垂直镜像
M4 =
     3     6     9    12
     2     5     8    11
     1     4     7    10
>> M5=flip(C,2)            %沿行翻转，即水平镜像
M5 =
    10     7     4     1
    11     8     5     2
    12     9     6     3
```

```
>> M6=fliplr(C)              %左右翻转，即水平镜像
M6 =
    10     7     4     1
    11     8     5     2
    12     9     6     3
```

3. 矩阵变维

矩阵变维可以用冒号（:）法和 reshape 命令。其中，reshape 命令的语法格式及说明见表 3.29。

表 3.29　reshape 命令的语法格式及说明

语 法 格 式	说　　明
B = reshape(A,sz)	将矩阵 A 变维为大小向量 sz 指定的大小，返回变维后的矩阵 B
B = reshape(A,sz1,...,szN)	将 A 重构为大小为 sz1×···×szN 的矩阵，其中，sz1,···,szN 表示每个维度的大小。如果将单个维度大小指定为[]，将自动计算维度大小，以使 B 中的元素数与 A 中的元素数相匹配

扫一扫，看视频

实例——修改矩阵维度

源文件：yuanwenjian\ch03\ex_342.m

本实例演示矩阵的维度变换。

解： MATLAB 程序如下。

```
>> A=1:12;                   %定义由 1～12 的线性间隔值组成的行向量，元素间隔值为 1
>> B=reshape(A,2,6)         %将行向量 A 变维为 2 行 6 列
B =
    1     3     5     7     9    11
    2     4     6     8    10    12
>> C=reshape(A,[3 4])       %指定大小向量[3 4]
C =
    1     4     7    10
    2     5     8    11
    3     6     9    12
>> D=zeros(4,3);            %用"："法必须先指定重构矩阵的形状，初始化矩阵
>> D(:)=A(:)                %将矩阵 A 中的元素按列填充到矩阵 D 中，得到 4 行 3 列的矩阵 D
D =
    1     5     9
    2     6    10
    3     7    11
    4     8    12
```

3.6.3　抽取矩阵元素

矩阵从左上至右下的数归为主对角线，从左下至右上的数归为副对角线。通过抽取矩阵主对角线或主对角线上（下）方的元素，可以生成对角矩阵。在 MATLAB 中，抽取矩阵元素主要是指抽取对角元素和上（下）三角矩阵。

在 MATLAB 中，diag 命令用于抽取矩阵对角线上的元素，组成对角矩阵。diag 命令的语法格式及说明见表 3.30。

表 3.30　diag 命令的语法格式及说明

语 法 格 式	说　　明
D = diag(v)	创建主对角线元素为向量 v 中元素的对角矩阵 D
D = diag(v,k)	将向量 v 的元素放置在第 k 条对角线上。k=0 表示主对角线，k>0 位于主对角线上方，k<0 位于主对角线下方
X＝diag(A)	抽取矩阵 A 的主对角线元素，以列向量 X 返回抽取的元素
X＝diag(A,k)	抽取矩阵 A 的第 k 条对角线上的元素，返回抽取的元素组成的列向量 X

实例——创建对角矩阵

源文件：yuanwenjian\ch03\ex_343.m

解：在 MATLAB 命令行窗口中输入以下命令。

扫一扫，看视频

```
>> v =[1 4 7 10];            %创建向量 v
>> D = diag(v)              %创建一个以 v 中元素为主对角线元素的对角矩阵 D
D =
     1     0     0     0
     0     4     0     0
     0     0     7     0
     0     0     0    10
>> D2=diag(v,2)            %创建主对角线上方第 2 条对角线上元素为 v 的对角矩阵
D2 =
     0     0     1     0     0     0
     0     0     0     4     0     0
     0     0     0     0     7     0
     0     0     0     0     0    10
     0     0     0     0     0     0
     0     0     0     0     0     0
>> A=magic(5)             %5 阶魔方矩阵
A =
    17    24     1     8    15
    23     5     7    14    16
     4     6    13    20    22
    10    12    19    21     3
    11    18    25     2     9
>> X=diag(A,-2)           %抽取矩阵 A 主对角线下方第 2 条对角线上的元素组成列向量 X
X =
     4
    12
    25
```

除了抽取对角线上的元素，还可以抽取矩阵的上三角部分或下三角部分。在 MATLAB 中，tril 命令用于抽取矩阵对角线下三角部分的元素，组成下对角矩阵。tril 命令的语法格式及说明见表 3.31。

表 3.31　tril 命令的语法格式及说明

语 法 格 式	说　　明
L = tril(A)	提取矩阵 A 的主对角线及主对角线下方的三角部分
L = tril(A,k)	提取矩阵 A 的第 k 条对角线及对角线下方的三角部分

与 tril 命令相对应，triu 命令用于抽取矩阵的上三角部分，组成上对角矩阵。triu 命令的语法格式与 tril 命令类似，这里不再赘述。

扫一扫，看视频

实例——创建上三角矩阵和下三角矩阵

源文件：yuanwenjian\ch03\ex_344.m

解： MATLAB 程序如下。

```
>> A=pascal(4)        %4阶帕斯卡矩阵
A =
     1     1     1     1
     1     2     3     4
     1     3     6    10
     1     4    10    20
>> tril(A)            %抽取主对角线及其下方三角部分的元素，其余位置的元素用0填补
ans =
     1     0     0     0
     1     2     0     0
     1     3     6     0
     1     4    10    20
>> triu(A,2)          %抽取主对角线上方第2条对角线及上方三角部分的元素，其余位置的元素用0填补
ans =
     0     0     1     1
     0     0     0     4
     0     0     0     0
     0     0     0     0
>> triu(A,-1)         %抽取主对角线下方第1条对角线及上方三角部分的元素，其余位置的元素用0填补
ans =
     1     1     1     1
     1     2     3     4
     0     3     6    10
     0     0    10    20
```

3.6.4 拼接矩阵

一维数组可直接使用方括号进行拼接，同样地，矩阵也可以使用方括号进行拼接。此外，MATLAB 还提供了专门的矩阵拼接命令。矩阵拼接命令的语法格式及说明见表 3.32。

表 3.32 矩阵拼接命令的语法格式及说明

语 法 格 式	说 明
C = vertcat(A,B)	当 A 和 B 具有兼容的大小时，将 B 垂直拼接到 A 的最后一行之后，等价于[A;B]
C = vertcat(A1,A2,…,An)	垂直拼接 A1、A2、…、An
C = horzcat(A,B)	当 A 和 B 具有兼容的大小时，将 B 水平拼接到 A 的最后一列右侧，等价于[A,B]
C = horzcat (A1,A2,…,An)	水平拼接 A1、A2、…、An

扫一扫，看视频

实例——矩阵拼接

源文件：yuanwenjian\ch03\ex_345.m

解： MATLAB 程序如下。

```
>> A = [1 2 3;4 5 6]
A =
     1     2     3
     4     5     6
```

```
>> B = [7 8 9]              %创建两个矩阵
B =
     7     8     9
>> C1=[A;B]                 %使用方括号垂直拼接矩阵
C1 =
     1     2     3
     4     5     6
     7     8     9
>> C2 = vertcat(A,B)        %使用 vertcat 命令垂直拼接矩阵
C2 =
     1     2     3
     4     5     6
     7     8     9
>> D = eye(3)               %3 阶单位矩阵
D =
     1     0     0
     0     1     0
     0     0     1
%水平拼接 C1 和 D
>> C3=[C1,D]
C3 =
     1     2     3     1     0     0
     4     5     6     0     1     0
     7     8     9     0     0     1
>> C4 = horzcat(C1,D)
C4 =
     1     2     3     1     0     0
     4     5     6     0     1     0
     7     8     9     0     0     1
```

除了专门的垂直拼接和水平拼接命令，MATLAB 还提供了 cat 命令，用于按照指定维度拼接矩阵，可以直接指定垂直或水平拼接。cat 命令的语法格式及说明见表 3.33。

表 3.33　cat 命令的语法格式及说明

语 法 格 式	说　　明
C = cat(dim,A,B)	当 A 和 B 具有兼容的大小（除运算维度 dim 以外的维度长度匹配）时，沿维度 dim 将 B 拼接到 A 的末尾。对于表或时间表输入，dim 必须为 1 或 2
C = cat(dim,A1,A2,…,An)	沿维度 dim 拼接 A1、A2、…、An

实例——沿指定维度拼接矩阵

源文件：yuanwenjian\ch03\ex_346.m

解：MATLAB 程序如下。

扫一扫，看视频

```
>> A = [1 2;3 4]
A =
     1     2
     3     4
>> B = [5 6;7 8]
B =
     5     6
     7     8
```

```
>> cat(1,A,B)        %垂直拼接矩阵
ans =
     1     2
     3     4
     5     6
     7     8
>> cat(2,A,B)        %水平拼接矩阵
ans =
     1     2     5     6
     3     4     7     8
>> cat(3,A,B)        %沿第 3 个维度拼接
ans(:,:,1) =
     1     2
     3     4
ans(:,:,2) =
     5     6
     7     8
```

3.6.5 逆矩阵和转置矩阵

对于 n 阶方阵 A，如果有 n 阶方阵 B 满足 $AB=BA=I$，则称矩阵 A 为可逆的，称方阵 B 为 A 的逆矩阵，记为 A^{-1}。

逆矩阵的性质如下：

➤ 若 A 可逆，则 A^{-1} 是唯一的。

➤ 若 A 可逆，则 A^{-1} 也可逆，并且 $(A^{-1})^{-1} = A$。

➤ 若 n 阶方阵 A 与 B 都可逆，则 AB 也可逆，并且 $(AB)^{-1} = B^{-1}A^{-1}$。

➤ 若 A 可逆，则 $|A^{-1}|=|A|^{-1}$。

满足 $|A|\neq0$ 的方阵 A 称为非奇异的，否则就称为奇异的。

在 MATLAB 中，inv 命令用于求解矩阵的逆。inv 命令的语法格式及说明见表 3.34。

表 3.34 inv 命令的语法格式及说明

语 法 格 式	说　　明
Y = inv(X)	计算方阵 X 的逆矩阵 Y，等价于 X^(–1)

📢 注意：

逆矩阵必须使用方阵，否则弹出错误信息。

扫一扫，看视频

实例——求解随机矩阵的逆矩阵

源文件：yuanwenjian\ch03\ex_347.m
本实例求解随机矩阵的逆矩阵。

解：MATLAB 程序如下。

```
>> A=rand(3)  %创建 3 阶随机矩阵，元素值是区间(0,1)的均匀分布中的随机标量
A =
    0.9649    0.9572    0.1419
    0.1576    0.4854    0.4218
```

```
        0.9706    0.8003    0.9157
>> B = inv(A)%求矩阵A的逆矩阵B
B =
        0.3473   -2.4778    1.0874
        0.8607    2.4223   -1.2490
       -1.1203    0.5093    1.0310
>> C = inv([12 34 25;10 23 56])    %输入矩阵非方阵，显示错误信息
错误使用 inv
矩阵必须为方阵。
```

对于矩阵 A，如果有矩阵 B 满足 $B(i,j)=A(j,i)$，即 B 的第 i 行第 j 列元素是 A 的第 j 行第 i 列元素。也就是说，将矩阵 A 的行元素变成矩阵 B 的列元素，将矩阵 A 的列元素变成矩阵 B 的行元素，则称 $A^{\mathrm{T}}=B$，矩阵 B 是矩阵 A 的转置矩阵。

$$D = \begin{pmatrix} a_{11} & a_{12} & \dots & a_{1n} \\ a_{21} & a_{22} & \dots & a_{2n} \\ \vdots & \vdots & \vdots & \vdots \\ a_{n1} & a_{n2} & \dots & a_{nn} \end{pmatrix}; \quad D^{\mathrm{T}} = \begin{pmatrix} a_{11} & a_{21} & \dots & a_{n1} \\ a_{12} & a_{22} & \dots & a_{n2} \\ \vdots & \vdots & \vdots & \vdots \\ a_{1n} & a_{2n} & \dots & a_{nn} \end{pmatrix}$$

矩阵的转置满足下列运算规律。

➤ $(A^{\mathrm{T}})^{\mathrm{T}} = A$。

➤ $(A+B)^{\mathrm{T}} = A^{\mathrm{T}} + B^{\mathrm{T}}$。

➤ $(\lambda A)^{\mathrm{T}} = \lambda A^{\mathrm{T}}$。

➤ $(AB)^{\mathrm{T}} = B^{\mathrm{T}} A^{\mathrm{T}}$。

矩阵的转置运算可以通过符号"'"或命令 transpose 来实现。符号"'"和命令 transpose 的语法格式及说明见表 3.35。

表 3.35　符号"'"和命令 transpose 的语法格式及说明

语 法 格 式	说　　明
B = A.'	返回 A 的非共轭转置，即每个元素的行和列索引都会互换。如果 A 包含复数元素，则 A.'不会影响虚部符号
B = transpose(A)	矩阵转置，是上一种语法格式的另一种形式

实例——求矩阵 $A = \begin{pmatrix} 1 & -1 & 2 \\ 0 & 1 & 6 \\ 2 & 3 & 4 \end{pmatrix}$ 的二次转置

扫一扫，看视频

源文件：yuanwenjian\ch03\ex_348.m

解：MATLAB 程序如下。

```
>> A=[1 -1 2;0 1 6;2 3 4]
A =
     1    -1     2
     0     1     6
     2     3     4
>> B=A'             %一次转置
B =
     1     0     2
    -1     1     3
```

```
       2    6    4
>> C=B'              %转置矩阵再次转置，即 A 的二次转置
C =
       1   -1    2
       0    1    6
       2    3    4
>> D=A''            %直接二次转置
D =
       1   -1    2
       0    1    6
       2    3    4
```

实例——验证$(\lambda A)^{\mathrm{T}} = \lambda A^{\mathrm{T}}$

源文件：yuanwenjian\ch03\ex_349.m

解： MATLAB 程序如下。

```
>> A=[1 -1 2;0 1 6;2 3 4];
>> C1= transpose(6*A)        %数值与 A 的乘积的转置
C1 =
       6    0   12
      -6    6   18
      12   36   24
>> C2=6*transpose(A)         %数值与 A 的转置的乘积
C2 =
       6    0   12
      -6    6   18
      12   36   24
>> isequal(C1,C2)           %判断两个矩阵是否相同
ans =
   logical
       1
```

动手练一练——验证转置矩阵的运算规律

A、B 为矩阵，验证 $(AB)^{\mathrm{T}} \neq A^{\mathrm{T}}B^{\mathrm{T}} = B^{\mathrm{T}}A^{\mathrm{T}}$。

📋 **思路点拨：**

源文件：yuanwenjian\ch03\prac_302.m

（1）定义两个 3 阶矩阵 A、B。

（2）分别计算 $(AB)^{\mathrm{T}}$、$A^{\mathrm{T}}B^{\mathrm{T}}$ 和 $B^{\mathrm{T}}A^{\mathrm{T}}$。

（3）比较 $(AB)^{\mathrm{T}}$ 和 $A^{\mathrm{T}}B^{\mathrm{T}}$、$(AB)^{\mathrm{T}}$ 和 $B^{\mathrm{T}}A^{\mathrm{T}}$。

第 4 章　二　维　绘　图

内容指南

MATLAB 不仅擅长数值运算，同时还具有强大的图形功能，这是其他用于科学计算的编程语言所无法比拟的。利用 MATLAB 可以很方便地实现数据可视化，并根据显示需要修改和编辑图形。

本章将介绍 MATLAB 的图形窗口和常用的二维图形绘制命令。

内容要点

➢ 图形窗口
➢ 基本二维绘图命令
➢ 二维图形的修饰处理

4.1　图　形　窗　口

图形窗口也称为图窗，它与命令行窗口相互独立，是 MATLAB 数据可视化的平台，用于显示运行结果的图形或图像。如果能熟练掌握图形窗口的各种操作，读者便可以根据自己的需要获得各种高质量的图形。

4.1.1　认识图形窗口

在 MATLAB 命令行窗口中执行 figure 命令，或在"主页"选项卡的"新建"下拉菜单中选择"图窗"命令，即可打开一个空白图窗，如图 4.1 所示。

图 4.1　空白图窗

图窗的标题栏上显示图窗标题，默认为"Figure n"（n 为图窗编号）。标题栏下方是菜单栏，用于对图窗中的图形或图像进行相关操作。菜单栏下方是工具栏，集合了在图窗中操作图形图像的一些常用命令。

> ：创建图形窗口。单击此图标，新建一个图形窗口，该窗口不会覆盖当前的图形窗口，编号紧接着当前窗口最后一个。

> ：打开图形窗口文件（扩展名为.fig）。

> ：将当前的图形以.fig 文件的形式保存到用户所希望的目录下。

> ：打印图形。

> ：链接/取消链接绘图。单击此图标，弹出如图 4.2（b）所示的"链接的绘图数据源"对话框，用于指定各个坐标轴的数据源。一旦在变量与图形之间建立了实时链接，对变量的修改即可实时反映到图形上。

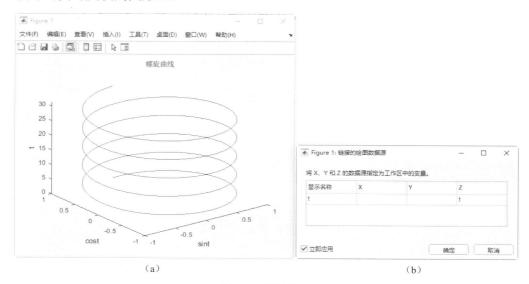

图 4.2 链接绘图

> ：插入颜色栏。单击此图标，会在图形的右侧显示一个色轴。在编辑图形色彩时很实用。

> ：插入图例。单击此图标，会在图形的右上角显示图例，双击图例框中的数据名称，可以修改图例标签。

> ：编辑绘图。单击此图标，双击图形对象，可以打开"属性检查器"对话框，修改图形的相关属性。

> ：打开"属性检查器"对话框。

将鼠标指针移到绘图区，绘图区右上角显示一个工具条，如图 4.3 所示。下面简要介绍该工具条中每个按钮的功能。

> ：单击此图标，将图形另存为图片，或者复制为图像或向量图。

> ：单击此图标，然后在图形上按住鼠标左键拖动，所选区域将默认以红色刷亮显示，如图 4.4 所示。单击该图标右侧的下三角形，在打开的颜色表中可以选择标记颜色。

> ：数据提示。单击此图标，光标会变为空心十字形状，单击图形的某一点，即可显示该点在当前所在坐标系中的坐标值，如图 4.5 所示。

> ：单击此图标，然后按住鼠标左键拖动，可以对三维图形进行旋转操作，以便用户找到需要的观察位置。例如，单击该图标后，在三维螺旋线上按住鼠标左键向下移动到一定位置，会显示如图 4.6 所示的螺旋线的俯视图。

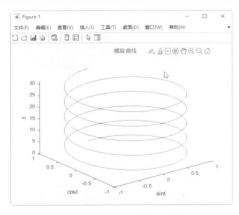

图 4.3　显示编辑工具

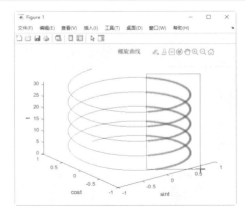

图 4.4　刷亮/选择数据

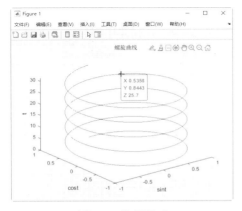

图 4.5　数据提示

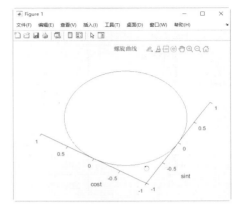

图 4.6　螺旋线的俯视图

> ➤ 🔍：单击此图标后，单击或框选图形，可以放大整个图形或图形的一部分。
> ➤ 🔍：单击此图标后，单击或框选图形，可以缩小整个图形或图形的一部分。
> ➤ 🏠：单击此图标后，可将视图还原到缩放、平移之前的状态。
> ➤ ✋：单击此图标后，按住鼠标左键拖动，可以平移图形。

4.1.2　创建图窗

在 MATLAB 中，使用 figure 命令可以创建图窗。该命令的语法格式及说明见表 4.1。

表 4.1　figure 命令的语法格式及说明

语 法 格 式	说　　明
figure	使用默认属性值创建一个新的图窗。生成的图窗为当前图窗
figure(Name,Value)	使用一个或多个名称-值对组参数修改图窗的默认设置，创建一个新的图窗。没有指定的属性，则用默认值
f = figure(…)	在以上任意一种语法格式的基础上，返回 Figure 对象，以便查询或修改图窗属性
figure(f)	将 f 指定的图窗作为当前图窗，并将其显示在其他所有图窗的上面
figure(n)	将 Number（编号）属性为 n 的图窗设置为当前图窗。如果该图窗不存在，则创建一个编号为 n 的图窗。其中，n 是一个正整数

图窗是图或用户界面组件的容器。图窗属性用于控制特定图窗实例的外观和行为。Figure 对象

的属性见表 4.2。

表 4.2 Figure 对象的属性

属性分类	属性名	说 明	有 效 值
窗口外观	MenuBar	Figure 菜单栏显示方式	'figure'（默认）|'none'
	ToolBar	Figure 工具栏显示方式	'auto'（默认）|'figure'|'none'
	DockControls	交互式图窗停靠	'on'（默认）|'off'
	Color	背景色	RGB 三元组|十六进制颜色代码|'r'|'g'|'b'|…
	WindowStyle	窗口样式	'normal'（默认）|'modal'|'docked'
	WindowState	窗口状态	'normal'（默认）|'minimized'|'maximized'|'fullscreen'
位置和大小	Position	图窗的位置与大小	四元素向量[left bottom width height]
	Units	用于解释属性 Position 的单位	'pixels'（默认）|'normalized'|'inches'|'centimeters' |'points' |'characters'
	InnerPosition	可绘制区域的位置和大小	四元素向量[left bottom width height]
	OuterPosition	外部边界的位置和大小	四元素向量[left bottom width height]
	Resize	可调整图窗大小	'on'（默认）|on/off 逻辑值
绘图	Colormap	图窗坐标区内容的颜色图	parula（默认）|由 RGB 三元组组成的 m×3 数组
	Alphamap	Axes 内容的透明度映射	由从 0 到 1 的 64 个值组成的数组（默认）|由从 0 到 1 的有限 alpha 值组成的数组
	NextPlot	添加下一绘图的方式	'add'（默认）|'new'|'replace'|'replacechildren'
	Renderer	用于屏幕显示和打印的渲染器	'opengl'（默认）|'painters'
	RendererMode	渲染器选择	'auto'（默认）|'manual'
	GraphicsSmoothing	坐标区图形平滑处理	'on'（默认）|on/off 逻辑值
打印和导出	PaperPosition	打印或保存时页面上的图窗大小和位置	四元素向量[left bottom width height]
	PaperPositionMode	指示在打印或保存时使用显示的图窗大小的指令	'auto'（默认）|'manual'
	PaperSize	自定义页面大小	二元素向量[width height]
	PaperUnits	用于 PaperSize 和 PaperPosition 的单位	'inches'|'centimeters'|'normalized'|'points'
	PaperOrientation	页面方向	'portrait'（默认）|'landscape'
	PaperType	标准页面大小	'usletter'|'uslegal'|'tabloid'|'a0'|'a1'|'a2'|'a3'|…
	InvertHardcopy	打印或保存时的图窗背景色	'on'（默认）|on/off 逻辑值
鼠标和指针	Pointer	指针符号	'arrow'（默认）|'ibeam'|'crosshair'|'watch'|'topl'|'custom'|…
	PointerShapeCData	自定义指针符号	16×16 矩阵（默认）|32×32 矩阵
	PointerShapeHotSpot	指针的活动像素	[1 1]（默认）|二元素向量
交互性	Visible	确定图窗是否可见	'on'（默认）|on/off 逻辑值
	CurrentAxes	当前图窗中的目标坐标区	Axes 对象|PolarAxes 对象|图形对象
	CurrentCharacter	按下的最后一个键的字符	''（默认）|字符
	CurrentObject	图窗中当前对象的句柄	图窗的子对象
	CurrentPoint	当前鼠标指针的(x, y)坐标	二元素向量
	SelectionType	鼠标选取类型	'normal'（默认）|'extend'|'alt'|'open'
	ContextMenu	上下文菜单	空 GraphicsPlaceholder 数组（默认）|ContextMenu 对象
父级/子级	Parent	图窗的父对象	根对象

属性分类	属性名	说　明	有　效　值
父级/子级	Children	显示于图窗中的任意对象句柄	空 GraphicsPlaceholder 数组（默认）|由对象组成的一维数组
	HandleVisiblity	指定 Figure 对象的可见性	'on'（默认）|'callback'|'off '
标识符	Name	图窗的名称	''（默认）|字符向量|字符串标量
	Number	图窗的编号	整数|[]
	NumberTitle	带编号的标题	'on'（默认）|on/off 逻辑值
	IntegerHandle	指定是否使用整数句柄	'on'（默认）|on/off 逻辑值
	FileName	用于保存图窗的文件名	字符向量|字符串标量
	Tag	对象标识符	''（默认）|字符向量|字符串标量
	Type	Figure 对象的类型（只读属性）	'figure'
	UserData	用户数据	[]（默认）|数组

◀)) 提示：

这里列出的属性适用于使用 figure 命令创建的图窗。对于后续章节中使用 uifigure 命令创建的图窗，有相应的 UI Figure 属性。

Figure 的常见回调函数属性见表 4.3。

表 4.3　Figure 的常见回调函数属性

属性分类	属性名	说　明	有　效　值
常见回调	ButtonDownFcn	单击图窗中的空白区域，就会执行此回调函数	''（默认）|函数句柄|元胞数组|字符向量
	CreateFcn	在 MATLAB 中创建组件时执行的回调函数	''（默认）|函数句柄|元胞数组|字符向量
	DeleteFcn	在 MATLAB 中删除组件时执行的回调函数	''（默认）|函数句柄|元胞数组|字符向量
键盘回调	KeyPressFcn	按下一个键且图窗或子对象具有焦点时，将执行此回调函数	''（默认）|函数句柄|元胞数组|字符向量
	KeyReleaseFcn	释放一个键时执行此回调函数	''（默认）|函数句柄|元胞数组|字符向量
窗口回调	CloseRequestFcn	试图关闭图窗窗口时会执行该回调函数	'closereq'（默认）|函数句柄|元胞数组|字符向量
	SizeChangedFcn	在容器的大小更改时执行该回调函数	''（默认）|函数句柄|元胞数组|字符向量
	WindowButtonDownFcn	单击图窗中的任何位置或其子对象之一时，执行此回调函数	''（默认）|函数句柄|元胞数组|字符向量
	WindowButtonMotionFcn	在图窗内移动指针时执行此回调函数	''（默认）|函数句柄|元胞数组|字符向量
	WindowButtonUpFcn	在图窗中的任何位置或其子对象之一中释放鼠标按钮时，执行此回调函数	''（默认）|函数句柄|元胞数组|字符向量
	WindowKeyPressFcn	按下一个键且图窗或子对象具有焦点时，执行此回调函数	''（默认）|函数句柄|元胞数组|字符向量
	WindowKeyReleaseFcn	释放键且图窗或子对象具有焦点时，执行此回调函数	''（默认）|函数句柄|元胞数组|字符向量
	WindowScrollWheelFcn	转动滚轮且图窗或其任意一个子对象具有焦点时，执行此回调函数	''（默认）|函数句柄|元胞数组|字符向量
回调执行控件	Interruptible	确定是否可以中断运行中回调函数	'on'（默认）|on/off 逻辑值
	BusyAction	指定如何处理中断调用程序	'queue'（默认）|'cancel'
	HitTest	定义图窗是否能变成当前对象	'on'（默认）|on/off 逻辑值
	BeingDeleted	删除状态（只读属性）	on/off 逻辑值

使用圆点表示法可以查询或更改 Figure 对象的属性值。

实例——修改图窗属性

源文件：yuanwenjian\ch04\ex_401.m

解： MATLAB 程序如下。

```
>> f1=figure(Name='Figure Demo'); %创建图窗，指定图窗标题
>> f1.Position                    %获取图窗的位置和大小
ans =
   680   458   560   420
>> f1.Position(3:4)=[300 200]     %设置图窗的宽度和高度，结果如图4.7（a）所示
f1 =
  Figure (1: Figure Demo) - 属性:
      Number: 1
        Name: 'Figure Demo'
       Color: [0.9400 0.9400 0.9400]
    Position: [680 458 300 200]
       Units: 'pixels'
   显示所有属性
>> f1.Color='c';                  %修改图窗的背景颜色
>> f1.NumberTitle='off';          %不显示标题中的编号（Figure 1:），结果如图4.7（b）所示
>> f2=figure(Name='Demo2',Position=[500 400 280 180], ...
MenuBar='none')                   %指定图窗标题、位置和大小新建图窗，不显示菜单栏，结果如图4.7（c）所示
f2 =
  Figure (2: Demo2) - 属性:
      Number: 2
        Name: 'Demo2'
       Color: [0.9400 0.9400 0.9400]
    Position: [500 400 280 180]
       Units: 'pixels'
   显示所有属性
>> f2.ToolBar='figure';           %显示工具栏，结果如图4.7（d）所示
   显示 所有属性
```

需要注意的是，使用 figure 命令生成的图窗的编号是在原有编号的基础上加 1。运行结果如图 4.7 所示。

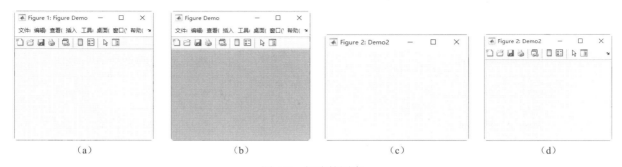

| （a） | （b） | （c） | （d） |

图 4.7　创建的图窗

4.1.3　关闭图窗

在 MATLAB 中，close 命令用于关闭图窗。close 命令的语法格式及说明见表 4.4。

表 4.4　close 命令的语法格式及说明

语 法 格 式	说　　明
close	关闭当前图窗，等同于 close(gcf)
close(fig)	关闭 fig 指定的图窗
close all	关闭句柄未隐藏的所有图窗
close all hidden	关闭所有图窗，包含句柄隐藏的图窗
close all force	关闭所有图窗，包含已指定 CloseRequestFcn 回调以防止用户关闭的图窗
status = close(...)	在以上任意一种语法格式的基础上，返回关闭操作的状态。如果一个或多个图窗关闭，则返回 1；否则返回 0

实例——关闭图窗

源文件：yuanwenjian\ch04\ex_402.m

本实例创建 3 个图窗，然后使用 close 命令关闭。

解： MATLAB 程序如下。

扫一扫，看视频

```
%创建 3 个图窗，指定图窗标题、位置大小，不显示标题编号
>> f1=figure(Name='NO.1',Position=[300 400 280 180],...
NumberTitle='off');
>> f2=figure(Name='NO.2',Position=[300 400 280 180],...
NumberTitle='off');
>> f3=figure(Name='NO.3',Position=[300 400 280 180],...
NumberTitle='off');
>> close(f1)                  %关闭图窗 f1
>> close([f2 f3])             %关闭图窗 f2 和 f3
```

4.2　基本二维绘图命令

MATLAB 提供了丰富的绘图命令，本节将介绍常用的基本二维绘图命令。

执行绘图命令时，系统会自动创建一个图窗。如果执行绘图命令之前已有打开的图窗，则自动将图形输出到当前图窗中，并可能覆盖该图窗中原有的图形。当前图窗通常是最后一个使用的图窗。

4.2.1　plot 命令

plot 命令是最基本的二维绘图命令，用于绘制二维线图。plot 命令的语法格式及说明见表 4.5。

表 4.5　plot 命令的语法格式及说明

语 法 格 式	说　　明
plot(X,Y)	创建 Y 中数据对 X 中对应值的二维线图。 ➤ 如果 X、Y 是同维向量，绘制以 X 为横坐标、Y 为纵坐标的曲线。 ➤ 如果 X 是向量，Y 是有一维与 X 等维的矩阵，绘制多根不同颜色的曲线，曲线数等于 Y 的另一维数，X 作为这些曲线的横坐标。 ➤ 如果 X 是矩阵，Y 是向量，同上一种情况，但以 Y 为横坐标。 ➤ 如果 X、Y 是同维矩阵，以 X 对应的列元素为横坐标，以 Y 对应的列元素为纵坐标分别绘制曲线，曲线数等于矩阵的列数
plot(X,Y,LineSpec)	在上一种语法格式的基础上，使用参数 LineSpec 设置线型、标记和颜色
plot(X1,Y1,X2,Y2,...)	在同一组坐标轴上绘制多对 X 和 Y 坐标。在这种用法中，(Xi,Yi) 必须是成对出现的
plot(X1,Y1,LineSpec1,...,Xn,Yn,LineSpecn,...)	在上一种语法格式的基础上，使用参数指定每条曲线的线型、标记和颜色

语法格式	说　明
plot(Y)	绘制 Y 对一组隐式 X 坐标的二维线图。 ➤ 如果 Y 是实向量，则绘制出以该向量元素的下标为横坐标，以该向量元素的值为纵坐标的一条连续曲线。 ➤ 如果 Y 是实矩阵，则按列绘制出每列元素值相对其下标的曲线，曲线数等于 Y 的列数。 ➤ 如果 Y 是复数矩阵，按列分别绘制出以元素实部为横坐标，虚部为纵坐标的多条曲线
plot(Y,LineSpec)	在上一种语法格式的基础上，设置线型、标记和颜色
plot(tbl,xvar,yvar)	绘制表 tbl 中的变量 xvar 和 yvar
plot(tbl,yvar)	绘制表 tbl 中的指定变量 yvar 对表的行索引的图
plot(…,Name,Value)	在以上任意一种语法格式的基础上，使用一个或多个名称-值对组参数指定线条属性
plot(ax,…)	在以上任意一种语法格式的基础上，将曲线绘制在 ax 指定的坐标区中，而不是在当前坐标区（gca）中
h=plot(…)	在以上任意一种语法格式的基础上，返回由图形线条对象组成的列向量 h，用于查询或修改线条属性

这里需要说明的是，参数 LineSpec 是某些字母或符号的组合，包括线型符号、颜色字符和字符标记符号。其合法设置见表 4.6～表 4.8。默认情况下，线型采用"实线"，不同曲线按表 4.7 中的前 7 种颜色（蓝、绿、红、青、品红、黄、黑）的顺序着色。

表 4.6　线型符号

线型符号	符号含义	线型符号	符号含义
-	实线（默认值）	:	点线
--	虚线	-.	点画线

表 4.7　颜色字符

字　符	色　彩	RGB 值
b(blue)	蓝色	001
g(green)	绿色	010
r(red)	红色	100
c(cyan)	青色	011
m(magenta)	品红	101
y(yellow)	黄色	110
k(black)	黑色	000
w(white)	白色	111

表 4.8　字符标记符号

字　符	数　据　点	字　符	数　据　点
+	加号	>	向右三角形
o	小圆圈	<	向左三角形
*	星号	s	正方形
.	实点	h	六角星
x	交叉号	p	五角星
d	菱形	v	向下三角形
^	向上三角形		

常用的线条属性见表 4.9。

表 4.9　常用的线条属性

属 性 名	说　　明	参　数　值
color	线条颜色	RGB 三元组、十六进制颜色代码、颜色名称或短名称。默认为[0 0.4470 0.7410]
LineStyle	线型	"-"（默认）|"--"|":"|"-."|"none"
LineWidth	线条宽度	0.5（默认）|正值
Marker	标记符号	'none'（默认）|'o'|'+'|'*'|'.'|'x'|'s'|'d'|'v'|'^'|'>'|'<'|'p'|'h'
MarkerIndices	要显示标记的数据点的索引	1:length(YData)（默认）|正整数向量|正整数标量
MarkerEdgeColor	标记轮廓颜色	"auto"（默认）|RGB 三元组|十六进制颜色代码|颜色名称或短名称
MarkerFaceColor	标记填充颜色	"none"（默认）|"auto"|RGB 三元组|十六进制颜色代码|颜色名称或短名称
MarkerSize	标记大小	6（默认）|正值
DatetimeTickFormat	日期时间刻度标签的格式	'yyyy-MM-dd'|'dd/MM/yyyy'|'dd.MM.yyyy'|'yyyy 年 MM 月 dd 日'|'MMMMd,yyyy'|'eeee,MMMM d,yyyy HH:mm:ss'|'MMMM d, yyyy HH:mm:ss Z'…
DurationTickFormat	持续时间刻度标签的格式	'dd:hh:mm:ss' 'hh:mm:ss' 'mm:ss' 'hh:mm'

扫一扫，看视频

实例——绘制魔方矩阵的图形

源文件： yuanwenjian\ch04\ex_403.m

解： 在 MATLAB 命令行窗口中输入如下命令。

```
>> A=magic(3)          %3 阶魔方矩阵
A =
    8    1    6
    3    5    7
    4    9    2
>> plot(A)             %绘制矩阵 A 每一列的图形
```

运行以上程序，将打开一个图窗，显示 3 条曲线。单击图窗工具栏中的"插入图例"图标 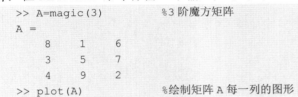，即可在坐标区中添加图例（默认为右上角）。将图例拖放到合适位置，结果如图 4.8 所示。

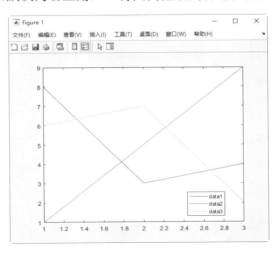

图 4.8　绘制矩阵图形

单击"链接/取消链接绘图"图标🔗，可以查看每一条曲线对应的数据源，如图 4.9 所示。从图 4.9 中可以看到，本实例绘制的每一条曲线对应于魔方矩阵的一列。在"显示名称"栏中，用户可以将图例标签修改为便于识别的名称。

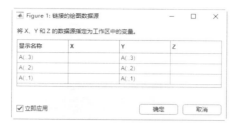

图 4.9 "链接的绘图数据源"对话框

实例——绘制复数向量的图形

源文件：yuanwenjian\ch04\ex_404.m

解： 在 MATLAB 命令行窗口中输入如下命令。

```
>> A=[3+2i 4-5i -3+3i -2-2i];        %复数向量
%绘制向量 A 的图形，线型为虚线，标记为六角星，颜色为红色，标记大小为10，填充颜色为蓝色
>> plot(A,'rh--',MarkerSize=10,MarkerFaceColor='b');
```

运行结果如图 4.10 所示[①]。

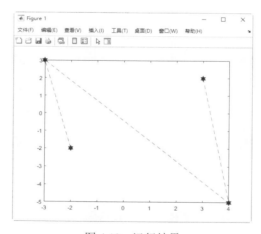

图 4.10 运行结果

在图 4.10 中可以看到，数据标记以复数向量元素的实部为横坐标，虚部为纵坐标。

实例——多图叠加

源文件：yuanwenjian\ch04\ex_405.m

本实例在同一个图中绘制 $y = \sin x$、$y = 2\sin\left(x + \dfrac{\pi}{4}\right)$、$y = 0.5\sin\left(x - \dfrac{\pi}{4}\right)$ 的图形。

【操作步骤】

解： 在 MATLAB 命令行窗口中输入如下命令。

[①] 编者注：因本书采用单色印刷，故书中看不出颜色信息，读者在实际操作时可仔细观察和了解，全书余同。

```
>> x1=linspace(0,2*pi,100);        %在区间[0,2π]内创建 100 个等分点
>> x2=x1+pi/4;                     %定义自变量表达式 x2
>> x3=x1-pi/4;                     %定义自变量表达式 x3
>> y1=sin(x1);                     %定义函数表达式 y1
>> y2=2*sin(x2);                   %定义函数表达式 y2
>> y3=0.5*sin(x3);                 %定义函数表达式 y3
>> plot(x1,y1,x2,y2,x3,y3)         %绘制多条曲线
```

运行结果如图 4.11 所示。

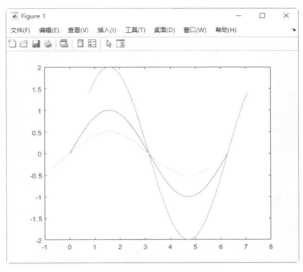

图 4.11　运行结果

以上绘图命令也可以使用 hold on 命令和 plot(x,y)命令来实现。hold on 命令用于使当前坐标轴及图形保持不变，然后在同一坐标系下叠加绘制的新曲线。hold off 命令则用于关闭图形保持命令。因此，上面的绘图命令也可以写成如下形式。

```
>> plot(x1,y1)        %绘制第一条曲线
>> hold on            %保留当前图窗中的绘图
>> plot(x2,y2)        %绘制第二条曲线
>> hold on
>> plot(x3,y3)        %绘制第三条曲线
>> hold off           %关闭图形保持命令
```

实例——绘制心形线并设置线条样式

源文件：yuanwenjian\ch04\ex_406.m

本实例在同一个图窗中使用两种不同的线型绘制参数函数

$$\begin{cases} x = 16\sin^3(t) \\ y = 13\cos(t) - 5\cos(2t) - 2\cos(3t) - \cos(4t) \end{cases}, \ t \in [0, 2\pi] \text{ 的图形。}$$

解： 在 MATLAB 命令行窗口中输入如下命令。

```
>> t=linspace(0,2*pi,800);                            %参数取值点
>> x=16*sin(t).^3;
>> y= 13*cos(t)-5*cos(2*t)-2*cos(3*t)-cos(4*t);       %定义函数表达式
>> plot(x,y,'r*')                                     %使用红色*号绘制函数数据点
```

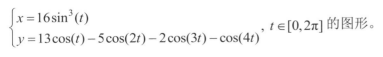

运行结果如图 4.12 所示。

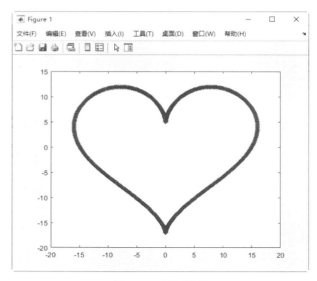

图 4.12　运行结果

扫一扫，看视频

动手练一练——绘制参数函数的图形

使用 plot 命令绘制参数函数 $x = \cos(2t)\cos^2(t)$，$y = \sin(2t)\sin^2(t)$，$t \in (0, 2\pi)$ 的图形。

 思路点拨：

源文件：yuanwenjian\ch04\prac_401.m

（1）定义参数 t 的取值范围。

（2）定义参数函数的 x 坐标和 y 坐标。

（3）使用 plot 命令绘制参数函数的图形，每个数据点显示标记。

扫一扫，看视频

实例——设置曲线的样式

源文件：yuanwenjian\ch04\ex_407.m

本实例在同一个坐标系中绘制两个函数 $y = 2\mathrm{e}^{-0.5x}\sin(2\pi x)$，$y = 2\mathrm{e}^{-0.5x}\cos(2\pi x)$ 的图形，然后分别设置曲线样式。

解： 在 MATLAB 命令行窗口中输入如下命令。

```
>> close all                          %关闭所有打开的文件
>> clear                              %清除工作区的变量
>> x = linspace(1,10,20);            %在区间[1,10]内定义 20 个等距点作为函数取值点向量
>> y1=2*exp(-0.5*x).*sin(2*pi*x);
>> y2=2*exp(-0.5*x).*cos(2*pi*x);    %定义函数表达式
>> p=plot(x,y1,x,y2);                %在 p 中返回两个图形线条对象
>> p(1).LineWidth = 2;               %利用 "." 引用属性设置线宽为 2
>> p(2).Marker = 'p';                %设置曲线标记为五角星
>> p(2).MarkerSize = 10;             %设置标记大小为 10
```

运行以上程序，然后在打开的图窗中单击工具栏中的"插入图例"图标，添加图例，运行结果如图 4.13 所示。

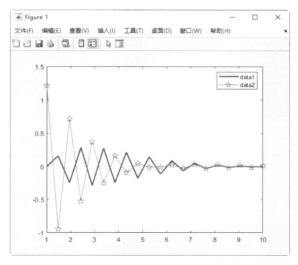

图 4.13　运行结果

扫一扫，看视频

动手练一练——同一坐标系中多图叠加

在同一坐标系中绘制以下两个函数在区间[–2,2]上的图形。

$$y_1 = x^2, \quad y_2 = x^3$$

思路点拨：

源文件：yuanwenjian\ch04\prac_402.m

（1）在区间[–2, 2]上定义函数取值点。

（2）定义函数表达式。

（3）使用 plot 命令，在同一个坐标系中绘制两个函数的图形，并分别设置曲线样式。

（4）利用图窗的工具栏为图形添加图例。

4.2.2　subplot 命令

图窗中默认只有一个绘图坐标区，如果要在同一图窗中分割出多个分块位置以显示多个图形，可以使用 subplot 命令。subplot 命令的语法格式及说明见表 4.10。

表 4.10　subplot 命令的语法格式及说明

语 法 格 式	说　　明
subplot(m,n,p)	将当前图窗划分为 m×n 网格，并在 p 指定编号的位置创建坐标区
subplot(m,n,p,'replace')	在上一种语法格式的基础上，删除位置 p 处的现有坐标区，并创建坐标区
subplot(m,n,p,'align')	创建新坐标区，以便对齐图框。此选项为默认行为
subplot(m,n,p,ax)	将现有坐标区 ax 转换为同一图窗中的子图
subplot('Position',pos)	在四元素向量（[left bottom width height]）pos 指定的位置创建坐标区，可定位未与网格位置对齐的子图。如果新坐标区与现有坐标区重叠，则用新坐标区替换现有坐标区
subplot(…,Name,Value)	在以上任意一种语法格式的基础上，使用一个或多个名称-值对组参数修改坐标区属性
ax = subplot(…)	在以上任意一种语法格式的基础上，返回创建的 Axes 对象 ax，以查询或修改坐标区
subplot(ax)	将 ax 指定的坐标区设为父图窗的当前坐标区。如果父图窗不是当前图窗，此选项不会使父图窗成为当前图窗

这里需要注意的是，MATLAB 按行号从上到下，从左至右对子图位置进行编号。第一个子图是第一行的第一列，第二个子图是第一行的第二列，以此类推。如果指定的位置已存在坐标区，则将该坐标区设为当前坐标区。

实例——在指定的坐标系中绘图

源文件：yuanwenjian\ch04\ex_408.m

本实例分割图窗视图，在指定的视图中绘制函数 $y_1 = \cos(x) - \sin(x)$，$y_2 = \sin(x)\cos(x)$ 的图形。

解： 在 MATLAB 命令行窗口中输入如下命令。

```
>> close all              %关闭所有打开的文件
>> clear                  %清除工作区的变量
>> ax1 = subplot(2,2,1);  %分割图像窗口为两行两列 4 个子图，ax1 为第一个子图的坐标系
>> ax2 = subplot(2,2,2);  %ax2 为第二个子图的坐标系
>> x=0:pi/10:2*pi;        %创建 0～2π 的向量 x，元素间隔为 π/10
>> y1=cos(x)-sin(x);      %定义函数表达式 y1
>> plot(ax1,x,y1);        %在坐标系 ax1 中绘制函数图形
>> y2=sin(x).*cos(x);     %定义函数表达式 y2
>> plot(ax2,x,y2);        %在坐标系 ax2 中绘制函数图形
>> subplot(2,2,[3,4]), plot(x,y1,x,y2,'rp-.');   %合并子图 3 和子图 4，绘制两个函数的曲线，
                                                 %第一个函数的曲线为默认的蓝色实线，第二个
                                                 %函数的曲线为带五角星标记的红色点画线
```

运行结果如图 4.14 所示。

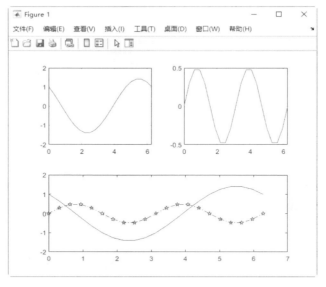

图 4.14　分块位置绘图

4.2.3　tiledlayout 命令

tiledlayout 命令用于创建分块图布局，显示当前图窗中的多个绘图。分块图布局包含覆盖整个图窗或父容器的不可见图块网格。每个图块可以包含一个用于显示绘图的坐标区。如果没有图窗，MATLAB 将创建一个图窗并按照设置进行布局。如果当前图窗包含一个现有布局，将使用新布局替换该布局。tiledlayout 命令的语法格式及说明见表 4.11。

表 4.11　tiledlayout 命令的语法格式及说明

语 法 格 式	说 明
tiledlayout(m,n)	创建有固定的 m×n 图块排列的分块图布局。默认状态下，只有一个空图块填充整个布局
tiledlayout('flow')	指定布局的'flow'图块排列。最初，只有一个空图块填充整个布局。在调用 nexttile 函数创建新的坐标区时，布局会根据需要进行调整以适应新坐标区，同时保持所有图块的纵横比约为 4:3
tiledlayout(…,Name,Value)	在以上任意一种语法格式的基础上，使用一个或多个名称-值对组参数指定布局属性
tiledlayout(parent,…)	在指定的父容器（Figure、Panel 或 Tab 对象）中而不是在当前图窗中创建布局
t = tiledlayout(…)	在以上任意一种语法格式的基础上，返回 TiledChartLayout 对象 t，用于配置布局的属性

创建分块图布局后，使用 nexttile 命令可以在布局中添加坐标区对象，然后调用绘图函数在该坐标区中绘图。nexttile 命令的语法格式及说明见表 4.12。

表 4.12　nexttile 命令的语法格式及说明

语 法 格 式	说 明
nexttile	创建一个坐标区对象，再将其放入当前图窗中的分块图布局的下一个空图块中。生成的坐标区对象是当前坐标区。如果当前图窗中没有布局，则 nexttile 会创建一个新布局并使用'flow'图块排列进行配置
nexttile(tilenum)	将 tilenum 指定的图块中的坐标区指定为当前坐标区。图块编号从 1 开始，按从左到右、从上到下的顺序递增
nexttile(span)	使用[r c]形式的向量 span 创建一个占据多行或多列的坐标区对象。坐标区的左上角位于第一个空的 r×c 区域的左上角
nexttile(tilenum,span)	从 tilenum 指定的图块开始，创建一个占据多行或多列的坐标区对象
nexttile(t,…)	在 t 指定的分块图布局中放置坐标区对象
ax = nexttile(…)	在以上任意一种语法格式的基础上，返回坐标区对象 ax，用于对坐标区设置属性

实例——在分块图布局中绘图

源文件：yuanwenjian\ch04\ex_409.m

本实例创建分块图布局，并在同一个图窗中绘制多个函数图形。

解： MATLAB 程序如下。

扫一扫，看视频

```
>> N=9;
>> t=0:2*pi/N:2*pi;              %取值点序列
>> x=sin(t);y=cos(t);           %参数函数表达式
>> tiledlayout(2,2)             %创建 2×2 的分块图布局
>> nexttile                     %在第一个图块中放置坐标区
>> plot(x,y)                    %绘制图形
>> tt=reshape(t,2,(N+1)/2);      %取值点向量变维为 2 行的矩阵
>> tt=flipud(tt);               %左右翻转
>> tt=tt(:);                    %矩阵转换为向量
>> xx=sin(tt);yy=cos(tt);        %参数函数表达式
>> nexttile                     %创建第二个图块和坐标区
>> plot(xx,yy)                  %绘制图形
>> nexttile([1 2])              %创建第三个图块，占据 1 行 2 列的坐标区
>> plot(x,y,xx,yy)              %在同一坐标区下绘制两条曲线
```

运行结果如图 4.15 所示。

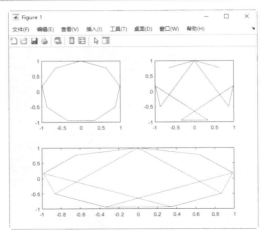

图 4.15　分块图布局

4.2.4　fplot 命令

fplot 命令是一个专门用于绘制表达式或一元函数图形的命令。有些读者可能会有这样的疑问：plot 命令也可以绘制一元函数图形，为什么还要引入 fplot 命令呢？

这是因为 plot 命令是依据用户给定的数据点作图的，而在实际情况中，一般并不清楚函数的具体情况，因此依据选取的数据点绘制的图形可能会忽略真实函数的某些重要特性。而 fplot 命令通过其内部自适应算法选取数据点，在函数变化比较平稳处，选取的数据点就会相对稀疏一点，在函数变化明显处选取的数据点就会自动密一些，因此用 fplot 命令绘制的图形比用 plot 命令绘制的图形更光滑、更精确。

fplot 命令的语法格式及说明见表 4.13。

表 4.13　fplot 命令的语法格式及说明

语 法 格 式	说　　明
fplot(f)	在默认区间[−5,5]（对于 x）绘制由函数 y = f(x)定义的曲线
fplot(f,lim)	在由二元素向量[xmin xmax]形式定义的输入参数 lim 指定的区间（对于 x）绘制由函数 y = f(x)定义的曲线
fplot(funx,funy)	在默认区间[−5,5]（对于 t）绘制由 x = funx(t)和 y = funy(t)定义的曲线
fplot(funx,funy,tinterval)	在二元素向量 tinterval 指定的区间[tmin, tmax]绘制由 x = funx(t)和 y = funy(t)定义的曲线
fplot(…,LineSpec)	在以上任意一种语法格式的基础上，使用参数 LineSpec 指定线条样式、标记符号和线条颜色
fplot(…,Name,Value)	在以上任意一种语法格式的基础上，使用一个或多个名称-值对组参数指定线条属性
fplot(ax,…)	在 ax 指定的坐标区中，而不是当前坐标区中绘制图形
fp = fplot(…)	在以上任意一种语法格式的基础上，返回函数图形的线条对象或参数化函数的线条对象

扫一扫，看视频

实例——绘制一元函数图形

源文件：yuanwenjian\ch04\ex_410.m

本实例分别使用 plot 命令和 fplot 命令绘制函数 $y = e^{0.1x} \sin(4x)$ 的图形。

解： MATLAB 程序如下。

```
>> x=linspace(5,20,50);
>> y= exp(.1*x).*sin(4.*x);
```

```
>> subplot(3,1,1),plot(x,y)
>> subplot(3,1,2)
>> fplot(@(x) exp(.1*x).*sin(4.*x),[5,20])
>> subplot(3,1,3),plot(x,y)
>> hold on
>> fplot(@(x) exp(.1*x).*sin(4.*x),[5,20])
>> hold off
```

运行结果如图 4.16 所示。

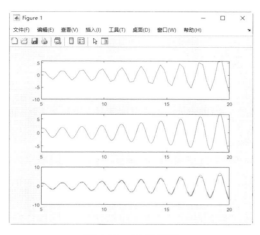

图 4.16　运行结果

4.3　二维图形的修饰处理

通过 4.2 节的学习，读者可能会感觉到简单的绘图命令并不能满足我们对数据可视化的要求。为了让绘制的图形美观、易懂，MATLAB 提供了许多图形控制命令。本节将主要介绍一些常用的图形控制命令。

4.3.1　控制坐标系

MATLAB 的绘图函数可根据要绘制的曲线数据的范围自动选择合适的坐标系，使曲线尽可能清晰地显示出来。用户可以根据需要对坐标系属性进行设置。

1. 设置坐标框

在默认状态下，系统自动显示坐标框。如果只需显示坐标轴，可以利用 box 命令进行控制。box 命令的语法格式及说明见表 4.14。

表 4.14　box 命令的语法格式及说明

语 法 格 式	说　　明
box on	在坐标区周围显示框轮廓
box off	去除坐标区周围的框轮廓
box	切换框轮廓的显示状态
box(ax,...)	设置 ax 指定的坐标区，而不是当前坐标区的显示状态

2．设置坐标轴范围和纵横比

如果自动选择的坐标轴范围不合适，可以使用 axis 命令设置坐标轴范围和纵横比。该命令可以控制坐标轴的显示、刻度、长度等特征，其语法格式及说明见表 4.15。

表 4.15　axis 命令的语法格式及说明

语 法 格 式	说　　明
axis (limits)	指定当前坐标区的范围。输入参数 limits 可以是四元素向量[xmin xmax ymin ymax]，也可以是六元素向量[xmin xmax ymin ymax zmin zmax]，还可以是八元素向量[xmin xmax ymin ymax zmin zmax cmin cmax]（cmin 和 cmax 分别对应于颜色图中的第一种颜色的数据值和最后一种颜色的数据值），分别对应于二维、三维或四维坐标系的坐标轴范围。对于极坐标区，以下列形式指定范围：[thetamin thetamax rmin rmax]
axis style	使用预定义样式设置轴范围和尺度
axis mode	设置 MATLAB 是否自动选择范围。选择模式 mode 可指定为 manual、auto 或半自动选项之一
axis ydirection	指定原点在坐标轴中的位置。参数 ydirection 的默认值为 xy，即将原点放在坐标区的左下角，y 值按从下到上的顺序逐渐增加；如果取值为 ij，则将原点放在坐标区的左上角，y 值按从上到下的顺序逐渐增加
axis visibility	设置坐标区背景的可见性。参数 visibility 默认值为 on，即显示坐标区背景；如果取值为 off，则关闭坐标区背景的显示，但坐标区中的绘图仍会显示
lim = axis	返回当前坐标区的 x 轴和 y 坐标轴范围。对于三维坐标区，还会返回 z 坐标轴范围。对于极坐标区，返回 theta 轴和 r 坐标轴范围
…= axis(ax,…)	控制 ax 指定的坐标区，而不是当前坐标区

如果要单独控制某一个坐标轴的范围，可以使用圆点表示法引用 Axes 对象的 XLim、YLim、ZLim 和 CLim 属性设置范围值。对于极坐标区，可以引用 PolarAxes 对象的 ThetaLim 和 RLim 属性设置范围值。

扫一扫，看视频

实例——绘制函数在指定区间的图形

源文件：yuanwenjian\ch04\ex_411.m

本实例绘制函数 $\begin{cases} y_1 = \sin x \\ y_2 = x \\ y_3 = \tan x \end{cases}$ ， $x \in \left[0, \dfrac{\pi}{2}\right], y \in [0,2]$ 的图形。

解： 在 MATLAB 命令行窗口中输入如下命令。

```
>> close all                                           %关闭当前已打开的文件
>> clear                                               %清除工作区的变量
>> subplot(231),fplot(@(x)[sin(x),x,tan(x)])           %在默认区间[-5 5 -5 5]绘制函数图形
>> subplot(232),fplot(@(x)[sin(x),x,tan(x)])
>> axis([0 pi/2 0 2])                                  %调整 x、y 坐标范围
>> subplot(233),fplot(@(x)[sin(x),x,tan(x)])
>> axis([0 pi/2 0 2])
>> axis ij                                             %反转 y 轴方向，值从上到下逐渐增大
>> subplot(234),fplot(@(x)[sin(x),x,tan(x)])
>> axis([0 pi/2 0 2])
>> axis('off')                                         %不显示坐标区背景
>> subplot(235),fplot(@(x)[sin(x),x,tan(x)],[0 pi/2])     %在指定区间[0 pi/2]绘制函数图形
>> axis([-inf pi/2 0 2])                               %指定 y 轴范围，坐标区自动选择合适的最小 x 轴范围
>> box off                                             %去除坐标区的轮廓框
>> subplot(236),fplot(@(x)[sin(x),x,tan(x)])
>> axis([0 pi/2 0 2])
```

```
>> axis square                                    %使用相同长度的坐标轴线
```

运行结果如图 4.17 所示。

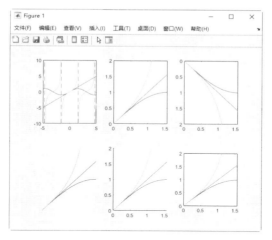

图 4.17　运行结果

动手练一练——坐标轴范围和尺度控制

绘制函数 $\begin{cases} x = 1.15\cos t \\ y = 3.25\sin t \end{cases}$，$t \in [0, 2\pi]$ 的图形，比较不同坐标轴范围和尺度的图形效果。

 思路点拨：

源文件：yuanwenjian\ch04\prac_403.m
（1）定义参数 t 的取值点序列。
（2）定义参数函数表达式。
（3）分割图窗视图，绘制参数函数的图形。
（4）设置坐标轴范围和尺度参数。

4.3.2　图形注释

在同一图窗中绘制多个图形时，为图形添加标题、坐标轴标注、图例，或其他说明、注释等文本，可以极大地增强图形的可读性。MATLAB 中提供了一些常用的图形标注命令，使用这些命令可以很方便地为图形添加各种注释。

1．图形标题及轴名称

在 MATLAB 绘图命令中，title 命令用于给图形对象加标题。title 命令的语法格式及说明见表 4.16。

表 4.16　title 命令的语法格式及说明

语 法 格 式	说　　明
title(text)	在当前坐标区上方正中央放置字符串 text 作为图形标题
title(titletext,subtitletext)	在标题 titletext 下添加副标题 subtitletext
title(…, Name, Value)	在以上任意一种语法格式的基础上，使用一个或多个名称-值对组参数修改标题外观

语 法 格 式	说　明
title(target,…)	将标题添加到 target 指定的目标对象
t= title(…)	在以上任意一种语法格式的基础上，返回标题对象 t
[t,s] = title(…)	在上一种语法格式的基础上，返回副标题对象 s

在 MATLAB 中，使用 xlabel、ylabel、zlabel 命令分别为 x 轴、y 轴、z 轴添加标签，它们的语法格式相同。下面以 xlabel 命令为例进行说明，其语法格式及说明见表 4.17。

表 4.17　xlabel 命令的语法格式及说明

语 法 格 式	说　明
xlabel(txt)	对当前坐标区或独立可视化的 x 轴添加标签 txt
xlabel(target,txt)	为指定的目标对象 target 添加标签 txt
xlabel(…,Name,Value)	在以上任意一种语法格式的基础上，使用一个或多个名称-值对组参数修改标签外观
t = xlabel(…)	在以上任意一种语法格式的基础上，返回 x 轴标签的文本对象 t

2．添加文本注释

在对绘制的图形进行详细标注时，最常用的两个命令是 text 与 gtext，它们均可以在图形的指定位置添加文本描述。

text 命令的语法格式及说明见表 4.18。

表 4.18　text 命令的语法格式及说明

语 法 格 式	说　明
text(x,y, txt)	在图形中的指定位置(x,y)显示字符串 txt
text(x,y,z,txt)	在三维图形空间中的指定位置(x,y,z)显示字符串 txt
text(…,Name,Value)	在以上任意一种语法格式的基础上，使用一个或多个名称-值对组参数设置标注文本的属性。常用的文本属性名、含义及有效值见表 4.19
text(ax,…)	在 ax 指定的坐标区中添加文本标注
t = text(…)	在以上任意一种语法格式的基础上，返回一个或多个文本对象 t

表 4.19　text 命令的属性列表

属 性 名	含　义	有　效　值
FontSize	字体大小	大于 0 的标量值
FontWeight	字符粗细	'normal'（默认）|'bold'
FontName	字体名称	支持的字体名称|'FixedWidth'
FontAngle	字符倾斜	'normal'（默认）|'italic'
Color	文本颜色	[0 0 0]（默认）|RGB 三元组|十六进制颜色代码|颜色名称或短名称
HorizontalAlignment	文字水平方向的对齐方式	'left'（默认）|'center'|'right'
Position	文本位置	[0 0 0]（默认）|[x y]形式的二元素向量|[x y z]格式的三元素向量
Units	位置和范围单位	'data'（默认）|'normalized'|'inches'|'centimeters'| 'characters'|'points'|'pixels'
Interpretation	文本解释器	'tex'（默认）|'latex'|'none'
Rotation	文本方向	0（默认）|以度为单位的标量值
VerticalAlignment	文字垂直方向的对齐方式	'middle'（默认）|'top'|'bottom'| 'baseline'|'cap'
ButtonDownFcn	单击文字时执行该回调函数	''（默认）|函数句柄|元胞数组|字符向量

属 性 名	含 义	有 效 值
CreateFcn	在 MATLAB 创建对象时执行的回调函数	''（默认）|函数句柄|元胞数组|字符向量
DeleteFcn	在 MATLAB 删除对象时要执行的回调函数	''（默认）|函数句柄|元胞数组|字符向量

表 4.19 中的这些属性及相应的值都可以通过圆点表示法进行查询或设置。

如果不能准确指定要添加标注文本的位置，可以使用 gtext 命令在单击的位置添加文本标注。gtext 命令的语法格式及说明见表 4.20。

表 4.20　gtext 命令的语法格式及说明

语 法 格 式	说　明
gtext(str)	在当前图窗中，单击鼠标或按键盘上的任意键（Enter 键除外），可以在鼠标指针所在的位置插入文本 str
gtext(str,Name,Value)	在上一种语法格式的基础上，使用一个或多个名称-值对组参数指定文本的属性
t = gtext(…)	在以上任意一种语法格式的基础上，返回创建的文本对象 t

执行 gtext 命令后，将鼠标指针悬停在图窗中，指针变为十字准线，移动指针到需要添加文本的位置单击，或按下除 Enter 键以外的其他键，即可在指定位置添加文本。

3．添加图例

在同一个坐标系下绘制多条曲线时，添加图例有利于读者区分、理解图形。在 MATLAB 中，使用 legend 命令可以在图形中添加图例。legend 命令的语法格式及说明见表 4.21。

表 4.21　legend 命令的语法格式及说明

语 法 格 式	说　明
legend	为每个绘制的数据序列创建一个带有描述性标签的图例
legend(label1,…,labelN)	用字符向量或字符串列表作为图例标签
legend(labels)	使用字符向量元胞数组、字符串数组或字符矩阵设置图例标签
legend(subset,…)	仅在图例中包括图形对象向量 subset 列出的数据序列的项
legend(target,…)	在 target 指定的坐标区或图中添加图例
legend(…,'Location',lcn)	在以上任意一种语法格式的基础上，使用参数 lcn 指定图例显示位置
legend(…,'Orientation',ornt)	在以上任意一种语法格式的基础上，使用参数 ornt 指定图例放置方向，默认值为'vertical'，即垂直堆叠图例项；'horizontal'表示并排显示图例项
legend(…,Name,Value)	在以上任意一种语法格式的基础上，使用一个或多个名称-值对组参数来设置图例属性
legend(bkgd)	设置图例背景和轮廓的可见性。输入参数 bkgd 的默认值为'boxon'，即显示图例背景和轮廓；如果取值为'boxoff '，则删除图例背景和轮廓
lgd = legend(…)	在以上任意一种语法格式的基础上，返回 Legend 对象，用于查询和设置图例属性
legend(vsbl)	控制图例的可见性，参数 vsbl 可设置为 hide、show 或 toggle
legend('off ')	从当前的坐标区中删除图例

实例——绘制复数向量的图形

源文件：yuanwenjian/ch04/ex_412.m

解： 在 MATLAB 命令行窗口中输入如下命令。

扫一扫，看视频

```
>> close all              %关闭所有打开的文件
>> clear                  %清除工作区的变量
>> r=2;                   %将变量 r 赋值为 2
>> t=0:pi/50:2*pi;        %创建 0 到 2π 的向量 x，元素间隔为 π/50
>> x=r*exp(i*t);          %函数表达式 x
>> plot(x,'r*');          %使用红色向上三角形绘制数据点
>> axis equal             %沿每个坐标轴使用相同的数据长度单位
>> r2=1;                  %定义变量
>> x2=r2*exp(i*t);
>> hold on                %打开图形保持命令，保留当前图窗的绘图，以叠加其他图形
>> plot(x2,'bo');         %使用蓝色圆圈标记绘制图形
>> title('复数向量图形')
>> l=legend('r=2','r=1');     %添加图例，返回图例对象
>> l.Location='southeast';    %图例显示在右下角
%在图形中添加文本标注，修饰符'\Leftarrow'和'\\Rightarrow'为 TeX 标记，分别表示向左和向右的箭头
>> text(-1.2,1.5,'\Leftarrow  r=2',Color='r',FontSize=12)
>> text(0.3,0,'r=1\Rightarrow',Color='b',FontSize=12)
>> gtext('y=re^{ti}',FontSize=14,Color='m')     %在鼠标单击的位置添加文本标注，修饰符'
                                                %^{  }'为 TeX 标记，表示上标
```

绘图结果如图 4.18 所示。

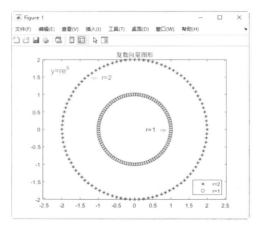

图 4.18　绘图结果

4.3.3　图形缩放

在实际应用中，通常需要对绘制的图形的局部或整体性质进行观察分析，这种情况下，可以通过 zoom 命令缩放图形。zoom 命令的语法格式及说明见表 4.22。

表 4.22　zoom 命令的语法格式及说明

语 法 格 式	说　　明
zoom option	为当前图窗中的所有坐标区设置缩放模式。缩放模式 option 的取值有以下几种。 ➤ on 表示启用缩放模式。 ➤ off 表示禁用缩放模式。 ➤ reset 表示将当前缩放级别设置为基线缩放级别。此时，调用 zoom out、双击坐标区或单击坐标区工具栏中的"还原视图"图标会将坐标区恢复为此缩放级别。 ➤ out 表示将当前坐标区恢复为其基线缩放级别。

续表

语 法 格 式	说　　　明
zoom option	➤ xon：仅对 x 维度启用缩放模式。 ➤ yon：仅对 y 维度启用缩放模式。 ➤ toggle：切换缩放模式。如果缩放模式处于禁用状态，则 toggle 将恢复最近使用的缩放选项 on、xon 或 yon。使用此选项等效于不带任何参数调用 zoom
zoom	切换缩放模式。如果缩放模式处于禁用状态，则该语法格式将恢复最近使用的缩放选项 on、xon 或 yon
zoom(factor)	按指定的缩放因子 factor 缩放当前坐标区，而不影响缩放模式。如果 factor>1，将图形放大到 factor 倍；如果 0<factor≤1，将图形缩小到 factor 倍
zoom(fig,...)	设置指定图窗 fig 中所有坐标区的缩放模式
z = zoom	为当前图窗创建一个 zoom 对象。此语法格式常用于自定义缩放模式
z = zoom(fig)	为指定的图窗 fig 创建 zoom 对象

在 MATLAB 中，大多数图都支持缩放模式，如线图、条形图、直方图和曲面图。启用缩放模式时，可以使用光标、滚轮或键盘缩放坐标区的视图。

（1）光标。将光标放在要作为坐标区中心的位置单击，即可放大坐标区的视图。如果按住 Shift 键并单击，则可以缩小。按下鼠标左键拖动，可放大选定的矩形区域；在坐标区内双击，可将坐标区对象恢复为其基线缩放级别。

（2）滚轮。向上滚动滚轮可放大坐标区对象；向下滚动则缩小。

（3）键盘。按向上箭头（↑）键可以放大坐标区对象；按向下箭头（↓）键可以缩小坐标区对象。

扫一扫，看视频

实例——缩放图形

源文件：yuanwenjian\ch04\ex_413.m

本实例在同一个图窗内绘制正弦曲线，并缩放图形。

解：在 MATLAB 命令行窗口中输入如下命令。

```
>> close all                    %关闭当前已打开的文件
>> clear                        %清除工作区的变量
>> x=linspace(0,2*pi,100);      %在[0,2π]范围内定义 100 个等距点作为函数的取值点
>> y=sin(x);                    %定义函数表达式 y
>> subplot(221),plot(x,y,'-r'); %将视图分割为 2×2 的窗口，在第一个窗口中绘制曲线，设置曲线颜
                                %色为红色实线
>> gtext('原始图形')            %使用鼠标在图形的任意位置添加文本标注
>> subplot(222),plot(x,y,'-r'); %使用红色实线绘制函数曲线
>> zoom xon                     %仅对 x 轴启用缩放
>> zoom(2)                      %沿 x 轴方向将图形放大 2 倍
>> gtext('X 轴缩放 2 倍')       %使用鼠标在图形的任意位置添加文本标注
>> subplot(223),plot(x,y,'-r');
>> zoom yon                     %设置对 y 轴进行缩放
>> zoom(2)                      %沿 y 轴将图形放大 2 倍
>> gtext('Y 轴缩放 2 倍')       %使用鼠标在图形的任意位置添加文本标注
>> subplot(224),plot(x,y,'-r');
>> zoom on                      %对所有坐标轴启用缩放模式
>> zoom(2)                      %放大图形，新图形为原图像的 2 倍
>> gtext('整体缩放 2 倍')       %使用鼠标在图形的任意位置添加文本标注
```

运行结果如图 4.19 所示。

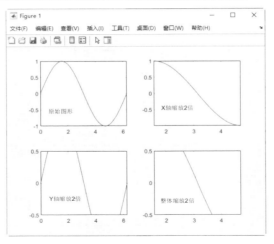

图 4.19　缩放图形

第 5 章　三 维 绘 图

内容指南

MATLAB 三维绘图涉及的问题比二维绘图多。例如，是三维曲线绘图还是三维曲面绘图；在三维曲面绘图中，是曲面网格图还是曲面色图；三维曲面的观察角度等。本章简要介绍常用的三维绘图命令，以及三维图形的修饰处理命令。

内容要点

➢ 三维绘图命令
➢ 三维图形的修饰处理
➢ 三维统计图形

5.1　三维绘图命令

三维图形有多种显示方式，如三维曲线、三维网格、三维曲面、三维散点图等。本节主要介绍三维图形的常用绘图方法和效果。

5.1.1　绘制三维曲线

下面介绍绘制三维曲线的命令。

1．plot3 命令

plot3 命令是二维绘图命令 plot 的扩展，它们的语法格式也基本相同，只是在参数中多加了一个第三维的信息。例如，plot(x,y,s)与 plot3(x,y,z,s)的意义是一样的，不同的是，前者绘制的是二维图，后者绘制的是三维图。由于篇幅所限，这里不再给出它的具体语法格式，读者可以按照 plot 命令的格式来学习。

实例——绘制三维弹簧线

源文件：yuanwenjian\ch05\ex_501.m

本实例绘制函数 $\begin{cases} x = \cos t \\ y = \sin t, \quad t \in [0, 20\pi] \\ z = t \end{cases}$ 的三维曲线图。

解：在 MATLAB 命令行窗口中输入如下命令。

```
>> close all              %关闭当前已打开的文件
>> clear                  %清除工作区的变量
>> t=linspace(0,20*pi,1000);   %参数取值范围和取值点
>> x=cos(t);              %x 坐标
>> y=sin(t);              %y 坐标
>> z=t;                   %z 坐标
>> plot3(x,y,z,'*r')      %绘制 x、y、z 坐标定义的三维曲线，颜色为红色，标记为*号
```

运行结果如图 5.1 所示。

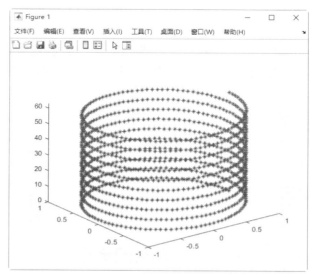

图 5.1　三维弹簧线

2．fplot3 命令

与 fplot 命令相对应，fplot3 命令专门用于绘制三维参数化曲线，该命令的语法格式与 fplot 命令类似，这里不再赘述。

扫一扫，看视频

实例——绘制圆锥螺线

源文件：yuanwenjian\ch05\ex_502.m

本实例绘制函数 $\begin{cases} x = t\cos t \\ y = t\sin t \\ z = t^2 \end{cases}$, $t \in [0, 20\pi]$ 的图形。

解：在 MATLAB 命令行窗口中输入如下命令。

```
>> close all              %关闭当前已打开的文件
>> clear                  %清除工作区的变量
>> x=@(t) t.*cos(t);      %x 坐标
>> y=@(t) t.*sin(t);      %y 坐标
>> z=@(t) t.^2;           %z 坐标
>> fplot3(x,y,z,[0 20*pi],'*r')   %在指定区间绘制 x、y、z 坐标定义的三维曲线，颜色为红色，标记为*号
```

运行结果如图 5.2 所示。

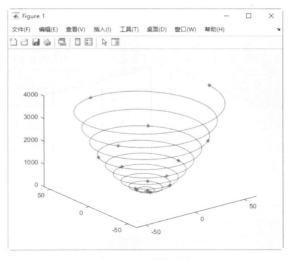

图 5.2　圆锥螺线

5.1.2　绘制三维网格

下面介绍绘制三维网格的命令。

1．meshgrid 命令

在 MATLAB 中，meshgrid 命令用于生成二元函数 $z = f(x, y)$ 中 x-y 平面上的矩形定义域中数据点矩阵 X 和 Y，或者是三元函数 $u = f(x, y, z)$ 中立方体定义域中的数据点矩阵 X、Y 和 Z。meshgrid 命令的语法格式及说明见表 5.1。

表 5.1　meshgrid 命令的语法格式及说明

语 法 格 式	说　　明
[X,Y] = meshgrid(x,y)	基于向量 x 和 y 中包含的坐标返回二维网格坐标矩阵 X 和 Y。X 的每一行是 x 的一个副本，行数为 y 的长度；Y 的每一列是 y 的一个副本，列数为 x 的长度
[X,Y] = meshgrid(x)	这种语法格式等价于[X,Y] = meshgrid(x,x)
[X,Y,Z] = meshgrid(x,y,z)	返回由向量 x、y 和 z 定义的三维网格坐标 X、Y 和 Z
[X,Y,Z] = meshgrid(x)	等价于[X,Y,Z]=meshgrid(x,x,x)

2．mesh 命令

使用 mesh 命令生成的是由 X、Y 和 Z 指定的网格面，而不是单根曲线。mesh 命令的语法格式及说明见表 5.2。

表 5.2　mesh 命令的语法格式及说明

语 法 格 式	说　　明
mesh(X,Y,Z)	将矩阵 Z 中的值绘制为由 X 和 Y 定义的 x-y 平面中的网格上方的高度，创建一个有实色边颜色，无面颜色的三维网格曲面图。网格线的颜色根据 Z 指定的高度不同而不同
mesh(X,Y,Z,c)	在上一种语法格式的基础上，使用颜色数组 c 指定网格线的颜色
mesh(Z)	将 Z 中元素的列索引和行索引用作 x 坐标和 y 坐标，绘制三维网格曲面

续表

语 法 格 式	说 明
mesh(…, PropertyName,PropertyValue, …)	在上述任意一种语法格式的基础上，使用名称-值对组参数指定网格曲面的属性
mesh(ax,…)	在 ax 指定的坐标区，而不是当前坐标区（gca）中绘制网格图
h = mesh(…)	在上述任意一种语法格式的基础上，返回网格面对象

MATLAB 中还有两个与 mesh 同类的命令：meshc 与 meshz。其中，meshc 命令用于绘制网格曲面以及 x-y 平面的等高线图；meshz 命令用于绘制带帷幕的网格曲面图。

实例——绘制网格面

扫一扫，看视频

源文件：yuanwenjian\ch05\ex_503.m

解： 在 MATLAB 命令行窗口中输入如下命令。

```
>> close all              %关闭当前已打开的文件
>> clear                  %清除工作区的变量
>> x=-4:0.2:4;
>> y=x;                   %创建两个相同的向量
>> [X,Y]=meshgrid(x,y);   %生成二维网格坐标数据
>> Z=sqrt(X.^2+Y.^2);     %计算函数值
>> mesh(X,Y,Z)            %绘制由 X、Y、Z 定义的网格曲面
>> title('网格曲面')      %添加标题
```

运行结果如图 5.3 所示。

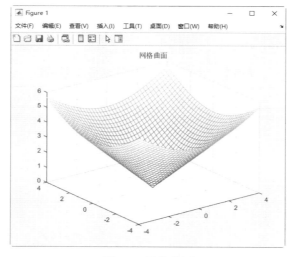

图 5.3　网格曲面

3. fmesh 命令

fmesh 命令专门用来绘制符号函数 f(x,y)（f 是关于 x、y 的数学函数的字符串表示）的三维网格图。fmesh 命令的语法格式及说明见表 5.3。

表 5.3　fmesh 命令的语法格式及说明

语 法 格 式	说　　　　明
fmesh(f)	绘制 f(x,y)在系统默认区域 x∈[−5,5],y∈[−5,5]内的三维网格图
fmesh (f,[a,b])	绘制 f(x,y)在区域 x∈[a,b],y∈[a,b]内的三维网格图
fmesh (f,[a,b,c,d])	绘制 f(x,y)在区域 x∈[a,b],y∈[c,d]内的三维网格图
fmesh (x,y,z)	绘制参数曲面 x=x(s,t),y=y(s,t),z=z(s,t)在系统默认的区域 s∈[−5,5],t∈[−5,5]内的三维网格图
fmesh (x,y,z,[a,b])	绘制参数曲面在 s∈[a,b],t∈[a,b]内的三维网格图
fmesh (x,y,z,[a,b,c,d])	绘制参数曲面在 s∈[a,b],t∈[c,d]内的三维网格图
fmesh(…,LineSpec)	在上述任意一种语法格式的基础上，设置网格的线型、标记符号和颜色
fmesh(…,Name,Value)	在上述任意一种语法格式的基础上，使用一个或多个名称-值对组参数指定网格的属性
fmesh(ax,…)	在 ax 指定的坐标区，而不是当前坐标区 gca 中绘制图形
fs = fmesh(…)	返回图形对象 fs，用以查询和修改特定网格的属性
fmesh(f)	绘制 f(x,y)在系统默认区域 x∈[−5,5],y∈[−5,5]内的三维网格图

实例——绘制参数函数网格面

源文件： yuanwenjian\ch05\ex_504.m

本实例绘制参数化函数 $\begin{cases} x = r\cos s\sin t \\ y = r\sin s\sin t \\ z = r\cos t \end{cases}$, $r = 2 + \sin(7s + 5t), s\in(0,2\pi), t\in(0,\pi)$ 的三维网格曲面图。

解： 在 MATLAB 命令行窗口中输入如下命令。

```
>> close all                          %关闭当前已打开的文件
>> clear                              %清除工作区的变量
>> r = @(s,t) 2 + sin(7.*s + 5.*t);   %定义参数 r
>> x = @(s,t) r(s,t).*cos(s).*sin(t);
>> y = @(s,t) r(s,t).*sin(s).*sin(t);
>> z = @(s,t) r(s,t).*cos(t);         %函数表达式
>> fmesh(x,y,z,[0 2*pi 0 pi])         %在指定区间绘制函数网格面
>> title('参数函数网格曲面')            %添加标题
```

运行结果如图 5.4 所示。

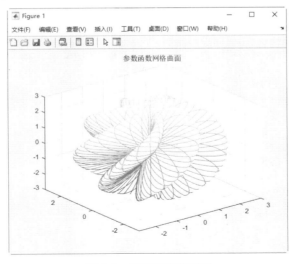

图 5.4　三维网格曲面图

5.1.3　绘制三维曲面

曲面图可以看成是在网格图的基础上用颜色填充网格形成的图形。不同的是，网格图有实色边，网格之间没有颜色；而曲面图的线条默认为黑色，线条之间的网格有填充颜色。在曲面图中，不必考虑隐蔽格线，但要考虑用不同的方法对表面着色。下面介绍绘制三维曲面的命令。

1．surface 命令

在 MATLAB 中，surface 命令将矩阵中每个元素的行和列索引用作 x 和 y 坐标、将每个元素的值用作 z 坐标创建基本曲面对象。surface 命令的语法格式及说明见表 5.4。

表 5.4　surface 命令的语法格式及说明

语 法 格 式	说　　　明
surface(Z)	将矩阵 Z 中元素的列索引和行索引用作 x 坐标和 y 坐标创建一个基本曲面图
surface(Z,C)	在上一种语法格式的基础上，使用颜色数组 C 指定曲面的颜色
surface(X,Y,Z)	将矩阵 Z 中的值绘制为由 X 和 Y 定义的 x-y 平面中的网格上方的高度，创建一个基本三维曲面图。曲面的颜色因 Z 的值而变化
surface(X,Y,Z,C)	在上一种语法格式的基础上，使用颜色数组 C 指定曲面的颜色
surface(...,Name,Value)	在上述任意一种语法格式的基础上，使用名称-值对组参数设置曲面的属性
surface(ax,...)	在 ax 指定的坐标区，而不是在当前坐标区（gca）中创建曲面
h = surface(...)	在上述任意一种语法格式的基础上，返回一个基本曲面对象
surface(Z)	将 Z 中元素的列索引和行索引用作 x 坐标和 y 坐标创建一个基本曲面图

实例——比较网格图与曲面图

源文件：yuanwenjian\ch05\ex_505.m

本实例绘制函数 $y=\sin x\cos y$ 的三维网格图和三维曲面图。

解： 在 MATLAB 命令行窗口中输入如下命令。

```
>> close all              %关闭当前已打开的文件
>> clear                  %清除工作区的变量
>> x = linspace(0,2*pi,30);   %创建 0 到 2π 的向量 x，元素个数为 30
>> y = linspace(-pi,pi,30);   %创建 -π 到 π 的向量 y，元素个数为 30
>> [X,Y] = meshgrid(x,y);     %通过向量 x、y 定义网格坐标矩阵 X、Y
>> Z = sin(X).*cos(Y);        %通过函数表达式定义 Z
>> subplot(131),mesh(X,Y,Z);  %将视图分割为 1×2 的窗口，在第一个窗口中绘制网格图
>> title('三维网格图')         %添加标题
>> subplot(132),surface(X,Y,Z); %默认在二维视图坐标区中显示基本曲面图
>> title('基本三维曲面图')
>> subplot(133),surface(X,Y,Z); %绘制基本曲面图
>> view(3)                    %更改为三维视图
>> title('三维曲面图')
```

运行结果如图 5.5 所示。

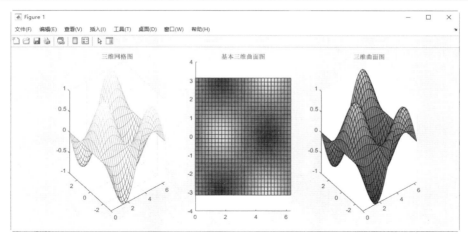

图 5.5　三维网格图和三维曲面图

2．surf 命令

在 MATLAB 中，surf 命令用来创建具有实色边和实色面的三维曲面。surf 命令的语法格式及说明见表 5.5。

表 5.5　surf 命令的语法格式及说明

语法格式	说　明
surf(X,Y,Z)	将矩阵 Z 中的值绘制为由 X 和 Y 定义的 x-y 平面中的网格上方的高度，创建一个具有实色边和实色面的三维曲面图。曲面的颜色根据 Z 指定的高度而变化
surf(X,Y,Z,C)	在上一种语法格式的基础上，使用颜色数组 C 定义曲面颜色
surf(Z)	将 Z 中元素的列索引和行索引用作 x 坐标和 y 坐标，绘制曲面图
surf(Z,C)	在上一种语法格式的基础上，使用颜色数组 C 定义曲面颜色
surf(…, Name, Value, …)	在上述任意一种语法格式的基础上，使用名称-值对组参数设置曲面的属性
surf(ax,…)	在 ax 指定的坐标区，而不是当前坐标区（gca）中绘制曲面
h = surf(…)	绘制曲面，并返回曲面对象 h
surf(X,Y,Z)	将矩阵 Z 中的值绘制为由 X 和 Y 定义的 x-y 平面中的网格上方的高度，创建一个具有实色边和实色面的三维曲面图。曲面的颜色根据 Z 指定的高度而变化

实例——绘制三维曲面图

源文件：yuanwenjian\ch05\ex_506.m
本实例绘制函数 $Z = y\sin x + x\cos y$ 的三维曲面图。

解：在 MATLAB 命令行窗口中输入如下命令。

```
>> close all              %关闭当前已打开的文件
>> clear                  %清除工作区的变量
>> x = linspace(-5,5,20);
>> y = x;                 %创建两个-5 到 5 的向量 x、y，元素个数为 20
>> [X,Y] = meshgrid(x,y); %通过向量 x、y 定义网格坐标矩阵 X、Y
>> Z = Y.*sin(X)+X.*cos(Y); %通过函数表达式定义 Z
>> subplot(121),surface(X,Y,Z); %默认在二维视图坐标区中显示基本曲面图
>> view(3)                %更改为三维视图
>> title('基本三维曲面的三维视图')
```

扫一扫，看视频

```
>> subplot(122),surf(X,Y,Z);        %绘制基本曲面图
>> title('三维曲面图')
```

运行结果如图 5.6 所示。

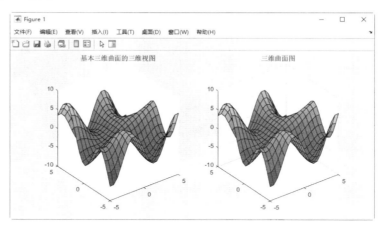

图 5.6   三维曲面图

3. fsurf 命令

fsurf 命令与 surf 命令类似，不同的是该命令专门用来绘制符号函数 f(x,y)（f 是关于 x、y 的数学函数的字符串表示）的曲面图。fsurf 命令的语法格式及说明见表 5.6。

表 5.6   fsurf 命令的语法格式及说明

语 法 格 式	说 明
fsurf(f)	绘制 f(x,y) 在系统默认区域 x∈[−5,5],y∈[−5,5] 内的三维曲面图
fsurf(f,[a b])	绘制 f(x,y) 在区域 x∈[a,b],y∈[a,b] 内的三维曲面图
fsurf(f,[a b c d])	绘制 f(x,y) 在区域 x∈[a,b],y∈[c,d] 内的三维曲面图
fsurf(x,y,z)	绘制参数曲面 x=x(s,t),y=y(s,t),z=z(s,t) 在系统默认区域 s∈[−5,5],t∈[−5,5] 内的三维曲面图
fsurf(x,y,z,[a b])	绘制上述参数曲面在 x∈[a,b],y∈[a,b] 内的三维曲面图
fsurf(x,y,z,[a b c d])	绘制上述参数曲面在 x∈[a,b],y∈[c,d] 内的三维曲面图
fsurf(…,LineSpec)	在上述任意一种语法格式的基础上，设置线型、标记符号和曲面颜色
fsurf(…,Name,Value)	在上述任意一种语法格式的基础上，使用一个或多个名称-值对组参数设置曲面属性
fsurf(ax,…)	在 ax 指定的坐标区中绘制图形
fs = fsurf(…)	返回函数曲面图对象或参数化函数曲面图对象 fs，用于查询和修改特定曲面的属性

实例——绘制参数化曲面

源文件：yuanwenjian\ch05\ex_507.m

本实例使用 fsurf 命令绘制参数化函数 $\begin{cases} x = \sin(s-t) \\ y = \cos(s+t) \\ z = \sin s \cdot \cos t \end{cases}$， $-\pi \leqslant s,t \leqslant 0$ 的曲面图。

解：在 MATLAB 命令行窗口中输入如下命令。

```
>> close all                        %关闭当前已打开的文件
>> clear                            %清除工作区的变量
```

```
>> x=@(s,t) sin(s-t);                          %定义符号表达式 x
>> y=@(s,t) cos(s+t);                          %定义符号表达式 y
>> z=@(s,t) sin(s).*cos(t);                     %定义符号表达式 z
>> subplot(221),fsurf(x,y,z,[-pi,0])            %分割图窗, 在指定区间绘制函数的三维曲面
>> title('三维曲面图')
>> subplot(222),fsurf(x,y,z,[-pi,0],FaceAlpha=0)   %绘制三维曲面, 设置曲面完全透明
>> title('面透明的曲面图')
>> subplot(223),f=fsurf(x,y,z,[-pi,0]);         %绘制函数的三维曲面, 返回曲面对象 f
>> f.EdgeColor='none';                          %不显示曲面轮廓颜色
>> title('隐藏网格线的曲面图')
>> subplot(224),fsurf(x,y,z,[-pi,0],ShowContours='on')  %绘制三维曲面, 将 ShowContours 选项设置
                                                %为 on, 在曲面图下显示等高线
>> title('带等高线的曲面图')
```

运行结果如图 5.7 所示。

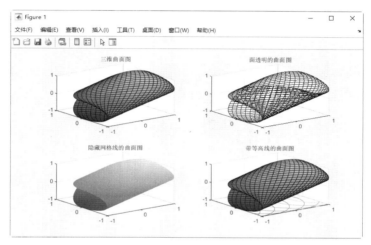

图 5.7 曲面图

4. surfnorm 命令

surfnorm 命令用于绘制三维曲面图法向量。surfnorm 命令的语法格式及说明见表 5.7。

表 5.7 surfnorm 命令的语法格式及说明

语 法 格 式	说　　明
surfnorm(Z)	将 Z 中元素的列索引和行索引分别用作 x 坐标和 y 坐标, 创建带法线的曲面
surfnorm(X,Y,Z)	将矩阵 Z 中的值绘制为由 X 和 Y 定义的 x-y 平面中的网格上方的高度, 创建一个三维曲面图并显示其曲面图法线。X、Y 和 Z 的大小必须相同
surfnorm(ax,...)	在 ax 指定的坐标区, 而不是当前坐标区（gca）中绘制图形
surfnorm(...,Name,Value)	在上述任意一种语法格式的基础上, 使用名称-值对组参数设置曲面属性
[Nx,Ny,Nz] = surfnorm(...)	三维曲面图法线的 x、y 和 z 分量, 不绘制曲面和曲面法向量

实例——绘制曲面图法线

源文件：yuanwenjian\ch05\ex_508.m

本实例绘制函数 $Z = x\sin x \cdot \cos y$ 的曲面图和曲面图法线。

解： 在 MATLAB 命令行窗口中输入如下命令。

扫一扫, 看视频

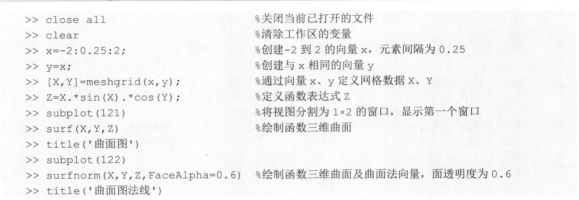

```
>> close all                              %关闭当前已打开的文件
>> clear                                  %清除工作区的变量
>> x=-2:0.25:2;                           %创建-2到2的向量x，元素间隔为0.25
>> y=x;                                   %创建与x相同的向量y
>> [X,Y]=meshgrid(x,y);                   %通过向量x、y定义网格数据X、Y
>> Z=X.*sin(X).*cos(Y);                   %定义函数表达式Z
>> subplot(121)                           %将视图分割为1×2的窗口，显示第一个窗口
>> surf(X,Y,Z)                            %绘制函数三维曲面
>> title('曲面图')
>> subplot(122)
>> surfnorm(X,Y,Z,FaceAlpha=0.6)          %绘制函数三维曲面及曲面法向量，面透明度为0.6
>> title('曲面图法线')
```

运行结果如图 5.8 所示。

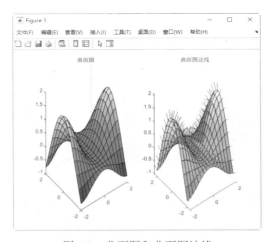

图 5.8　曲面图和曲面图法线

5.1.4　绘制散点图

三维散点图，顾名思义，就是由一些通过其 X 值、Y 值、Z 值确定位置的"散乱"的点组成的图表，可以展示数据的分布和聚合情况。在 MATLAB 中，使用 scatter3 命令绘制三维散点图。scatter3命令的语法格式及说明见表 5.8。

表 5.8　scatter3 命令的语法格式及说明

语 法 格 式	说　　明
scatter3(X,Y,Z)	在 X、Y 和 Z 指定的位置显示圆形散点。如果 X、Y 或 Z 中至少一个指定为矩阵，则在同一组坐标轴上绘制多组散点
scatter3(X,Y,Z,S)	在上一种语法格式的基础上，使用参数 S 指定散点的大小。要更改散点的大小，可将 S 指定为向量；如果将 S 指定为矩阵，则可以指定多组坐标对应的散点大小
scatter3(X,Y,Z,S,C)	在上一种语法格式的基础上，使用参数 C 指定散点的颜色
scatter3(...,'filled')	在以上任意一种语法格式的基础上，填充散点
scatter3(...,markertype)	在以上任意一种语法格式的基础上，使用参数 markertype 指定散点标记类型
scatter3(tbl,xvar,yvar,zvar)	绘制表 tbl 中的变量 xvar、yvar 和 zvar 的散点图
scatter3(tbl,xvar,yvar,zvar,'filled')	在上一种语法格式的基础上，填充散点
scatter3(...,Name,Value)	在以上任意一种语法格式的基础上，使用一个或多个名称-值对组参数设置散点图的属性

语 法 格 式	说 明
scatter3(ax,…)	在 ax 指定的坐标区中绘制三维散点图
h = scatter3(…)	在以上任意一种语法格式的基础上，返回散点图对象 h

实例——绘制三维散点图

源文件：yuanwenjian\ch05\ex_509.m

本实例绘制参数函数 $\begin{cases} x = t\cos t \\ y = t\sin t, \quad t \in [-10\pi, 10\pi] \\ z = t \end{cases}$ 的三维散点图。

解： 在 MATLAB 命令行窗口中输入如下命令。

```
>> close all                          %关闭当前已打开的文件
>> clear                              %清除工作区的变量
>> t=-10*pi:pi/10:10*pi;             %定义参数范围和取值点
>> x=t.*cos(t);
>> y=t.*sin(t);
>> z=t;                               %参数函数表达式
>> scatter3(x,y,z,15,'p','filled')   %绘制填充的散点图，散点标记为五角星，大小为15
>> x_n=[0.5*x(:); 1.5*x(:)];
>> y_n=[0.5*y(:); 1.5*y(:)];
>> z_n=[0.5*z(:); 1.5*z(:)];         %重新定义散点位置
>> hold on                            %打开图形保持命令，以便叠加绘图
>> scatter3(x_n,y_n,z_n,10,'r');     %绘制新坐标位置的散点，颜色为红色，大小为10
>> title('三维散点图')
>> hold off                           %关闭图形保持命令
```

运行结果如图 5.9 所示。

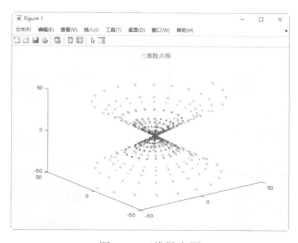

图 5.9 三维散点图

5.1.5 绘制特殊曲面

在 MATLAB 中，除了可以绘制函数曲面，还提供了专门绘制山峰曲面、柱面与球面的命令。

1. 绘制山峰曲面

山峰函数 peaks 是 MATLAB 提供的一个从高斯分布转换和缩放得到的包含两个变量的演示函数，用于绘制一个山峰曲面。peaks 函数的语法格式及说明见表 5.9。

表 5.9　peaks 函数的语法格式及说明

语 法 格 式	说　　明
Z = peaks;	在一个 49×49 网格上计算 peaks 函数，返回函数的 z 坐标
Z = peaks(n);	在一个 n×n 网格上计算 peaks 函数，返回函数的 z 坐标。如果 n 是长度为 k 的向量，则在一个 k×k 网格上计算该函数
Z = peaks(X,Y);	在给定的 X 和 Y（必须大小相同或兼容）处计算 peaks，并返回函数的 z 坐标
peaks(...);	将 peaks 函数绘制为一个三维曲面图
[X,Y,Z] = peaks(...);	返回 peaks 函数的 x、y 和 z 坐标，用于参数绘图

实例——绘制山峰曲面

源文件：yuanwenjian\ch05\ex_510.m

解：在 MATLAB 命令行窗口中输入如下命令。

```
>> close all                          %关闭当前已打开的文件
>> clear                              %清除工作区的变量
>> subplot(1,3,1)                     %显示图窗分割后的第一个视图
>> peaks(5);                          %创建一个由峰值组成的 5×5 矩阵并绘制曲面
z =  3*(1-x).^2.*exp(-(x.^2) - (y+1).^2) ...
   - 10*(x/5 - x.^3 - y.^5).*exp(-x.^2-y.^2) ...
   - 1/3*exp(-(x+1).^2 - y.^2)         %包含两个变量的山峰函数
>> title('网格值为 5 的曲面')          %添加图形标题
>> subplot(1,3,2)
>> peaks(15);                         %创建一个由峰值组成的 15×15 矩阵并绘制曲面
z =  3*(1-x).^2.*exp(-(x.^2) - (y+1).^2) ...
   - 10*(x/5 - x.^3 - y.^5).*exp(-x.^2-y.^2) ...
   - 1/3*exp(-(x+1).^2 - y.^2)
>> title('网格值为 15 的曲面')
>> subplot(1,3,3)
>> [X,Y,Z]=peaks(30);                 %创建 3 个 30×30 矩阵 X、Y、Z
>> surf (X,Y,Z)                       %绘制三维网格曲面
>> title('网格值为 30 的曲面')          %添加图形标题
```

运行结果如图 5.10 所示。

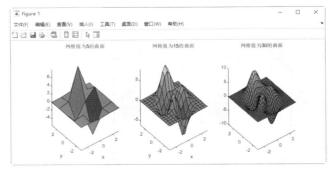

图 5.10　山峰曲面

2．绘制柱面

在 MATLAB 中，cylinder 命令专门用于绘制柱面。cylinder 命令的语法格式及说明见表 5.10。

表 5.10　cylinder 命令的语法格式及说明

语 法 格 式	说 明
[X,Y,Z] = cylinder	不绘制图形，返回一个半径为 1、高度为 1 的圆柱的 x、y、z 坐标，圆柱的圆周上有 20 个等距点
[X,Y,Z] = cylinder(r,n)	返回一个半径为 r、高度为 1 的圆柱的 x、y、z 坐标，圆柱的圆周上有 n 个等距点
[X,Y,Z] = cylinder(r)	这种语法格式与[X,Y,Z] = cylinder(r,20)等价
cylinder(ax,...)	在 ax 指定的坐标区中，而不是当前坐标区（gca）中绘图
cylinder(…)	没有任何的输出参量，直接绘制圆柱

实例——绘制不同半径的柱面

源文件： yuanwenjian\ch05\ex_511.m

本实例绘制不同半径的柱面。

解： 在 MATLAB 命令行窗口中执行如下命令。

```
>> close all              %关闭当前已打开的文件
>> clear                  %清除工作区的变量
>> r = 2;                 %半径为 2
>> h = 2;                 %高为 2
>> [X,Y,Z] = cylinder(r); %创建圆柱坐标，半径为 2，高为 1，圆周上有 20 个等距点
>> subplot(121), surf(X,Y,Z*h) %根据圆柱的坐标值绘制三维曲面
>> title('半径为标量的柱面')   %添加图形标题
>> t=0:pi/10:3/4*pi;      %创建 0 到 2π 的向量 t，元素间隔为 π/10
>> subplot(122)
>> cylinder(cos(t),30);   %柱面的剖面半径为函数 cos(t)、高度为 1，柱面的圆周上有 30 个等距点
>> title('半径为曲线的柱面')%添加图形标题
```

运行结果如图 5.11 所示。

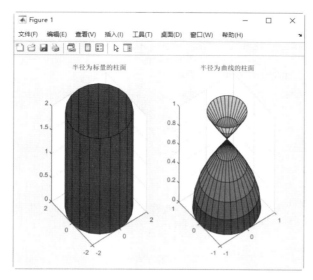

图 5.11　柱面

3. 绘制球面

在 MATLAB 中，sphere 命令用来生成三维直角坐标系中的球面。sphere 命令的语法格式及说明见表 5.11。

表 5.11　sphere 命令的语法格式及说明

语 法 格 式	说　明
sphere	绘制单位球面，该单位球面由 20×20 个面组成，球面的半径为 1
[X,Y,Z] = sphere	返回单位球面的 x、y 和 z 坐标而不对其绘图，结果是 3 个 21×21 矩阵
sphere(n)	在当前坐标区中绘制由 n×n 个面组成的球面
[X,Y,Z]=sphere(n)	返回由 n×n 个面组成的球面的坐标
sphere(ax,…)	在 ax 指定的坐标区中绘图

实例——绘制半径和位置不同的球面

源文件：yuanwenjian\ch05\ex_512.m
本实例绘制半径和位置不同的球面。

解： 在 MATLAB 命令行窗口中执行如下命令。

```
>> close all              %关闭当前已打开的文件
>> clear                  %清除工作区的变量
>> sphere(25)             %以原点为中心，绘制由 25×25 个面组成的球面
>> [X,Y,Z]=sphere(30);    %返回由 30×30 个面组成的球面坐标
>> hold on                %打开图形保持命令
>> r=3;                   %球面半径
>> X1 = X * r;
>> Y1 = Y * r;
>> Z1 = Z * r;            %第二个球面的坐标
>> surf(X1+2,Y1-4,Z1+1)   %以(2,-4,1)为中心，绘制半径为 3 的球面
>> r2=1.5;                %第三个球面的半径
>> X2 = X * r2;
>> Y2 = Y * r2;
>> Z2 = Z * r2;           %第三个球面的坐标
>> surf(X2+6,Y2-6,Z2+4)   %以(6,-6,4)为中心，绘制半径为 1.5 的球面
>> axis equal             %每条坐标轴使用相同的数据单位长度
>> title('不同大小和位置的球面')  %标题
```

运行结果如图 5.12 所示。

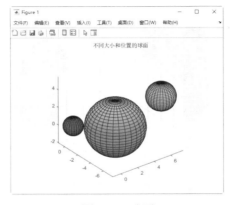

图 5.12　球面

5.2　三维图形的修饰处理

二维图形的修饰命令同样可以适用于三维图形，除此之外，MATLAB 还提供了一些三维图形特有的修饰处理命令。

5.2.1　视角处理

在现实空间中，从不同角度或位置观察某一事物会呈现不同的效果，即会有"横看成岭侧成峰"的感觉。三维图形表现的正是一个空间内的图形，因此在不同视角及位置都会有不同的效果，这在工程实际中也是经常遇到的。MATLAB 提供的 view 命令能够很好地满足这种需要。

view 命令用来控制三维图形的观察点和视角。view 命令的语法格式及说明见表 5.12。

表 5.12　view 命令的语法格式及说明

语 法 格 式	说　　明
view(az,el)	为当前坐标区设置相机视线的方位角 az 与仰角 el
view(v)	根据二元素数组或三元素数组 v 设置视线。二元素数组的值分别是方位角和仰角；三元素数组的值是从图框中心点到相机位置所形成向量的 x、y 和 z 坐标
view(dim)	对二维（dim 为 2）或三维（dim 为 3）绘图使用默认视线
view(ax,...)	控制 ax 指定的坐标区的视线
[az,el] = view(...)	在以上任意一种语法格式的基础上，返回当前的方位角 az 与仰角 el

对于这个命令需要说明的是，方位角 az 与仰角 el 为两个旋转角度。做一通过视点和 z 轴平行的平面，与 x-y 平面有一条交线，该交线与 y 轴的反方向的、按逆时针方向（从 z 轴的方向观察）计算的夹角，就是观察点的方位角 az；若方位角为负值，则按顺时针方向计算。在通过视点与 z 轴的平面上，用一条直线连接视点与坐标原点，该直线与 x-y 平面的夹角就是观察点的仰角 el；若仰角为负值，则观察点转移到曲面下面。

实例——查看函数曲面的不同视图

源文件：yuanwenjian\ch05\ex_513.m

扫一扫，看视频

本实例绘制函数 $Z = \cos\sqrt{x^2 + y^2}$，$-5 \leqslant x, y \leqslant 5$ 的三维曲面图，通过调整视点，在每个子视图中分别显示曲面的正视图、侧视图和俯视图。

解： 在 MATLAB 命令行窗口中输入如下命令。

```
>> close all                    %关闭当前已打开的文件
>> clear                        %清除工作区的变量
>> [X,Y]=meshgrid(-5:0.5:5);    %通过向量定义网格数据 X、Y
>> Z=cos(sqrt(X.^2+Y.^2));      %定义 Z
>> subplot(2,2,1); surf(X,Y,Z)  %分割视图，绘制曲面
>> title('默认视图')
>> subplot(2,2,2); surf(X,Y,Z)
>> view(0,0),title('正视图')    %调整方位角和仰角
>> subplot(2,2,3); surf(X,Y,Z)
```

```
>> view(90,0),title('侧视图')
>> subplot(2,2,4); surf(X,Y,Z)
>> view(0,90),title('俯视图')
```

运行结果如图 5.13 所示。

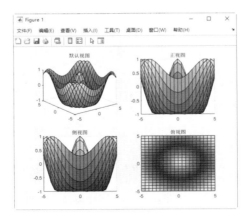

图 5.13　调整视图

5.2.2　颜色处理

在计算机中，颜色是通过对红、绿、蓝 3 种颜色进行适当的调配得到的。在 MATLAB 中，这种调配用一个三维向量[R G B]实现，其中 R、G、B 的值代表 3 种颜色之间的相对亮度，它们的取值范围均在 0~1 之间。表 5.13 中列出了一些常用的颜色调配方案。

表 5.13　常用的颜色调配方案

调配矩阵	颜　　色	调配矩阵	颜　　色
[1 1 1]	白色	[1 1 0]	黄色
[1 0 1]	洋红色	[0 1 1]	青色
[1 0 0]	红色	[0 0 1]	蓝色
[0 1 0]	绿色	[0 0 0]	黑色
[0.5 0.5 0.5]	灰色	[0.5 0 0]	暗红色
[1 0.62 0.4]	肤色	[0.49 1 0.83]	碧绿色

1．设置颜色图

在 MATLAB 中，控制及实现这些颜色调配的主要命令为 colormap。colormap 命令的语法格式及说明见表 5.14。

表 5.14　colormap 命令的语法格式及说明

语　法　格　式	说　　明
colormap map	将当前图窗的颜色图设置为预定义的颜色图（见表 5.15）之一
colormap(map)	将当前图窗的颜色图设置为 map 指定的颜色图
colormap(target,map)	为 target 指定的图窗、坐标区或图形设置颜色图
cmap = colormap	获取当前图窗的颜色图，形式为 RGB 三元组组成的三列矩阵
cmap = colormap(target)	返回 target 指定的图窗、坐标区或图的颜色图

利用调配矩阵设置颜色很麻烦。为了使用方便，MATLAB 提供了丰富的颜色图，几种常用的颜色图的调用函数及说明见表 5.15。

表 5.15 颜色图的调用函数及说明

调用函数	说　明	调用函数	说　明
autumn	红色、黄色、阴影色图	jet	hsv 的一种变形（以蓝色开始和结束）
bone	带一点蓝色的灰度色图	lines	线性色图
colorcube	增强立方色图	pink	粉红色图
cool	青红浓淡色图	prism	光谱色图
copper	线性铜色	spring	洋红、黄色、阴影色图
flag	红、白、蓝、黑交错色图	summer	绿色、黄色、阴影色图
gray	线性灰度色图	white	全白色图
hot	黑、红、黄、白色图	winter	蓝色、绿色、阴影色图
hsv	色彩饱和色图（以红色开始和结束）		

实例——绘制不同颜色的曲面

源文件：yuanwenjian\ch05\ex_514.m

本实例绘制函数 $Z = \dfrac{\cos\sqrt{x^2+y^2}}{\sqrt{x^2+y^2}}$ 的曲面，并设置不同的颜色图。

解：MATLAB 程序如下。

```
>> close all                              %关闭当前已打开的文件
>> clear                                  %清除工作区的变量
>> [X,Y]=meshgrid(-5:0.5:5);              %基于向量定义网格数据 X、Y
>> Z=cos(sqrt(X.^2+Y.^2))./sqrt(X.^2+Y.^2);   %函数表达式
>> h1=subplot(1,2,1);                     %获取第一个视图的坐标区
>> surf(X,Y,Z)                            %根据坐标值 X、Y、Z 绘制三维曲面
>> colormap(h1,jet)                       %设置第一个坐标区的颜色图以蓝色开始和结束
>> title('jet')                           %为图形添加标题
>> h2=subplot(1,2,2);                     %获取第二个视图的坐标区
>> surf(X,Y,Z)                            %绘制三维曲面
>> colormap(h2, prism)                    %设置第二个坐标区的颜色图为光谱色图
>> title('prism')                         %为图形添加标题
```

运行结果如图 5.14 所示。

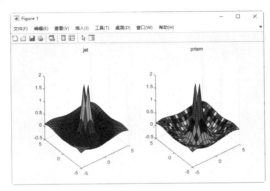

图 5.14 运行结果

2. 控制色图明暗

在 MATLAB 中，brighten 命令用于控制色图明暗。brighten 命令的语法格式及说明见表 5.16。

表 5.16　brighten 命令的语法格式及说明

语 法 格 式	说　　　明
brighten(beta)	沿同一方向变换当前图窗中颜色图的所有颜色的强度。如果 $0<beta<1$，则增强色彩强度，颜色变亮；如果 $-1<beta<0$，则减弱色彩强度，颜色变暗
brighten(map,beta)	变换 map 指定的颜色图的色彩强度
newmap=brighten(…)	在以上任意一种语法格式的基础上，返回调整后的颜色图
brighten(f,beta)	变换图窗 f 的色彩强度。其他图形对象（如坐标区、坐标区标签和刻度）的颜色也会受到影响

扫一扫，看视频

实例——变换曲面的色彩强度

源文件：yuanwenjian\ch05\ex_515.m

本实例绘制函数 $Z=-\sqrt{x^2+y^2}$ 的曲面，并变换曲面的色彩强度。

解： MATLAB 程序如下。

```
>> close all                                  %关闭所有打开的文件
>> clear                                       %清除工作区的变量
>> [X,Y]=meshgrid(-5:0.5:5);                   %基于向量定义网格坐标数据 X、Y
>> Z=-sqrt(X.^2+Y.^2);                         %函数表达式
>> figure('Name','默认色彩强度');
>> surf(X,Y,Z),colormap(hsv(64))              %创建一个具有 64 种颜色的减采样 hsv 颜色图作为当前颜色图
>> axis('off')                                 %不显示坐标区背景
>> figure('Name','增强色彩强度');
>> surf(X,Y,Z), brighten(hsv(64),0.95),axis('off')     %0<beta<1，增强色彩强度
>> figure('Name','减弱色彩强度');
>> surf(X,Y,Z), brighten(hsv(64),-0.95), axis('off')   %-1<beta<0，减弱色彩强度
```

运行结果如图 5.15 所示。

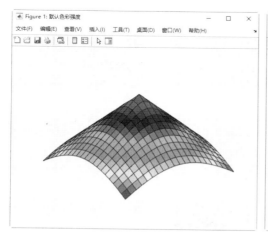
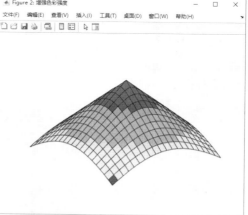

图 5.15　运行结果

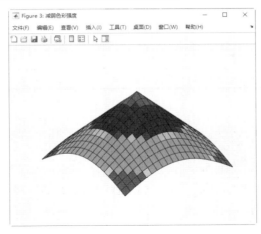

图 5.15（续）

3．设置颜色图范围

在 R2022a 之前的 MATLAB 版本中，使用 caxis 命令控制颜色图的数据值映射，从而设置颜色图范围。自 R2022a 开始，caxis 命令更名为 clim。clim 命令的语法格式及说明见表 5.17。

表 5.17　clim 命令的语法格式及说明

语 法 格 式	说　明
clim(limits)	将当前坐标区的颜色图范围设置为二元素向量 limits 指定的范围[cmin cmax]。颜色图索引数组中小于等于 cmin 或大于等于 cmax 的所有值，将分别映射到颜色图的第一行和最后一行；介于 cmin 与 cmax 之间的所有值线性地映射于颜色图的中间各行
clim("auto")	等价于命令形式 clim auto，颜色图索引数组中的值更改时自动更新颜色范围。颜色图索引数组中的最大值对应于颜色图的最后一行，最小值对应于颜色图的第一行
clim("manual")	禁用自动更新范围。这样，当 hold 设置为 on 时，可使后面的图形命令使用相同的颜色范围
clim(target,⋯)	为 target 指定的特定坐标区或独立可视化设置颜色图范围
v = clim	以二元素向量 [cmin cmax] 的形式 v 返回当前颜色图的范围

在这里要需要注意的是，clim 命令只影响 CDataMapping 属性设置为 scaled 的图形对象，不影响使用真彩色或 CDataMapping 属性设置为 direct 的图形对象。

4．添加颜色栏

在 MATLAB 中，除了可以使用图窗工具栏中的"插入颜色栏"按钮 □ 在图形中添加颜色栏显示色阶，使用 colorbar 命令也可以很方便地添加颜色栏，并设置颜色栏的外观和显示位置。colorbar 命令的语法格式及说明见表 5.18。

表 5.18　colorbar 命令的语法格式及说明

语 法 格 式	说　明
colorbar	在当前坐标区或图的右侧添加一个垂直颜色栏，显示当前颜色图并指示数据值到颜色图的映射
colorbar(location)	在 location 指定的特定位置添加颜色栏。并非所有类型的图都支持修改颜色栏位置
colorbar(…,Name,Value)	在以上任意一种语法格式的基础上，使用一个或多个名称-值对组参数修改颜色栏外观
colorbar(target,…)	在 target 指定的坐标区或图上添加一个颜色栏
c=colorbar(…)	在以上任意一种语法格式的基础上，返回 ColorBar 对象

续表

语 法 格 式	说　　明
colorbar('off ')	删除与当前坐标区或图关联的所有颜色栏
colorbar(target,'off')	删除与 target 指定的目标坐标区或图关联的所有颜色栏

扫一扫，看视频

实例——曲面颜色映射

源文件：yuanwenjian\ch05\ex_516.m

本实例绘制参数函数 $\begin{cases} x = e^{0.1t}\sin 5t \\ y = e^{0.1t}\cos 5t, \quad t \in [-5\pi, 5\pi] \\ z = t \end{cases}$ 的三维曲面，将其颜色范围控制在[0 20]。

解： 在 MATLAB 命令行窗口中输入如下命令。

```
>> close all                        %关闭当前已打开的文件
>> clear                            %清除工作区的变量
>> t=linspace(-5*pi,5*pi,400);      %向量
>> t=reshape(t,20,20);              %20 阶方阵
>> X=exp(t*0.1).*sin(5*t);
>> Y=exp(t*0.1).*cos(5*t);
>> Z=t;                             %参数函数表达式
>> C=Z;                             %颜色矩阵 C
>> subplot(1,2,1);                  %显示第一个视图
>> surf(X,Y,Z,C);                   %绘制带颜色的三维曲面
>> title('根据高度填充颜色');        %为图形添加标题
>> colorbar('southoutside')         %在坐标区的底部外侧放置水平颜色栏
>> ax(2)=subplot(1,2,2);            %显示第二个视图
>> surf(X,Y,Z,C),clim([0 20]);      %绘制带颜色的三维曲面，将颜色的刻度范围设置为[0 20]
>> title('映射颜色范围[0 20]')       %为图形添加标题
>> colorbar('southoutside')
```

运行结果如图 5.16 所示。

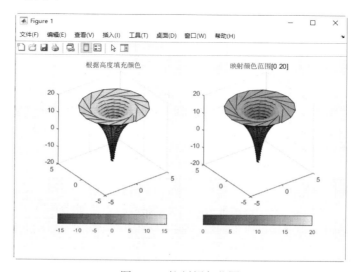

图 5.16　控制颜色范围

5. 颜色着色

shading 命令用来控制曲面与补片图形对象的颜色着色，同时设置当前坐标区中所有曲面与补片图形对象的 EdgeColor 与 FaceColor 属性。shading 命令的语法格式及说明见表 5.19。

表 5.19　shading 命令的语法格式及说明

语 法 格 式	说　　明
shading flat	每个网格线段和面具有恒定颜色，该颜色由该线段的端点或该面的角边处具有最小索引的颜色值确定
shading faceted	用重叠的黑色网格线来达到渲染效果。这是默认的渲染模式
shading interp	通过在每个线条或面中对颜色图索引或真彩色值进行插值来改变该线条或面中的颜色
shading(axes_handle,...)	将着色类型应用于 axes_handle 指定的坐标区，而非当前坐标区中的对象

实例——对比轮胎曲面不同的着色效果

源文件：yuanwenjian\ch05\ex_517.m
本实例绘制轮胎曲面，使用不同的渲染模式进行着色，比较不同渲染模式的颜色效果。
解：在 MATLAB 命令行窗口中输入如下命令。

```
>> close all                    %关闭当前已打开的文件
>> clear                        %清除工作区的变量
>> t=linspace(0,20*pi,900);     %创建 0 到 20π 的向量 t，元素个数为 900
>> t=reshape(t,30,30);          %将向量转换为 30×30 的矩阵
>> X=(3+cos(30*t)).*cos(t);
>> Y=sin(30*t);
>> Z=(3+cos(30*t)).*sin(t);     %轮胎曲面的表达式
>> ax(1)=subplot(131);surf(X,Y,Z),shading flat;  %绘制参数化曲面，用恒定颜色对网格线和面着色
>> title('shading flat');       %为图形添加标题
>> ax(2)=subplot(132);surf(X,Y,Z),shading faceted;%使用黑色对网格线进行着色
>> title('shading faceted');
>> ax(3)=subplot(133);surf(X,Y,Z),shading interp; %使用插值颜色对网格线和面着色
>> title('shading interp')      %为图形添加标题
>> axis(ax,'equal')             %每个坐标区使用相同长度的坐标轴线
```

运行结果如图 5.17 所示。

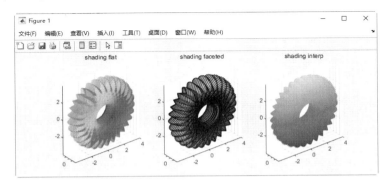

图 5.17　不同的颜色渲染模式

5.2.3　光照处理

在 MATLAB 中绘制三维图形时，不仅可以绘制带光照模式的三维曲面，还能在绘图时指定光

线的来源。

1．绘制带光照模式的三维曲面

使用 surfl 命令可以基于颜色图的光照，绘制结合了周围的、散射的和镜面反射的光照模式的曲面图。如果要获得较平滑的颜色过渡，需要使用有线性强度变化的颜色图（如 gray、copper、bone、pink 等）。基于曲面法向量的计算方式，surfl 需要大小至少为 3×3 的矩阵。surfl 命令的语法格式及说明见表 5.20。

表 5.20 surfl 命令的语法格式及说明

语 法 格 式	说 明
surfl(Z)	将矩阵 Z 中元素的列索引和行索引用作 x 坐标和 y 坐标，创建带光源高光的三维曲面图
surfl(X,Y,Z)	将矩阵 Z 中的值绘制为由 X 和 Y 定义的 x-y 平面中的网格上方的高度，创建一个带光源高光的三维曲面图。默认光源方位为从当前视角开始，逆时针旋转 45°
surfl(…,'light')	在以上任意一种语法格式的基础上，创建一个由 MATLAB 光源对象提供高光的曲面，这与默认的基于颜色图的光照方法产生的效果不同
surfl(…,s)	在以上任意一种语法格式的基础上，使用参数 s 指定从曲面到光源的方向。参数 s 是一个二元素向量[azimuth, elevation]，或者三元素向量[sx sy sz]
surfl(X,Y,Z,s,k)	在上一种语法格式的基础上，还指定反射系数 k。k 是一个定义环境光（ambient light）系数（$0 \leqslant ka \leqslant 1$）、漫反射（diffuse reflection）系数（$0 \leqslant kb \leqslant 1$）、镜面反射（specular reflection）系数（$0 \leqslant ks \leqslant 1$）与镜面反射亮度（以像素为单位）的四元素向量[ka kd ks shine]，默认值为 k=[0.55 0.6 0.4 10]
surfl(ax,…)	在 ax 指定的坐标区中，而不是当前坐标区中绘制曲面
h = surfl(…)	在以上任意一种语法格式的基础上，返回一个曲面图形对象 h

在这里需要注意的是，参数 X、Y、Z 中点的排序定义参数曲面的内部和外部。如果要让曲面的另一面有光照模式，可以使用 surfl(X',Y',Z')。

实例——绘制有光照的花朵曲面

源文件：yuanwenjian\ch05\ex_518.m

解：在 MATLAB 命令行窗口中输入如下命令。

```
>> close all                          %关闭当前已打开的文件
>> clear                              %清除工作区的变量
>> [X,Y] = meshgrid(-8:.8:8);        %定义网格坐标
>> R = sqrt(X.^2 + Y.^2) + eps;      %加一个极小值 eps 以避免分母为 0
>> Z = sin(R)./R;                     %定义函数表达式
>> subplot(2,2,1),surfl(X,Y,Z)        %创建外部有光照的曲面
>> title('具有光照的曲面')
>> subplot(2,2,2),surfl(X',Y',Z')     %参数转置，创建内部有光照的曲面
>> title('另一面有光照的曲面')
>> subplot(2,2,3),surfl(X,Y,Z,'light') %使用 MATLAB 光源对象提供高光，创建曲面
>> title('光源对象提供高光')
>> s = [-45 20];                      %指定从曲面到光源的方向
>> subplot(2,2,4),surfl(X,Y,Z,s)      %创建具有指定方向光照的曲面
>> title('指定光源方向')
```

运行结果如图 5.18 所示。

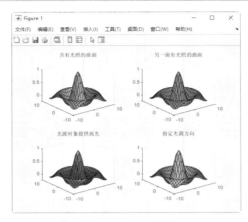

图 5.18　运行结果

2．确定光源位置及照明模式

在绘制带光照模式的三维图形时，可以使用 light 命令确定光源位置。光源本身不可见，但可以看到它们照射在位于相同坐标区内的补片和曲面对象上的效果。

在 MATLAB 中，light 命令用于创建光源对象。light 命令的语法格式及说明见表 5.21。

表 5.21　light 命令的语法格式及说明

语 法 格 式	说　　明
light	在当前坐标区中创建一个光源对象
light(Name,Value)	创建光源，并使用一个或多个名称-值对组参数设置光源属性
light(ax,…)	在 ax 指定的坐标区中而不是在当前坐标区（gca）中创建光源对象
lt = light(…)	在以上任意一种语法格式的基础上，返回创建的光源对象

光源对象常用的属性有颜色、位置、类型几种。其中，光源类型可为 infinite（默认）或 local。如果类型为 infinite，表示放置在无穷远处的光源，发射出的平行光的方向由三元素形式的位置（Position）属性指定。如果类型为 local，表示放置在 Position 属性指定的位置，向所有方向发射的点光源。

在确定光源位置后，还可以根据需要设置光源的照明模式，这一点可以使用 lighting 命令来实现。lighting 命令的语法格式及说明见表 5.22。

表 5.22　lighting 命令的语法格式及说明

语 法 格 式	说　　明
lighting flat	在对象的每个面上产生均匀分布的光照
lighting gouraud	改变各个面的光源。计算顶点处的光照，然后以在各个面中进行光照插值
lighting none	关闭光照
lighting(ax,…)	设置由 ax 指定的坐标区的光照模式

实例——设置曲面的光照模式

源文件：yuanwenjian\ch05\ex_519.m

本实例绘制曲面，并为曲面添加光源，设置不同的光照模式。

解： 在 MATLAB 命令行窗口中输入如下命令。

```
>> close all                              %关闭当前已打开的文件
>> clear                                  %清除工作区的变量
>> t=0:0.05:1;                            %创建 0 到 1 的向量 t，元素间隔为 0.05
>> [X,Y,Z]= cylinder(t.^2,30);           %返回柱面坐标 X、Y、Z
>> ax(1)=subplot(2,2,1);                  %获取第一个视图的坐标
>> surf(X,Y,Z);                           %绘制三维曲面图
>> title('original');                     %为图形添加标题
>> subplot(2,2,2),surf(X,Y,Z)             %绘制三维曲面图
>> light(position=[-2 0 1],color='w')     %在无穷远处创建白色平行光，光源发射出平行光的方向为[-2 0 1]
>> lighting flat                          %在每个面上产生均匀分布的光照
>> title('lighting flat');                %为图形添加标题
>> subplot(2,2,3),surf(X,Y,Z);            %绘制三维曲面图
>> title('lighting gouraud');             %为图形添加标题
>> light(position=[-2 0 1], Style='local',color='w')   %在指定位置创建白色点光源
>> lighting gouraud                       %选择 gouraud 照明，产生连续的明暗变化
>> subplot(2,2,4),surf(X,Y,Z)             %绘制三维曲面图，在每个面上产生均匀分布的光照
>> light(position=[-2 0 1],color='w')     %在无穷远处创建白色平行光，光源发射出平行光的方向为[-2 0 1]
>> lighting none;                         %关闭光照
>> title('lighting none')                 %为图形添加标题
```

运行结果如图 5.19 所示。

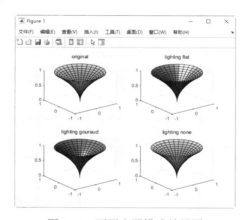

图 5.19 不同光照模式效果图

5.3 三维统计图形

MATLAB 还提供了三维统计图形的绘制命令，本节简要介绍常用的三维统计图和等高线图。

5.3.1 常用三维统计图

MATLAB 中常用的三维统计图形有条形图、针状图和饼图等。本小节将介绍绘制这些图形的命令。

1. 三维条形图

绘制三维条形图的命令为 bar3（竖直条形图）与 bar3h（水平条形图），这两个命令的语法格式类似。下面以 bar3 命令为例，介绍该命令的语法格式及说明，见表 5.23。

表 5.23　bar3 命令的语法格式及说明

语 法 格 式	说　　明
bar3(Z)	绘制 Z 的三维条形图，Z 中的每个元素对应一个条形。如果 Z 是向量，则 y 轴的刻度范围是从 1 至 length(Z)；如果 Z 是矩阵，则每个序列对应一列，x 轴的刻度范围是从 1 到 Z 的列数，y 轴的刻度范围是从 1 到 Z 的行数
bar3(Y,Z)	在 Y 指定的位置绘制 Z 中各元素的条形图。如果 Z 是矩阵，则 Z 中位于同一行内的元素将出现在 y 轴上的相同位置
bar3(…,width)	在以上任意一种语法格式的基础上，设置条形的相对宽度，并控制同一组内条形的间距，默认值为 0.8
bar3(Y,'style')	在以上任意一种语法格式的基础上，指定条形的排列类型：detached（默认）、grouped 和 stacked，它们的含义如下。 ➢ detached：在对应的 x 和 y 值位置显示每个条形。 ➢ grouped：将每组显示为以对应的 y 值为中心的相邻条形。 ➢ stacked：将每组显示为一个多色条形。条形的长度是组中各元素之和
bar3(…,Name,Value)	在以上任意一种语法格式的基础上，使用一个或多个名称-值对组参数设置条形图的属性
bar3(…,color)	在以上任意一种语法格式的基础上，使用颜色名称或短名称 color 指定条形颜色
bar3(ax,…)	在 ax 指定的坐标区中，而不是当前坐标区（gca）中绘制三维条形图
h = bar3(…)	在以上任意一种语法格式的基础上，返回每个序列的 Surface 对象

实例——绘制指定宽度和样式的条形图

源文件：yuanwenjian\ch05\ex_520.m
本实例绘制矩阵的三维条形图，并修改条形的宽度和样式。

解：MATLAB 程序如下。

```
>> close all                          %关闭当前已打开的文件
>> clear                              %清除工作区的变量
>> x = pi:pi/16:2*pi;                 %创建向量 X
>> y = [cos(y')/4 cos(y')/2 cos(y')]; %创建绘图数据
>> subplot(2,2,1),bar3(x,y)           %分割图窗视图，绘制三维垂直条形图
>> title('默认样式的垂直条形图')        %添加标题
>> subplot(222),bar3(x,y,1,'m')       %指定条形宽度和颜色
>> title('指定宽度和颜色')
>> subplot(223),bar3(x,y,'grouped')   %指定条形的排列方式，以对应的 y 值为中心绘制
>> title('排列方式为grouped')
>> subplot(224),bar3h(x,y)            %绘制三维水平条形图
>> title('水平条形图')
```

运行结果如图 5.20 所示。

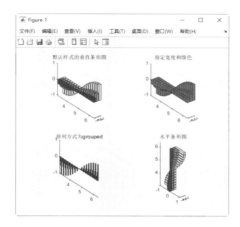

图 5.20　运行结果

2. 三维针状图

在三维情况下，通常使用 stem3 命令绘制三维离散序列数据。stem3 命令的语法格式及说明见表 5.24。

表 5.24　stem3 命令的语法格式及说明

语法格式	说　　明
stem3(Z)	将 Z 中的各元素绘制为针状图，这些针状图从 x-y 平面开始延伸并在各项值处默认以圆圈标记终止。x-y 平面中的针状线条位置是自动生成的
stem3(X,Y,Z)	将 Z 中的各项绘制为针状图，这些针状图从 x-y 平面开始延伸，其中 X 和 Y 指定 x-y 平面中的针状图位置。X、Y、Z 必须为大小相同的向量或矩阵
stem3(…,'fill')	在以上任意一种语法格式的基础上，填充针状图末端的标记
stem3(…,LineSpec)	在以上任意一种语法格式的基础上，使用参数 LineSpec 指定针状图的线型、标记符号和颜色
stem3(tbl,xvar,yvar,zvar)	将表 tbl 中的变量 xvar、yvar 和 zvar 绘制为针状图
stem3(…,Name,Value)	在以上任意一种语法格式的基础上，使用一个或多个名称-值对组参数修改针状图
h = stem3(…)	在以上任意一种语法格式的基础上，返回针状图对象 h

扫一扫，看视频

实例——绘制参数函数的针状图

源文件：yuanwenjian\ch05\ex_521.m

本实例绘制参数函数 $\begin{cases} x = \cos 2t \\ y = 2\sin t \\ z = \sin 2t + 2\cos t \end{cases}$ ，$t \in (-20\pi, 20\pi)$ 的针状图。

解：MATLAB 程序如下。

```
>> close all              %关闭当前已打开的文件
>> clear                  %清除工作区的变量
>> t=-20*pi:pi/50:20*pi;  %创建-20π 到 20π 的向量 t，元素间隔为 π/50
>> x=cos(2*t);
>> y=2*sin(t);
>> z=sin(2*t)+2*cos(t);   %利用参数 t 定义 x、y、z 坐标
>> stem3(x,y,z,'fill',' -.pr') %三维针状图，线型为点画线，标记为六角星，填充色为红色
>> title('三维针状图')    %添加标题
```

运行结果如图 5.21 所示。

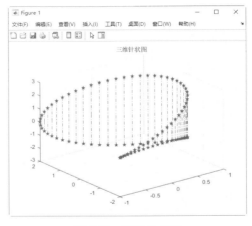

图 5.21　三维针状图

3．三维饼图

在 MATLAB 中，使用 pie3 命令绘制三维饼图。pie3 命令的语法格式及说明见表 5.25。

表 5.25　pie3 命令的语法格式及说明

语 法 格 式	说　明
pie3(X)	使用 X 中的数据绘制三维饼图。饼图的每个扇区代表 X 中的一个元素
pie3(X,explode)	在上一种语法格式的基础上，使用参数 explode 指定要从饼图中心偏移的扇区。explode 为与 X 大小相同的数值或逻辑向量或矩阵，如果所有元素为 0 或 false，则饼图的各个扇区组成一个圆；如果其中存在非零值或 true，则 X 中对应的扇形将从中心向外偏移
pie3(X,labels)	使用参数 labels 指定扇区的文本标签。标签数必须等于 X 中的元素数
pie3(X,explode,labels)	绘制 X 的三维饼图，偏移扇区并指定文本标签
pie3(ax,…)	在 ax 指定的坐标区中绘制三维饼图
h = pie3(…)	返回组成饼图的 Patch、Surface 和 Text 对象的向量 h

实例——绘制分离饼图并修改属性

源文件：yuanwenjian\ch05\ex_522.m

本实例使用 pie3 命令绘制向量的三维饼图，并修改指定扇区的属性。

解： MATLAB 程序如下。

```
>> close all                            %关闭当前已打开的文件
>> clear                                %清除工作区的变量
>> X=[1 2 3 4 6 10];                    %创建向量 X
>> labels = {'1','2','3','4','5','6'};  %指定饼图每个扇区的文本标签
>> subplot(1,2,1);                      %将视图分割为 1 行 2 列两个窗口，显示第一个视图
>> pie3(X,labels)                       %绘制带标签的饼图
>> title('原始');                        %添加标题
>> subplot(1,2,2);                      %显示第二个视图
>> h=pie3(X,[12 12 6 13 13 13])         %绘制指定分离间隔的三维饼图
h =
   1×24 graphics 数组:
   列 1 至 6
     Patch     Surface   Patch     Text      Patch     Surface
   列 7 至 12
     Patch     Text      Patch     Surface   Patch     Text
   列 13 至 18
     Patch     Surface   Patch     Text      Patch     Surface
   列 19 至 24
     Patch     Text      Patch     Surface   Patch     Text
>> title('分离');                        %添加标题
>> t = h(24);                           %获取饼图第 6 个扇区的文本标签对象
>> t.BackgroundColor = 'cyan';          %设置标签背景底色
>> t.EdgeColor = 'red';                 %设置标签的轮廓颜色
>> t.FontSize = 12;
```

运行结果如图 5.22 所示。

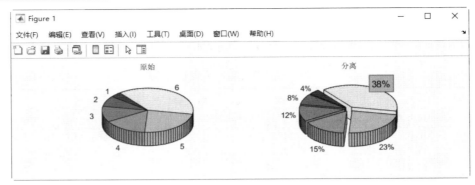

图 5.22　运行结果

5.3.2　绘制等高线

在军事、地理等学科中经常会用到等高线，MATLAB 中有许多绘制等高线的命令，下面简要介绍几个常用命令。

1. surfc 命令

surfc 命令用来绘制曲面图下的等高线图。surfc 命令的语法格式及说明见表 5.26。

表 5.26　surfc 命令的语法格式及说明

语 法 格 式	说　　明
surfc(Z)	将 Z 中元素的列索引和行索引分别用作 x 坐标和 y 坐标绘制 Z 的三维曲面图，并在曲面下方绘制等高线图。Z 指定颜色数据和曲面高度
surfc(Z,C)	在上一种语法格式的基础上，使用与 Z 大小相同的矩阵 C 指定曲面的颜色
surfc(X,Y,Z)	绘制为由 X 和 Y 定义的 x-y 平面中的网格上方的高度 Z，并在曲面下方绘制等高线图。曲面的颜色根据 Z 指定的高度而变化
surfc(X,Y,Z,C)	在上一种语法格式的基础上，使用 C 定义曲面颜色
surfc(...,Name,Value)	在以上任意一种语法格式的基础上，使用一个或多个名称-值对组参数指定曲面属性
surfc(ax,...)	在 ax 指定的坐标区中，而不是当前坐标区（gca）中绘图
h = surfc(...)	在以上任意一种语法格式的基础上，返回包含曲面对象和等高线对象的图形数组 h。可通过 h(1) 访问曲面图，通过 h(2) 访问等高线图

扫一扫，看视频

实例——绘制函数曲面的等高线图

源文件：yuanwenjian/ch05/ex_523.m
本实例绘制函数曲面的等高线图，并修改等高线属性。

解：MATLAB 程序如下。

```
>> close all                                      %关闭当前已打开的文件
>> clear                                          %清除工作区的变量
>> [X,Y] = meshgrid(-5:.5:5);                     %定义网格坐标
>> Z = Y.*sin(X) - X.*cos(Y);                     %定义函数
>> subplot(121),surfc(X,Y,Z);                     %绘制带等高线的曲面图
>> title('默认样式的曲面等高线图')                  %添加标题
>> subplot(122),sc = surfc(X,Y,Z,FaceColor='interp');   %指定曲面着色，返回图形对象
>> sc(1).EdgeColor='none';                        %不显示曲面的网格线
```

```
>> sc(1).FaceAlpha=0.5;          %设置曲面透明度
>> sc(2).LineWidth=2;            %设置等高线的线宽
>> sc(2).FaceColor='flat';       %设置等高线之间的填充颜色
>> title('设置样式的曲面和等高线')
```

运行结果如图 5.23 所示。

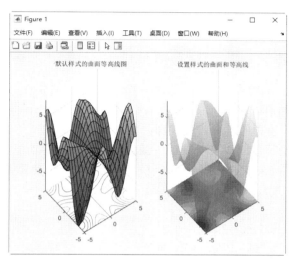

图 5.23　运行结果

2．contour3 命令

contour3 是三维绘图中最常用的等高线绘制命令。contour3 命令的语法格式及说明见表 5.27。

表 5.27　contour3 命令的语法格式及说明

语 法 格 式	说　　明
contour3(Z)	自动选择要显示的高度，绘制一个包含 x-y 平面上的高度值的矩阵 Z 的三维等高线图。Z 的列和行索引分别是平面中的 x 和 y 坐标
contour3(X,Y,Z)	自动选择要显示的高度，绘制一个包含 x-y 平面上的高度值的矩阵 Z 的三维等高线图。X 和 Y 分别指定 Z 中元素的 x 和 y 坐标
contour3(…,n)	如果参数 n 为标量值，则在 n 个自动选择的层级（高度）上显示等高线；如果 n 为单调递增值的向量，则绘制特定高度的等高线；如果 n 为二元素行向量[k k]，则在单个高度 k 处绘制等高线
contour3(…,s)	在以上任意一种语法格式的基础上，使用参数 s 等高线的线型和颜色
contour3(…,Name,Value)	在以上任意一种语法格式的基础上，使用一个或多个名称-值对组参数指定等高线图的其他选项
contour3(ax,…)	在 ax 指定的目标坐标区中绘制等高线图
M = contour3(…)	在以上任意一种语法格式的基础上，返回包含每个层级的顶点坐标(x, y)的等高线矩阵 M
[M,h] = contour3(…)	在上一种语法格式的基础上，还返回等高线对象 h

　　MATLAB 还提供了专门计算等高线矩阵的命令 contourc，以用于命令 contour、contour3 和 contourf 等。contourc 命令的语法格式及说明见表 5.28。

表 5.28　contourc 命令的语法格式及说明

语 法 格 式	说　　明
C = contourc(Z)	计算矩阵 Z 的等高线矩阵 C，其中 Z 的维数至少为 2 阶，其列和行索引分别是平面中的 x 和 y 坐标，等高线的数量和相应的高度值由 MATLAB 自动选择

续表

语 法 格 式	说　明
C = contourc(X,Y,Z)	计算矩阵 Z 的等高线矩阵 C，其中 X 和 Y 定义 Z 的 x 和 y 坐标
C = contourc(…,n)	如果参数 n 为标量值，则返回在 n 个自动选择的层级（高度）上计算的等高线矩阵；如果 n 为单调递增值的向量，则计算特定高度的等高线矩阵；如果 n 为二元素行向量[k k]，则计算单个高度 k 的等高线矩阵

📢 注意：

　　contourc 命令返回的矩阵可能与 contour、contourf 和 contour3 命令的结果不一致。

　　contour 命令用来绘制二维等高线，可以看作一个三维曲面向 x-y 平面上的投影，它的语法格式与 contour3 命令类似，这里不再赘述。

　　contourf 命令用于绘制填充的二维等高线图，即先画出等高线，然后将相邻的等高线之间用同一颜色进行填充，填充用的颜色取决于当前的色图颜色。该命令的功能等价于使用 surfc 命令绘制等高线，然后设置等高线的 FaceColor 属性。语法格式与 contour3 命令类似，这里不再赘述。

实例——绘制山峰函数的等高线图

源文件：yuanwenjian\ch05\ex_524.m

解：在 MATLAB 命令行窗口中输入如下命令。

```
>> close all                                  %关闭当前已打开的文件
>> clear                                       %清除工作区的变量
>> [x,y,z]=peaks(30);                          %利用山峰函数返回矩阵 x、y、z
>> subplot(221),contour3(x,y,z);               %三维等高线图
>> title('默认设置')
>> subplot(222),contour3(x,y,z,8);             %自动选择 10 个层级绘制等高线图
>> title('自动选择 10 个层级')
>> subplot(223),[M,C]=contour3(x,y,z,[-5 -2 0 3]);    %选择 4 个特定高度
>> C.LineWidth=2;                              %设置等高线线宽
>> title('选择 4 个特定高度')
>> subplot(224),contour3(x,y,z,[0 0]);         %选择单个特定高度
>> title('选择单个高度')
```

运行结果如图 5.24 所示。

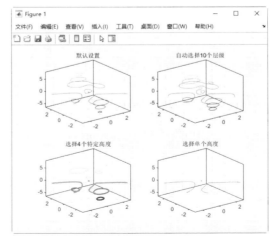

图 5.24　三维等高线图

3. fcontour 命令

fcontour 命令专门用来绘制符号函数 f(x,y)（f 是关于 x、y 的数学函数的字符串表示）在给定区间的等高线图。fcontour 命令的语法格式及说明见表 5.29。

表 5.29 fcontour 命令的语法格式及说明

语 法 格 式	说 明
fcontour (f)	绘制 f(x,y)在 x 和 y 的默认区间[−5 5]的等高线图
fcontour (f,[a b])	绘制 f(x,y)在 x 和 y 的区间[a b]的等高线图
fcontour (f,[a b c d])	绘制 f(x,y)在 x 区间[a b]、y 区间[c d]的等高线图
fcontour(…,LineSpec)	在以上任意一种语法格式的基础上，设置等高线的线型和颜色
fcontour(…,Name,Value)	在以上任意一种语法格式的基础上，使用一个或多个名称-值对组参数指定等高线属性
fcontour(ax,…)	在 ax 指定的坐标区中绘制等高线图
fc =fcontour (…)	在以上任意一种语法格式的基础上，返回等高线对象 fc

实例——绘制二元函数的等高线图

源文件：yuanwenjian\ch05\ex_525.m

本实例绘制函数 $f(x,y) = x^2 - \sin y, x \in [-2,2], y \in [-2,2]$ 的等高线图。

解： 在 MATLAB 命令行窗口中输入如下命令。

```
>> close all                         %关闭当前已打开的文件
>> clear                             %清除工作区的变量
>> syms x y                          %定义字符变量 x 和 y
>> f= x.^2-sin(y);                   %通过字符变量定义函数表达式 f
>> ax(1)=subplot(1,3,1);            %显示第一个视图
>> fsurf(f,[-2,2]);                  %通过函数表达式 f 绘制三维曲面
>> title('三维曲面图');              %添加标题
>> ax(2)=subplot(1,3,2);            %显示第二个视图
>> fsurf(f,[-pi,pi],ShowContours='on');%绘制函数 f 的带等高线的三维表面图
>> title('带等高线的三维曲面图');
>> ax(3)=subplot(1,3,3);            %显示第三个视图
>> fcontour(f);                      %绘制函数 f 在默认区间内的等高线
>> title('二维等高线图')             %添加标题
>> axis(ax, 'equal')
```

运行结果如图 5.25 所示。

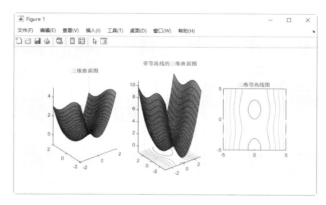

图 5.25 函数的等高线图

4. clabel 命令

clabel 命令用来在等高线图中添加高程标签。clabel 命令的语法格式及说明见表 5.30。

表 5.30   clabel 命令的语法格式及说明

语 法 格 式	说　　明
clabel(C,h)	把标签文本旋转到恰当的角度插入到等高线对象 h 中。只有等高线之间有足够的空间时才加入。如果没有等高线矩阵 C，则将 C 指定为[]
clabel(C,h,v)	在上一种语法格式的基础上，使用向量 v 指定等高线层级
clabel(C,h,'manual')	在最接近单击或按空格键的位置添加标签。按 Enter 键结束该操作
t = clabel(C,h,'manual')	在上一种语法格式的基础上，返回创建的文本对象 t
clabel(C)	使用 "+" 和垂直向上的文本为等高线添加标签
clabel(C,v)	将垂直向上的标签添加到由向量 v 指定的等高线层级
clabel(C,'manual')	在最接近单击或按空格键的位置添加垂直向上的标签。按 Enter 键结束该操作
tl = clabel(…)	在以上任意一种语法格式的基础上，返回创建的文本和线条对象
clabel(…,Name,Value)	使用一个或多个名称-值对组参数设置标签外观

对于上面的语法格式，需要说明的一点是，如果命令中指定了等高线对象 h，则会对标签进行恰当的旋转，否则标签将垂直放置，并且在恰当的位置显示一个 "+"。

实例——添加高度标注

源文件：yuanwenjian\ch05\ex_526.m
本实例选择 4 个高度层级绘制等高线，然后标注各条等高线的高度。

解： 在 MATLAB 命令行窗口中输入如下命令。

```
>> close all              %关闭当前已打开的文件
>> clear                  %清除工作区的变量
>> Z=peaks;               %定义山峰函数，返回矩阵 Z
>> subplot(121);
>> [C,h]=contour(Z,4);    %自动选择 4 个高度绘制等高线，并返回等高线矩阵 C 和等高线对象 h
>> clabel(C,h);           %指定等高线对象 h，自动旋转标签，插入每一条等高线中
>> title('自动旋转高度标签')  %添加标题
>> subplot(122);
>> M=contour(Z,4);        %绘制等高线，返回等高线矩阵 M
>> clabel(M, 'manual');   %不指定等高线对象，手动添加高度标签
   请稍候……


   仔细选择要用于标记的等高线。
   完成后，当图形窗口为活动窗口时，请按 Return 键。
>> title('不旋转高度标签')   %添加标题
```

运行结果如图 5.26 所示。

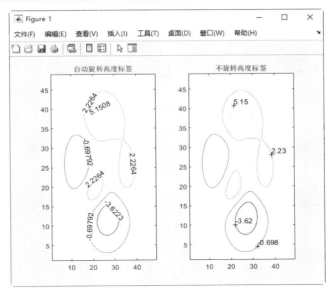

图 5.26 标注等高线

第 6 章　UI 的容器组件和常用组件

内容指南

GUI（Graphics User Interface，图形用户界面）是由窗口、菜单、图标、光标、按键、对话框和文本等各种图形对象组成的，是用户与计算机或计算机程序进行信息交互的方式。

本章简要介绍 MATLAB 中的 GUI 开发环境，以及设计 GUI 中 UI 组件的几种常用命令。

内容要点

➢ GUI 概述
➢ 创建 UI 容器组件
➢ 创建 UI 常用组件

6.1　GUI 概述

早期的计算机系统向用户提供的是单调、枯燥、纯字符状态的命令行界面（CLI），需要用户记忆大量的命令，这对于普通用户显然是非常不便的。20 世纪 70 年代，施乐公司的研究人员开发了第一个可以通过窗口、菜单、按键等方式进行操作的图形用户界面，开启了计算机图形界面的新纪元。此后，GUI 技术几经变迁，发展迅猛，如今几乎在各个领域都可以看到 GUI 的身影。

GUI 允许用户使用鼠标、键盘等输入设备操控屏幕上的图标或菜单选项，以选择命令、调用文件、启动程序或执行其他任务。图形用户界面由窗口、下拉菜单、对话框及其相应的控制机制构成，在各种新式应用程序中都是标准化的，即相同的操作总是以同样的方式来完成，在图形用户界面中，用户看到和操作的都是图形对象，应用的是计算机图形学的技术。

对于 GUI 应用程序，用户通过与界面交互执行指定的行为，而无须知道程序是如何执行的。在 MATLAB 中，GUI 开发环境主要有命令行编辑器和 App 设计工具两种。

1. 命令行编辑器

命令行编辑器包括命令行窗口和 M 文件编辑器。在命令行编辑器中，使用组件函数以编程方式创建基于 uifigure 的 App，在 App 中通过与界面交互，执行指定的行为。

2. App 设计工具

在 MATLAB 中，App 设计工具是一个用于构建 MATLAB 应用程序的环境，它包含一整套标准用户界面组件，以及一组用于创建控制面板和人机交互界面的仪表、旋钮、开关和指示灯，简化了布置用户界面可视组件的过程。

6.2　创建 UI 容器组件

UI（User Interface，用户界面）图形与 AppDesigner 支持相同类型的现代图形和交互式 UI 组件。组件是显示数据或接收数据输入的相对独立的用户界面元素。以编程方式向 App 设计工具添加 UI 组件时，必须调用适当的函数来创建组件，将回调分配给组件，然后将回调编写为辅助函数。

6.2.1　UI 图窗

UI 图窗是在 App 设计工具中或通过 uifigure 函数以编程方式创建 App 的容器。uifigure 命令的语法格式及说明见表 6.1。

表 6.1　uifigure 命令的语法格式及说明

语 法 格 式	说　　明
fig = uifigure	创建一个用于构建用户界面的图窗并返回 Figure 对象 fig。与 figure 命令创建的图窗不同，这是 App 设计工具使用的图窗类型
fig = uifigure(Name,Value)	在上一种语法格式的基础上，使用一个或多个名称-值对组参数设置图窗属性

UI Figure 与 Figure 的常用名称-值对组参数大致相同，这里不再赘述。

实例——创建 UI 图窗

源文件：yuanwenjian\ch06\ex_601.m

解： MATLAB 程序如下。

```
>> close all
>> fig = uifigure(Name='UI 图窗演示')
fig =
  Figure (UI 图窗演示) - 属性:

      Number: []
        Name: 'UI 图窗演示'
       Color: [0.9400 0.9400 0.9400]
    Position: [680 558 560 420]
       Units: 'pixels'

  显示所有属性
>> fig.Color = 'c';                       %修改 UI 图窗背景颜色为青色
>> fig.Position = [300 400 280 210];      %修改 UI 图窗的位置和大小，并且大小为原图窗的一半
```

运行结果如图 6.1 所示。

图 6.1　创建 UI 图窗

6.2.2 面板

面板用于对图窗中的组件进行分组，便于用户对一组相关的组件进行管理。面板中的组件与面板之间的位置为相对位置，移动面板时，其中的组件在面板中的位置不变。在 MATLAB 中，使用 uipanel 命令创建面板容器组件。uipanel 命令的语法格式及说明见表 6.2。

表 6.2   uipanel 命令的语法格式及说明

语 法 格 式	说　　明
p = uipanel	在当前图窗中创建一个面板并返回面板对象。如果当前没有可用的图窗，则 MATLAB 自动使用 figure 函数创建一个图窗
p = uipanel(Name,Value)	使用一个或多个名称-值对组参数设置面板属性
p = uipanel(parent)	在指定的父容器 parent 中创建面板。父容器可以是图窗，也可以是子容器（如选项卡或网格布局）。需要注意的是，在使用 figure 或 uifigure 函数创建的父容器中创建的面板属性值略有不同
p = uipanel(parent,Name,Value)	在上一种语法格式的基础上，使用一个或多个名称-值对组参数设置面板属性

实例——创建嵌套面板

源文件：yuanwenjian\ch06\ex_602.m

解： MATLAB 程序如下。

```
>> close all
>> fig = uifigure(Name='Panel Demo',Position=[100 200 300 300]); %创建UI图窗
>> p = uipanel(Parent=fig,Title='主面板',FontSize=12,...
Position=[25 25 180 260],...
BackgroundColor='white');              %创建面板，指定面板标题、位置和大小、背景颜色
>> sp = uipanel(Parent=p,Title='子面板',FontSize=12,...
Position=[5 15 150 200],...
BackgroundColor='c');                  %创建嵌套的子面板
```

运行结果如图 6.2 所示。

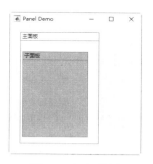

图 6.2   运行结果

6.2.3 选项卡组

选项卡组是选项卡的容器，允许用户标识选定的选项卡，并检测用户何时选择了不同的选项卡。在 MATLAB 中，uitabgroup 命令用于创建包含选项卡式面板的容器。uitabgroup 命令的语法格式及说明见表 6.3。

表 6.3 uitabgroup 命令的语法格式及说明

语 法 格 式	说　　明
p = uitabgroup	在当前图窗中创建一个选项卡组并返回容器对象。如果没有可用图窗，将使用 figure 命令创建一个图窗
p = uitabgroup (Name,Value)	使用一个或多个名称-值对组参数设置选项卡组的属性
p = uitabgroup(parent)	在指定的父容器 parent 中创建选项卡组。父容器可以是图窗，也可以是子容器（如面板）。对于使用 figure 或 uifigure 命令创建的图窗，uitabgroup 的属性值略有不同
p = uitabgroup (parent,Name,Value)	在上一种语法格式的基础上，使用一个或多个名称-值对组参数设置选项卡组的属性

创建选项卡组之后，可以使用 uitab 命令创建选项卡。uitab 命令的语法格式及说明见表 6.4。

表 6.4 uitab 命令的语法格式及说明

语 法 格 式	说　　明
t = uitab	在选项卡组内创建一个选项卡，并返回 Tab 对象。如果没有可用的选项卡组，MATLAB 将使用 figure 命令创建一个图窗，然后在该图窗中创建一个选项卡组，并将选项卡放在该选项卡组内
t = uitab(Name,Value)	使用一个或多个名称-值对组参数指定选项卡的属性值
t = uitab(parent)	在指定的父容器中创建选项卡。父容器可以是使用 figure 或 uifigure 命令创建的图窗中的一个选项卡组
t = uitab(parent,Name,Value)	在上一种语法格式的基础上，使用一个或多个名称-值对组参数设置选项卡的属性

扫一扫，看视频

实例——创建选项卡组

源文件： yuanwenjian\ch06\ex_603.m

解： MATLAB 程序如下。

```
>> close all
>> fig = uifigure(Name='选项卡演示',Position=[100 200 300 300]);     %创建 UI 图窗
>> tg = uitabgroup(fig, Position=[5 5 280 280]);    %创建选项卡组
%在选项卡组中创建三个选项卡
>> tab1 = uitab(tg,Title='格式');
>> tab2 = uitab(tg,Title='选项');
>> tab3 = uitab(tg,Title='效果');
>> tg.SelectedTab=tab2;                              %当前选择的选项卡为 tab2，默认为 tab1
>> tab2.BackgroundColor='w';                         %选项卡的背景颜色为白色
```

运行结果如图 6.3 所示。

图 6.3 运行结果

6.2.4 网格布局管理器

网格布局管理器用于沿一个不可见网格的行和列定位 UI 组件，该网格占据整个图窗或图窗中的一个容器。如果将组件添加到网格布局管理器中，但没有指定组件的 Layout（布局）属性，则网格布局管理器按照从左到右、从上到下的方式添加组件。

在 MATLAB 中，uigridlayout 命令用于创建网格布局管理器。uigridlayout 命令的语法格式及说明见表 6.5。

表 6.5　uigridlayout 命令的语法格式及说明

语 法 格 式	说 明
g = uigridlayout	使用 uifigure 命令创建一个图窗，在该图窗中创建 2×2 网格布局，并返回 GridLayout 对象 g
g = uigridlayout(parent)	在指定的父容器 parent 中创建网格布局 g。父容器可以是使用 uifigure 命令创建的图窗或其子容器
g = uigridlayout(…,sz)	在以上任意一种语法格式的基础上，使用向量 sz 指定网格的大小
g = uigridlayout(…,Name,Value)	在以上任意一种语法格式的基础上，使用一个或多个名称-值对组参数指定网格布局的属性

网格布局管理器的常用属性见表 6.6。

表 6.6　网格布局管理器的常用属性

属 性 分 类	属 性 名	说 明	有 效 值
网格	ColumnWidth	列宽，有三种：自适应宽度指定为'fit'、以像素为单位的固定宽度指定为一个数字、可变宽度指定为与'x'字符配对的数字	{'1x','1x'}（默认）|'fit'|元胞数组|字符串数组|数值数组
	RowHeight	行高，有三种：自适应高度、以像素为单位的固定高度、可变高度	{'1x','1x'}（默认）|'fit'|元胞数组|字符串数组|数值数组
	RowSpacing	行间距	10（默认）|数字
	ColumnSpacing	列间距	10（默认）|数字
	Padding	围绕网格外围填充	[10 10 10 10]（默认）|[left bottom right top]
	BackgroundColor	背景色	[0.94 0.94 0.94]（默认）|RGB 三元组|十六进制颜色代码|颜色名称或短名称
交互性	Visible	子级的可见性	'on'（默认）|on/off 逻辑值
	Scrollable	滚动能力	'off'（默认）|on/off 逻辑值
	ContextMenu	上下文菜单	空 GraphicsPlaceholder 数组（默认）|ContextMenu 对象
位置	Layout	布局选项	空 LayoutOptions 数组（默认）|GridLayoutOptions 对象
	Position	只读属性，网格布局管理器的位置和大小	四元素向量[left bottom width height]
	InnerPosition	只读属性，网格布局管理器的位置和大小，不包括填充	四元素向量[left bottom width height]
	OuterPosition	只读属性，等同于 Position 属性	四元素向量[left bottom width height]

扫一扫，看视频

实例——使用网格定位 UI 组件

源文件：yuanwenjian\ch06\ex_604.m

解： MATLAB 程序如下。

```
>> close all
>> fig = uifigure(Name='网格布局演示',Position=[100 200 600 400]);  %UI 图窗
>> g = uigridlayout(fig,[2 3]);              %创建 2 行 3 列的网格布局管理器
>> g.RowHeight = {150,'1x'};                 %第 1 行高 150px，第 2 行自适应高度
```

```
>> g.ColumnWidth = {150,'1x',150};        %第 1 列和第 3 列宽 150px，第 2 列自适应宽度
%在网格布局管理器中创建 3 个面板，默认依次排列在第 1 行的网格中
>> p1 = uipanel(g,Title='面板1');
>> p2 = uipanel(g,Title='面板2',BackgroundColor='white');
>> p3 = uipanel(g,Title='面板3',BackgroundColor='white');
>> tg=uitabgroup(g);        %在网格布局管理器中创建选项卡组，默认放置在第 2 行第 1 列的网格中
%在选项卡组中添加选项卡
>> tb1=uitab(tg,Title='常规');
>> tb1.BackgroundColor='w';
>> tb2=uitab(tg,Title='设置');
>> tg.Layout.Column=[1 3];        %设置选项卡组跨第 1 列到第 3 列
```

运行结果如图 6.4 所示。

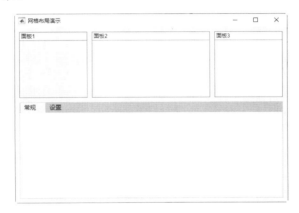

图 6.4　运行结果

动手练一练——创建嵌套的网格布局管理器

利用嵌套的网格布局管理器创建如图 6.5 所示的 UI 布局。

扫一扫，看视频

图 6.5　布局结果

📎 思路点拨：

源文件：yuanwenjian\ch06\prac_601.m

（1）创建 UI 图窗和 2×2 网格布局管理器。

（2）设置网格行高和列宽。

（3）在网格布局管理器中添加面板组件，设置面板标题、文本字号和背景颜色。

（4）在面板组件中创建 2×2 网格布局管理器，设置行高和列宽。

（5）在第 3 个面板中添加嵌套面板，设置面板标题、文本字号和背景颜色。

6.3 创建 UI 常用组件

UI 常用组件包括按钮、坐标区、标签、下拉框和列表框、单选按钮和复选框、切换按钮、图像、微调器、编辑字段、HTML、文本区域、滑块、日期选择器、树和树节点以及表等。

6.3.1 按钮

按钮是一种很常见的 UI 组件，一个按钮代表一种操作，当用户按下并释放按钮时，它们将会作出响应。

在 MATLAB 中，使用 uibutton 命令可以创建普通按钮或状态按钮组件。uibutton 命令的语法格式及说明见表 6.7。

表 6.7 uibutton 命令的语法格式及说明

语 法 格 式	说　明
btn = uibutton	使用 uifigure 命令创建一个图窗，在图窗中创建一个普通按钮，并返回 Button 对象
btn = uibutton(style)	创建指定样式的按钮。参数 style 可指定为下列值之一： ➤ 'push'：默认值，表示普通按钮，单击一次，按钮将被按下并释放。 ➤ 'state'：状态按钮，单击一次，按钮将保持按下或释放状态，直到再次单击为止
btn = uibutton(parent)	在指定的父容器中创建按钮。父容器可以是使用 uifigure 命令创建的图窗或其子容器之一
btn = uibutton(parent,style)	在指定的父容器中创建指定样式的按钮
btn = uibutton(…,Name,Value)	在以上任意一种语法格式的基础上，使用一个或多个名称-值对组参数设置按钮的属性

通过更改按钮组件的属性值，可以修改按钮的外观和行为。按钮分为普通按钮和状态按钮两种，普通按钮的常用属性见表 6.8。

表 6.8 普通按钮的常用属性

类　别	属性名	说　明	属　性　值
按钮	Text	按钮标签	'Button'（默认）|字符向量|字符向量元胞数组|字符串标量|字符串数组|…
	Icon	预定义或自定义图标	''（默认）|字符向量|字符串标量|m×n×3 真彩色图像数组
	WordWrap	文字自动换行以适合组件宽度	'off'（默认）|on/off 逻辑值
字体和颜色	FontName	字体名称	系统支持的字体名称
	FontSize	字体大小	正数
	FontWeight	字体粗细	'normal'（默认）|'bold'
	FontAngle	字体角度	'normal'（默认）|'italic'
	FontColor	字体颜色	[0 0 0]（默认）|RGB 三元组|十六进制颜色代码|颜色名称或短名称
	BackgroundColor	背景色	[0.96 0.96 0.96]（默认）|RGB 三元组|十六进制颜色代码|颜色名称或短名称

类　别	属性名	说　　明	属　性　值
交互性	Visible	可见性状态	'on'（默认）|on/off 逻辑值
	Enable	运行状态，用户是否与其进行交互	'on'（默认）|on/off 逻辑值
	Tooltip	工具提示	"（默认）|字符向量|字符向量元胞数组|字符串数组|一维分类数组
	ContextMenu	上下文菜单	空 GraphicsPlaceholder 数组（默认）|ContextMenu 对象
位置	Position	按钮位置和大小	[100 100 100 22]（默认）|[left bottom width height]
	InnerPosition	按钮的位置和大小，等同于 Position 属性	[100 100 100 22]（默认）|[left bottom width height]
	OuterPosition	只读属性，按钮的位置和大小	[100 100 100 22]（默认）|[left bottom width height]
	HorizontalAlignment	图标和文本的水平对齐方式	'center'（默认）|'left'|'right'
	VerticalAlignment	图标和文本的垂直对齐方式	'center'（默认）|'top'|'bottom'
	IconAlignment	按钮图标相对于按钮标签文本的位置	'left'（默认）|'right'|'center'|'leftmargin'|'rightmargin'|'top'|'bottom'
	Layout	布局选项	空 LayoutOptions 数组（默认）|GridLayoutOptions 对象
回调	ButtonPushedFcn	按下按钮后执行的回调	"（默认）|函数句柄|元胞数组|字符向量
	CreateFcn	MATLAB 创建对象时执行的回调函数	"（默认）|函数句柄|元胞数组|字符向量
	DeleteFcn	MATLAB 删除对象时执行的回调函数	"（默认）|函数句柄|元胞数组|字符向量
回调执行控制	Interruptible	回调中断	'on'（默认）|on/off 逻辑值
	BusyAction	回调排队	'queue'（默认）|'cancel'
	BeingDeleted	只读，删除状态	on/off 逻辑值
父子	Parent	父容器	Figure 对象（默认）|Panel 对象|Tab 对象|ButtonGroup 对象|GridLayout 对象
	HandleVisibility	对象句柄的可见性	'on'（默认）|'callback'|'off'
标识符	Type	只读，图形对象类型	'uibutton'
	Tag	对象标识符	"（默认）|字符向量|字符串标量
	UserData	用户数据	[]（默认）|数组

普通按钮和状态按钮的属性略有不同，状态按钮特有的属性见表 6.9。其余属性与普通按钮属性相同，这里不再赘述。

表 6.9　状态按钮特有的属性

类　别	属性名	说　　明	属　性　值
按钮	Value	按钮的按下状态	0（默认）|1
	Text	按钮标签	'State Button'（默认）|字符向量|字符向量元胞数组|字符串标量|字符串数组|…
回调	ValueChangedFcn	更改按钮的状态时执行此回调	"（默认）|函数句柄|元胞数组|字符向量

实例——创建按钮示例

源文件：yuanwenjian\ch06\ex_605.m

解：MATLAB 程序如下。

扫一扫，看视频

```
>> close all
>> fig = uifigure(Name='按钮示例',Position=[100 200 300 200]);   %图窗
>> g = uigridlayout(fig,[1 2]);          %在图窗中创建1×2网格布局管理器
>> g.RowHeight = {'1x'};                 %行高自适应
>> g.ColumnWidth = {100,'1x'};           %第2列的列宽自适应
%在网格布局管理器中添加两个面板
>> p1 = uipanel(g,Title='面板1',BackgroundColor='white');
>> p2 = uipanel(g,Title='面板2',BackgroundColor='white');
>> g1=uigridlayout(p1,[3 1]);            %在第1个面板中创建3×1网格布局管理器
>> g1.RowHeight = {'1x','1x','1x'};      %等行高
%在网格布局管理器中添加3个普通按钮
>> btn1=uibutton(g1);
>> btn1.Text='Image';
>> btn2=uibutton(g1,Text='Music');
>> btn3=uibutton(g1,Text='Video');
>> g2=uigridlayout(p2,[3 1]);            %在第2个面板中创建3×1网格布局管理器
>> g2.ColumnWidth = {'1x'};             %列宽自适应
>> sbtn=uibutton(g2,'state');            %在网格布局管理器的第1行放置状态按钮
>> sbtn.Layout.Row=3;                    %将状态按钮放置在第3行
>> sbtn.Value=1;                         %按钮显示为按下状态
```

运行结果如图 6.6 所示。

图 6.6　运行结果

6.3.2　坐标区

在 MATLAB 中，使用 uiaxes 命令可以创建 UI 坐标区用于笛卡儿绘图。uiaxes 命令的语法格式及说明见表 6.10。

表 6.10　uiaxes 命令的语法格式及说明

语 法 格 式	说　　明
ax = uiaxes	使用 uifigure 命令创建一个图窗，在该图窗中创建 UI 坐标区，并返回 UIAxes 对象
ax = uiaxes(Name,Value)	使用一个或多个名称-值对组参数设置坐标区的属性
ax = uiaxes(parent)	在指定的父容器中创建 UI 坐标区。父容器可以是 UI 图窗或其子容器
ax = uiaxes(parent,Name,Value)	在上一种语法格式的基础上，使用一个或多个名称-值对组参数设置坐标区的属性

UI 坐标区对象常用的属性见表 6.11。

表 6.11 UI 坐标区对象常用的属性

类 别	属 性 名	说 明	属 性 值
字体	FontSizeMode	字体大小的选择模式	'auto'（默认）| 'manual'
	LabelFontSizeMultiplier	标签字体大小的缩放因子	1.1（默认）| 大于 0 的数值
	TitleFontSizeMultiplier	标题字体大小的缩放因子	1.1（默认）| 大于 0 的数值
	TitleFontWeight	标题字符的粗细	'bold'（默认）| 'normal'
	SubtitleFontWeight	副标题字符的粗细	'normal'（默认）| 'bold'
刻度	XTick、YTick、ZTick	刻度值	[]（默认） | 由递增值组成的向量
	XTickMode、YTickMode、ZTickMode	刻度值的选择模式	'auto'（默认）| 'manual'
	XTickLabel、YTickLabel、ZTickLabel	刻度标签	"（默认）| 字符向量元胞数组 | 字符串数组 | 分类数组
	XTickLabelMode、YTickLabelMode、ZTickLabelMode	刻度标签的选择模式	'auto'（默认）| 'manual'
	TickLabelInterpreter	刻度标签解释器	'tex'（默认）| 'latex' | 'none'
	XTickLabelRotation、YTickLabelRotation、ZTickLabelRotation	刻度标签的旋转角度	0（默认）| 以度为单位的数值
	XMinorTick、YMinorTick、ZMinorTick	次刻度线	'off' | on/off 逻辑值
	TickDir	刻度线方向	'in'（默认）| 'out' | 'both' | 'none'
	TickDirMode	刻度线方向的选择模式	'auto'（默认）| 'manual'
	TickLength	刻度线长度	[0.01 0.025]（默认）| 二元素向量
标尺	XLim、YLim、ZLim	坐标轴范围	[0 1]（默认）| [min max] 形式的二元素向量
	XLimMode、YLimMode、ZLimMode	坐标轴范围的选择模式	'auto'（默认）| 'manual'
	XLimitMethod、YLimitMethod、ZLimitMethod	坐标轴范围的选择方法	'tickaligned'（默认）| 'tight' | 'padded'
	XAxisLocation	x 轴位置	'bottom'（默认）| 'top' | 'origin'
	YAxisLocation	y 轴位置	'left'（默认）| 'right' | 'origin'
	XColor、YColor、ZColor	轴线、刻度值和标签的颜色	[0.15 0.15 0.15] （默认）|RGB 三元组 |十六进制颜色代码 |颜色名称或短名称
	XDir、YDir、ZDir	轴方向	'normal'（默认）| 'reverse'
	XScale、YScale、ZScale	值沿坐标轴的标度	'linear'（默认）| 'log'
网格	XGrid、YGrid、ZGrid	网格线	'off'（默认）| on/off 逻辑值
	Layer	网格线和刻度线的位置	'bottom'（默认）| 'top'
	GridLineStyle、MinorGridLineStyle	网格线、次网格线的线型	'-'（默认）| '--' | ':' | '-.' | 'none'
	GridColor、MinorGridColor	网格线、次网格线的颜色	RGB 三元组 | 十六进制颜色代码 | 颜色名称或短名称
	GridAlpha、MinorGridAlpha	网格线、次网格线透明度	范围[0,1]内的值
	GridAlphaMode	GridAlpha 的选择模式	'auto'（默认）| 'manual'
	XMinorGrid、YMinorGrid、ZMinorGrid	次网格线	'off'（默认）| on/off 逻辑值

续表

类 别	属性名	说 明	属 性 值
标签	Title、Subtitle	坐标区标题、副标题的文本对象	文本对象
	TitleHorizontalAlignment	标题和副标题水平对齐方式	'center'（默认）| 'left' | 'right'
	XLabel、YLabel、ZLabel	坐标轴标签的文本对象	文本对象
颜色图和透明度图	Colormap	颜色图	parula（默认）| 由 RGB 三元组组成的 m×3 数组
	ColorScale	颜色图的刻度	'linear'（默认）| 'log'
	CLim	颜色范围	[0 1]（默认）|[cmin cmax] 形式的二元素向量
框样式	Color	绘图区的颜色	[1 1 1]（默认）|RGB 三元组 | 十六进制颜色代码 |颜色名称或短名称
	LineWidth	线条宽度	0.5（默认）| 正数值
	Box	框轮廓	'off'（默认）| on/off 逻辑值
	BoxStyle	框轮廓样式	'back'（默认）| 'full'
	Clipping	在坐标区范围内裁剪对象	'on'（默认）| on/off 逻辑值
	ClippingStyle	裁剪边界	'3dbox'（默认）| 'rectangle'
	AmbientLightColor	背景光源颜色	[1 1 1]（默认）| RGB 三元组|十六进制颜色代码|颜色名称或短名称
位置	TightInset	文本标签的边距	[left bottom right top]形式的四元素向量
	DataAspectRatio	数据单元的相对长度	[1 1 1]（默认）| [dx dy dz] 形式的三元素向量
	PlotBoxAspectRatio	每个坐标轴的相对长度	[px py pz] 形式的三元素向量
视图	View	视图的方位角和仰角	[0 90]（默认）|[azimuth elevation] 形式的二元素向量
	Projection	二维屏幕上的投影类型	'orthographic'（默认）| 'perspective'
交互性	Toolbar	数据探查工具栏	AxesToolbar 对象（默认）
	Visible	可见性状态	'on'（默认）| on/off 逻辑值
	CurrentPoint	鼠标指针的位置	2×3 数组
	ContextMenu	上下文菜单	空 GraphicsPlaceholder 数组（默认）|ContextMenu 对象
	Selected	选择状态	'off'（默认）| on/off 逻辑值
回调	ButtonDownFcn	鼠标单击回调	''（默认）| 函数句柄 | 元胞数组 | 字符向量
	CreateFcn	对象创建函数	''（默认）| 函数句柄 | 元胞数组 | 字符向量
	DeleteFcn	对象删除函数	''（默认）| 函数句柄 | 元胞数组 | 字符向量

扫一扫，看视频

实例——设置 UI 坐标区属性

源文件：yuanwenjian\ch06\ex_606.m

解： MATLAB 程序如下。

```
>> close all
>> fig = uifigure(Name='UI 坐标区演示',Position=[100 100 400 300]);  %图窗
>> ax = uiaxes(fig,YDir='reverse',XLim=[-5 5]); %反转 y 轴刻度，设置 x 轴范围
>> ax.Position=[5 5 380 280];                   %坐标区位置和大小
>> ax.YGrid='on';                               %显示 y 轴网格线
>> ax.Color='c';                                %绘图区颜色
>> x=linspace(-pi,pi,50);                        %函数取值点
>> y=3*sin(x);                                   %定义函数表达式
```

```
>> plot(ax,x,y,'r',LineWidth=2)          %在坐标区中绘制函数曲线
>> hold(ax,'on')                         %打开图形保持命令
>> stem(ax,x,-y,'bh','filled')           %叠加绘制数据点
```

运行结果如图 6.7 所示。

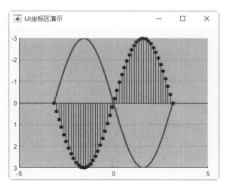

图 6.7 运行结果

6.3.3 标签

标签是一种用于标记 App 各部分的静态文本的 UI 组件。在 MATLAB 中，使用 uilabel 命令创建标签组件。uilabel 命令的语法格式及说明见表 6.12。

表 6.12 uilabel 命令的语法格式及说明

语 法 格 式	说 明
lbl = uilabel	使用 uifigure 命令创建一个 UI 图窗，在 UI 图窗中创建一个标签组件，并返回 Label 对象 lbl
lbl = uilabel(parent)	在指定的父容器中创建标签组件。父容器可以是使用 uifigure 命令创建的图窗或其子容器
lbl = uilabel(…,Name,Value)	在以上任意一种语法格式的基础上，使用一个或多个名称-值对组参数设置标签组件的属性。标签文本支持自动换行，并且可以启用 HTML 和 LATeX 标记

实例——设计身份验证界面

源文件：yuanwenjian\ch06\ex_607.m
解：MATLAB 程序如下。

```
>> clear
>> close all
>> fig = uifigure(Name='登录账户',Position=[200 200 450 350]);   %创建 UI 图窗
>> b1 = uilabel(fig, Text='身份验证',Position=[50 310 350 30],...
 FontSize=20,FontWeight='bold');    %创建标签组件，定义标签文本、位置大小、字号、字形加粗
>> b2=uilabel(fig, Text='以何种方式获取您的安全代码?',...
Position=[50 280 400 25],FontSize=14); %创建标签组件，定义标签文本、位置大小与字体大小
%在图窗中创建按钮组，定义位置大小和背景色
>> bg = uibuttongroup(fig,Position=[50 90 300 180],BackgroundColor='w');
%创建 3 个单选按钮，定义单选按钮标签、位置大小与字体大小
>> rb1 = uiradiobutton(bg,Text='电子邮件 15****@126.com',...
Position=[10 130 300 30], FontSize=16);
>> rb2 = uiradiobutton(bg,Text='短信至*****55',...
Position=[10 80 300 30],FontSize=16);
>> rb3 = uiradiobutton(bg,Text='呼叫****55', ...
```

```
    Position=[10 30 300 30],FontSize=16);
>> rb3 .Value = true;                                            %选中该按钮
>> btn=uibutton(fig,Text='确定',Position=[180 30 90 30]);        %在图窗中添加按钮
```

运行结果如图 6.8 所示。

图 6.8　运行结果

6.3.4　下拉框和列表框

下拉框是一种允许用户选择预选项或输入文本的 UI 组件。在 MATLAB 中，使用 uidropdown 命令可以创建下拉框组件。uidropdown 命令的语法格式及说明见表 6.13。

表 6.13　uidropdown 命令的语法格式及说明

语 法 格 式	说　明
dd = uidropdown	使用 uifigure 命令创建一个 UI 图窗，在 UI 图窗中创建一个下拉框组件，并返回 DropDown 对象
dd = uidropdown(parent)	在指定的父容器中创建下拉框组件。父容器可以是使用 uifigure 命令创建的图窗或其子容器
dd = uidropdown(…,Name,Value)	在以上任意一种语法格式的基础上，使用一个或多个名称-值对组参数设置下拉框的属性。使用名称-值对组参数 Editable='on'，可以允许 App 用户在下拉框中输入文本或选择预定义选项。使用 Placeholder 属性可提供一个简短的提示，描述预期的下拉框组件输入

列表框是一种用于显示列表中的项目的 UI 组件。在 MATLAB 中，使用 uilistbox 命令创建列表框组件。uilistbox 命令的语法格式及说明见表 6.14。

表 6.14　uilistbox 命令的语法格式及说明

语 法 格 式	说　明
lb = uilistbox	使用 uifigure 命令创建一个 UI 图窗，在新图窗中创建一个列表框，并返回 ListBox 对象
lb = uilistbox(parent)	在指定的父容器中创建列表框。父容器可以是使用 uifigure 命令创建的图窗或其子容器
lb = uilistbox(…,Name,Value)	在以上任意一种语法格式的基础上，使用一个或多个名称-值对组参数指定列表框的属性。默认情况下，只能选择一个列表项，如果使用名称-值对组参数'Multiselect'='on'，可以实现多选

列表框与下拉框很相似，可实现相同的功能。二者的主要区别是，下拉框通过下拉方式显示多个可选项，一般只允许选择一个可选项；列表框则可以同时显示多个可选项，通过滚动框可查看所有可选项，并允许用户选择一个或多个选项。一般而言，如果可用的空间较小，使用下拉框；如果需要控制显示的选项个数，则使用列表框。

实例——设计模拟电压信号采集界面

源文件：yuanwenjian\ch06\ex_608.m

解： MATLAB 程序如下。

```
>> clear
>> close all
>> fig = uifigure(Name='模拟电压信号采集',Position=[200 300 500 280], ...
Color=[0.69 0.87 0.9]);                        %创建图窗，指定位置大小，设置背景色
>> bg = uipanel(fig,Position=[20 30 200 220],BackgroundColor='w');   %创建面板
%创建列表框组件，设置列表项、默认值、多项目选择、位置大小、字体大小
>> b1 = uilistbox(bg,Items={'通道 0 电压值','通道 1 电压值','通道 2 电压值', ...
'通道 3 电压值','通道 4 电压值','通道 5 电压值','通道 6 电压值','通道 7 电压值'}, ...
Value='通道 0 电压值', Multiselect='on',...
Position=[20 20 160 180],FontSize=16);
>> ax = uiaxes(fig,Position=[230 70 250 180]);         %创建坐标系
%创建 2 个按钮组件
>> bt1 = uibutton(fig,Text='开始',FontSize=16,Position=[250 20 100 40]);
>> bt2 = uibutton(fig,Text='结束',FontSize=16,Position=[370 20 100 40]);
```

运行程序，弹出如图 6.9（a）所示的图形用户界面，默认选中第一个列表项。在列表框中按住 Shift 键或 Ctrl 键单击多个列表项，可选中多个列表，如图 6.9（b）所示。

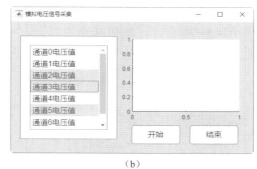

（a） （b）

图 6.9 运行结果

6.3.5 单选按钮和复选框

单选按钮用于在多个互斥的选项中选择其中的一项，在一组单选按钮中，只能有一个被选中。在 MATLAB 中，uiradiobutton 命令用于在按钮组中创建单选按钮组件。uiradiobutton 命令的语法格式及说明见表 6.15。

表 6.15 uiradiobutton 命令的语法格式及说明

语 法 格 式	说 明
rb = uiradiobutton	使用 uifigure 命令创建一个包含按钮组的图窗，在按钮组中创建一个单选按钮，并返回 RadioButton 对象 rb
rb = uiradiobutton(parent)	在指定的按钮组内创建单选按钮。按钮组必须是使用 uifigure 命令创建的图窗的子级，或者是图窗中 Tab、Panel、ButtonGroup 或 GridLayout 等子容器的父容器
rb = uiradiobutton(…,Name,Value)	在以上任意一种语法格式的基础上，使用一个或多个名称-值对组参数设置单选按钮的属性

按钮组是用于管理一组单选按钮和切换按钮的 UI 容器组件。在 MATLAB 中，使用 uibuttongroup 命令可以创建按钮组。uibuttongroup 命令的语法格式及说明见表 6.16。

表 6.16　uibuttongroup 命令的语法格式及说明

语 法 格 式	说　　　明
bg = uibuttongroup	在当前图窗中创建一个按钮组，并返回 ButtonGroup 对象 bg。如果当前没有可用的图窗，则使用 figure 命令创建一个图窗
bg = uibuttongroup(Name,Value)	使用一个或多个名称-值对组参数设置按钮组的属性
bg = uibuttongroup(parent)	在指定的父容器中创建按钮组
bg = uibuttongroup(parent,Name,Value)	在上一种语法格式的基础上，使用一个或多个名称-值对组参数设置按钮组的属性

按钮组常用的属性见表 6.17，部分与其他组件相同的属性（如字体、位置、创建函数、删除函数、回调执行控件、父级/子级、标识符等）不再赘述。

◁》提示：

创建按钮组所在图窗的命令不同，部分属性也略有差别。这里仅介绍基于 uifigure 命令创建的图窗。

表 6.17　按钮组常用的属性

类　别	属 性 名	说　　明	属　性　值
标题	Title	标题	字符向量|字符串标量|分类数组
	TitlePosition	标题的位置	'lefttop'（默认）| 'centertop' | 'righttop'
颜色和样式	ForegroundColor	标题颜色	[0 0 0]（默认）|RGB 三元组|十六进制颜色代码|颜色名称或短名称
	BackgroundColor	背景色	[0.94 0.94 0.94]（默认）|RGB 三元组|十六进制颜色代码|颜色名称或短名称
	BorderType	按钮组的边框	'line'（默认）、'none'
	HighlightColor	边框高亮颜色	RGB 三元组|十六进制颜色代码|颜色名称或短名称
	BorderWidth	边框宽度	1（默认）|正整数值
交互性	Visible	可见性状态	'on'（默认）|on/off 逻辑值
	SelectedObject	当前选择的单选按钮或切换按钮	按钮组中的第一个单选按钮或切换按钮（默认）
	ContextMenu	上下文菜单	空 GraphicsPlaceholder 数组（默认）|ContextMenu 对象
	Buttons	基于按钮组管理的按钮	RadioButton 对象数组|ToggleButton 对象数组
	Tooltip	工具提示	""（默认）|字符向量|字符向量元胞数组|字符串数组|一维分类数组
	Enable	工作状态	'on'（默认）|on/off 逻辑值
	Scrollable	滚动能力	'off'（默认）|on/off 逻辑值
回调	SelectionChangedFcn	所选内容改变时的回调	""（默认）|函数句柄|元胞数组|字符向量
	SizeChangedFcn	更改大小时执行的回调	""（默认）、函数句柄、元胞数组、字符向量
回调执行控制	Interruptible	回调中断	'on'（默认）开/关逻辑值
	BusyAction	回调排队	'queue'（默认）、'cancel'
	BeingDeleted	删除状态	开/关逻辑值
父子	Parent	父容器	Figure 对象（默认）Panel 对象、Tab 对象、ButtonGroup 对象、GridLayout 对象
	Children	ButtonGroup 子级	空 GraphicsPlaceholder 数组（默认）、一维分量对象数组
	HandleVisibility	对象手柄的可见性	'on'（默认）、'callback'、'off'

续表

类　别	属 性 名	说　明	属 性 值
标识符	Type	图形对象类型	'uibutton'
	Tag	对象标识符	"（默认）字符向量、串标量
	UserData	用户数据	[]（默认）列阵

复选框的作用与单选按钮相似，不同的是，在一组复选框中，可以选择其中的一项或多项。在 MATLAB 中，uicheckbox 命令用于创建复选框组件。uicheckbox 命令的语法格式及说明见表 6.18。

表 6.18　uicheckbox 命令的语法格式及说明

语 法 格 式	说　明
cbx = uicheckbox	使用 uifigure 命令创建一个图窗，在该图窗中创建一个复选框，并返回 CheckBox 对象 cbx
cbx = uicheckbox(parent)	在指定的父容器中创建复选框。父容器可以是使用 uifigure 命令创建的图窗或其子容器
cbx = uicheckbox(…,Name,Value)	在以上任意一种语法格式的基础上，使用一个或多个名称-值对组参数设置复选框的属性。复选框有以下两个重要的属性。 ➤ Value：标记复选框的状态，0（默认，清除状态）、1（选中状态）。 ➤ ValueChangedFcn：选中或清除 App 中的复选框时，将会执行此回调

实例——设计后台设置系统

扫一扫，看视频

源文件： yuanwenjian\ch06\ex_609.m

解： MATLAB 程序如下。

```
>> clear
>> close all
>> fig = uifigure(Name='后台设置',Position=[200 200 350 350]);    %创建图窗
>> bg = uibuttongroup(fig,Title='USB 端口设置',...
Position=[10 90 330 240], ForegroundColor='w',...
BackgroundColor=[0.37 0.48 0.54],...
BorderType='none', FontSize=30,...
FontName='仿宋');          %在图窗中创建按钮组，定义标题名称、位置大小、标题颜色、背景色、取消边框
                           %显示、字号和字体
%在按钮组中创建 3 个单选按钮，设置按钮标签、位置和大小、字号和颜色
>> rb1 = uiradiobutton(bg,Text='Google 模式', ...
Position=[10 150 200 30],FontSize=20, FontColor='w');
>> rb2 = uiradiobutton(bg,Tex='生产模式', ...
Position=[10 100 200 30], FontSize=20, FontColor='w');
>> rb3 = uiradiobutton(bg,Text='Hisuite 模式',...
Position=[10 50 200 30], FontSize=20, FontColor='w');
>> chbox=uicheckbox(fig,Text='高级选项',Value=0,...
Position=[10 40 200 30]);    %在图窗中指定位置添加复选框，清除选中状态
>> btn=uibutton(fig,Text='确定',Position=[120 20 100 30]);          %在图窗中添加普通按钮
```

运行结果如图 6.10 所示。

图 6.10　运行结果

6.3.6　切换按钮

切换按钮通常显示为按钮组内的一组选项，有两种状态，即按下状态和弹起状态。单击按钮，即可在两种状态之间进行切换。与单选按钮组类似，在给定的按钮组中，一次只能选择（按下）一个切换按钮。在 MATLAB 中，使用 uitogglebutton 命令创建切换按钮组件。uitogglebutton 命令的语法格式及说明见表 6.19。

表 6.19　uitogglebutton 命令的语法格式及说明

语 法 格 式	说　明
tb = uitogglebutton	在按钮组中创建一个切换按钮，并返回 ToggleButton 对象。MATLAB 使用 uifigure 命令创建该按钮组的父图窗
tb = uitogglebutton(parent)	在指定的按钮组内创建切换按钮。按钮组必须是使用 uifigure 命令创建的图窗的子级，或者是图窗中以下子容器的父容器：Tab、Panel、ButtonGroup 或 GridLayout
tb = uitogglebutton(...,Name,Value)	在以上任意一种语法格式的基础上，使用一个或多个名称-值对组参数设置切换按钮的属性值。切换按钮有以下几个常用的属性。 ➤ Value：切换按钮的状态，1（按下）、0（弹起）。 ➤ Text：按钮标签。 ➤ Icon：预定义或自定义图标

扫一扫，看视频

实例——智能控制系统 UI 设计

源文件： yuanwenjian\ch06\ex_610.m
解： MATLAB 程序如下。

```
>> clear
>> close all
>> fig = uifigure(Name='智能控制', Position=[200 300 500 420],Color=[0.69 0.87 0.9]);
%使用列表框设计"控制模式"区域
>> bg0 = uipanel(fig,Title='控制模式',Position=[20 100 150 300], ...
 BackgroundColor='w',FontSize=30,FontName='楷体');       %创建面板
%创建列表框组件，设置列表项和默认值
>> b1 = uilistbox(bg0,Items={'空调控制';'灯光控制';'窗帘控制';'场景控制'}, ...
Value='空调控制',Position=[10 50 120 200],FontSize=20);
%创建翻页按钮
>> bt = uibutton(fig,Text='下一页',FontSize=20,Position=[50 50 100 40]);
```

```
%使用切换按钮组设计"空调控制"区域
>> bg1 = uibuttongroup(fig,Title='空调控制',Position=[180 190 300 210],...
BackgroundColor='w', FontSize=30,FontName='楷体');      %创建按钮组
%创建 4 个切换按钮组件,指定图标,图标左对齐
>> tb1 = uitogglebutton(bg1,Text='开 关 机',Icon='tubiao1.png', ...
Position=[75 120 150 30], FontSize=20,IconAlignment='left');
>> tb2 = uitogglebutton(bg1,Text='设定温度',Icon='tubiao2.png', ...
Position=[75 85 150 30], FontSize=20,IconAlignment='left');
>> tb3 = uitogglebutton(bg1,Text='风速切换',Icon='tubiao3.png', ...
Position=[75 50 150 30],FontSize=20,IconAlignment='left');
>> tb4 = uitogglebutton(bg1,Text='空调模式',Icon='tubiao4.png', ...
Position=[75 15 150 30],FontSize=20,IconAlignment='left');
%使用切换按钮组设计"灯光控制"区域
>> bg2 = uibuttongroup(fig,Title='灯光控制',Position=[180 30 300 150], ...
BackgroundColor='w',FontSize=30,FontName='楷体');    %创建按钮组
%创建 3 个切换按钮组件,设置组件名称、位置和大小、字体大小
>> ttb1 = uitogglebutton(bg2,Text='白炽灯',Position=[20 40 80 40],FontSize=20);
>> ttb2 = uitogglebutton(bg2,Text='荧光灯',Position=[110 40 80 40],FontSize=20);
>> ttb3 = uitogglebutton(bg2,Text='LED灯',Position=[200 40 80 40],FontSize=20);
```

运行结果如图 6.11 所示。

图 6.11   运行结果

6.3.7   图像

使用图像组件可以在 App 中显示图片、图标或徽标。在 MATLAB 中,使用 uiimage 命令可创建图像组件。uiimage 命令的语法格式及说明见表 6.20。

表 6.20   uiimage 命令的语法格式及说明

语 法 格 式	说　明
im = uiimage	使用 uifigure 命令创建一个 UI 图窗,在图窗中创建一个图像组件,并返回 Image 对象
im = uiimage(parent)	在指定的父容器中创建图像组件。父容器可以是使用 uifigure 命令创建的图窗或其子容器
im = uiimage(…,Name,Value)	在以上任意一种语法格式的基础上,使用一个或多个名称-值对组参数设置图像组件的属性。两个主要的属性如下。 ➢ ImageSource:图像源文件。如果指定为图像的 URL 属性,则可以打开相应的 Web 地址。 ➢ ScaleMethod:图像缩放方法,指定图像在组件区域内的呈现方式

实例——设计简易登记表

源文件：yuanwenjian\ch06\ex_611.m

解： MATLAB 程序如下。

```
>> clear
>> close all
>> fig = uifigure(Name='简易登记表',Position=[200 200 450 280]);    %创建图窗
%创建按钮组，定义位置大小、背景色、字体、字号
>> bg = uibuttongroup(fig,Title='出生日期', Position=[25 80 400 180], ...
BackgroundColor='w',FontName='黑体',FontSize=20);
%创建 3 个下拉框组件，设置列表项、当前选中值、字体大小和位置大小
>> dd1 = uidropdown (bg, Items={'2015','2016','2017','2018','2019',...
'2020','2021','2022','2023','2024'},...
Value='2023',FontSize=14,Position=[20 100 120 30]);
>> dd2 = uidropdown (bg, Items={'01','02','03','04','05','06',...
'07','08','09','10','11','12'},...
Value='03', FontSize=14,Position=[20 60 120 30]);
>> dd3 = uidropdown (bg,Items={'01~10','11~20','21~30'},...
Value='01~10',FontSize=14, Position=[20 20 120 30]);
>> dd3.ItemsData = [1 2 3];                              %设置与每个列表项关联的数据
%创建 3 个标签组件，设置组件标签文本、位置和大小、字体大小
>> b1 = uilabel(bg,Text='年',Position=[150 100 20 30],FontSize=14);
>> b2 = uilabel(bg,Text='月',Position=[150 60 20 30],FontSize=14);
>> b3 = uilabel(bg,Text='日',Position=[150 20 20 30],FontSize=14);
%创建图像组件，设置图像源文件、位置和大小。默认保持纵横比缩放图像以在组件区域内显示图像，不进行裁剪
>> im = uiimage(bg,ImageSource='girl.jpg',Position=[190 20 200 120]);
>> btn=uibutton(fig,Text='提交',Position=[180 30 90 30]);    %在图窗中添加按钮
```

运行结果如图 6.12 所示。

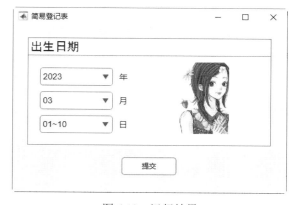

图 6.12　运行结果

6.3.8　微调器

微调器是一种用于从一个有限集合中选择数值的 UI 组件。在 MATLAB 中，使用 uispinner 命令创建微调器组件。uispinner 命令的语法格式及说明见表 6.21。

表 6.21 uispinner 命令的语法格式及说明

语 法 格 式	说 明
spn = uispinner	使用 uifigure 命令创建一个 UI 图窗,在图窗中创建一个微调器组件,并返回 Spinner 对象
spn = uispinner(parent)	在指定的父容器中创建微调器。父容器可以是使用 uifigure 命令创建的图窗或其子容器
spn = uispinner(...,Name,Value)	在以上任意一种语法格式的基础上,使用一个或多个名称-值对组参数设置微调器的属性。常用的属性如下: ➢ Value:微调器值,默认为 0。 ➢ ValueDisplayFormat:值的显示格式,默认为'%11.4g'。 ➢ Step:单击微调器向上和向下箭头时,Value 属性相应的增量。 ➢ Limits:微调器的值范围,默认为[-Inf Inf]。 ➢ LowerLimitInclusive:是否包含下限值,默认为'on'。 ➢ UpperLimitInclusive:是否包含上限值,默认为'on'

实例——设计信号波形显示界面

扫一扫,看视频

源文件:yuanwenjian\ch06\ex_612.m

解: MATLAB 程序如下。

```
>> clear
>> close all
>> fig = uifigure(Name='绘制信号波形');     %创建图窗
%创建面板,定义标题、位置大小、背景颜色、无边框、字号和字体
>> bg = uipanel(fig,Title='信号波形', ...
Position=[50 20 450 380],BackgroundColor='w', ...
BorderType='none',FontSize=22, FontName='黑体');
%创建 3 个标签组件,设置标签内容、位置和大小、字号和字体
>> b1 = uilabel(bg,Text='信号类型', Position=[30 290 150 40], ...
FontSize=16,FontName='黑体');
>> b2 = uilabel(bg,Text='频率',Position=[200 290 150 40], ...
FontSize=16,FontName='黑体');
>> b3 = uilabel(bg,Text='幅值',Position=[330 290 150 40], ...
FontSize=16,FontName='黑体');
%创建 1 个下拉框组件,设置列表项、默认值、字体字号、位置和大小
>> dd1 = uidropdown (bg,Items={'Sine Wave','Triangle Wave', ...
'Square wave','Noise wave'},Value='Sine Wave', ...
FontName='Times New Roman',FontSize=14,Position=[20 250 150 30]);
%创建 2 个微调器组件,设置默认值、位置和大小、字体和字号
>> edt1 = uispinner(bg,Value=10.00,Position=[200 250 100 30], ...
FontName='Times New Roman',FontSize=14);
>> edt2 = uispinner(bg,Value=1.00,Position=[330 250 100 30], ...
FontName='Times New Roman',FontSize=14);
>> ax = uiaxes(bg,Position=[30 80 400 150]); %在面板中创建坐标区组件
%创建 2 个按钮组件
>> bt1 = uibutton(bg,Text='运行',FontSize=14, Position=[100 20 100 40]);
>> bt2 = uibutton(bg,Text='停止',FontSize=14, Position=[250 20 100 40]);
```

运行结果如图 6.13 所示。

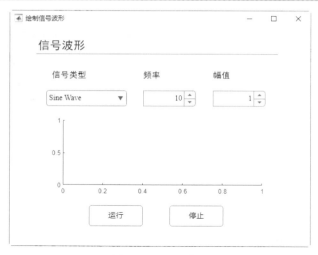

图 6.13　运行结果

6.3.9　编辑字段

编辑字段分为文本编辑字段和数值编辑字段两种，是一种用于输入文本或数值的 UI 组件。在 MATLAB 中，使用 uieditfield 命令创建文本或数值编辑字段组件。uieditfield 命令的语法格式及说明见表 6.22。

表 6.22　uieditfield 命令的语法格式及说明

语 法 格 式	说　　明
edt = uieditfield	使用 uifigure 命令创建一个 UI 图窗，在新图窗中创建一个文本编辑字段，并返回 EditField 对象
edt = uieditfield(style)	创建指定样式的编辑字段。参数 style 的默认值为 text，表示文本编辑字段；如果取值为 numeric，则表示数值编辑字段
edt = uieditfield(parent)	在指定的父容器中创建编辑字段。父容器可以是使用 uifigure 命令创建的图窗或其子容器
edt = uieditfield(parent,style)	在指定的父容器中创建指定样式的编辑字段
edt = uieditfield(…,Name,Value)	在以上任意一种语法格式的基础上，使用一个或多个名称-值对组参数设置编辑字段的属性。 文本编辑字段和数值编辑字段对象支持不同的属性集合。例如，对于文本编辑字段，可以使用 Placeholder 属性提供一个简短的提示，描述预期的编辑字段输入；使用 CharacterLimits 属性可指定编辑字段允许输入的字符数范围；使用 InputType 属性可限制允许的字符类型。这些属性不适用于数值编辑字段

扫一扫，看视频

实例——设计密码找回系统

源文件：yuanwenjian\ch06\ex_613.m
本实例使用两个文本编辑字段和一个数值编辑字段设计密码找回系统。
解：MATLAB 程序如下。

```
>> clear
>> close all
>> fig = uifigure(Name='找回密码',Position=[200 300 500 500],Color=[0.69 0.87 0.9]);
%图窗
%创建面板，定义标题、位置大小、背景色、无边框、字体与字号
>> bg = uipanel(fig,Title='密保问题',Position=[25 100 450 380], ...
%创建 3 个标签组件，设置标签文本、位置和大小、字体大小
BackgroundColor='w',BorderType='none',FontName='黑体',FontSize=22);
```

```
>> b1 = uilabel(bg,Text='问题1：您最爱吃的食物是?', ...
Position=[10 300 400 40],FontSize=16);
>> b2 = uilabel(bg,Text='问题2：您的启蒙老师是?', ...
Position=[10 200 400 40],FontSize=16);
>> b3 = uilabel(bg,Text='问题3：您的手机号码是?', ...
Position=[10 100 400 40],FontSize=16);
%创建 2 个文本编辑字段，设置默认值、字号与颜色
>> edt1 = uieditfield(bg,Value='3~19 个中文或 2~38 个英文', ...
Position=[10 250 400 50], FontSize=16,FontColor=[0.82 0.82 0.82]);
>> edt2 = uieditfield(bg,Value='3~19 个中文或 2~38 个英文', ...
Position=[10 150 400 50],FontSize=16,FontColor=[0.82 0.82 0.82]);
%创建 1 个数值编辑字段，设置默认值、位置大小、字号、颜色、值的水平对齐方式和显示格式
>> edt_num = uieditfield(bg, "numeric",Value=12345678900, ...
Position=[10 50 400 50],FontSize=16,FontColor=[0.82 0.82 0.82], ...
HorizontalAlignment='left',ValueDisplayFormat='%11.0f');
%创建 2 个按钮组件
>> bt1 = uibutton(fig,Text='提交',FontSize=14, Position=[100 20 100 40]);
>> bt2 = uibutton(fig,Text='取消',FontSize=14, Position=[300 20 100 40]);
```

运行结果如图 6.14 所示。

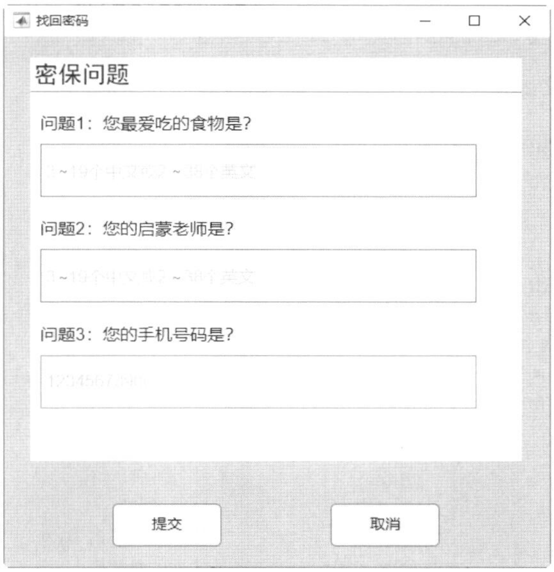

图 6.14　运行结果

6.3.10　HTML

借助 HTML UI 组件，用户可以在图形用户界面中显示原始 HTML 文本，或将 HTML、JavaScript 或 CSS 嵌入到 App 以及对接到第三方 JavaScript 库，以显示小组件或数据可视化等内容，如显示格式化文本、嵌入音频和视频等。所有支持文件（包括 HTML、JavaScript、CSS、图像）必须保存在本地文件系统可以访问的位置。使用 HTML 属性可以控制 HTML UI 组件的外观和行为。在 MATLAB 中，使用 uihtml 命令创建 HTML UI 组件。uihtml 命令的语法格式及说明见表 6.23。

表 6.23　uihtml 命令的语法格式及说明

语 法 格 式	说　　明
h = uihtml	使用 uifigure 命令创建一个图窗，在新图窗中创建一个 HTML UI 组件，并返回 HTML UI 组件对象
h = uihtml(parent)	在指定的父容器中创建 HTML UI 组件。父容器可以是使用 uifigure 命令创建的图窗对象或其子容器
uit = uitable(…,Name,Value)	在以上任意一种语法格式的基础上，使用一个或多个名称-值对组参数指定 HTML UI 组件的属性值

　　HTML UI 组件使用 HTMLSource 属性指定要显示的 HTML 标记或文件，是一个字符向量或字符串标量，包含 HTML 标记或 HTML 文件的路径。所有 HTML 标记和文件必须采用正确格式。如果指定的字符向量或字符串标量以".html"结尾，则将其假定为 HTML 文件的路径。

　　在嵌入 HTML 标记时，用户不需要指定<html>或<body>标签。如果使用 uifigure 命令创建的 MATLAB 图窗所使用的 Chromium 浏览器支持指定的标记，则它将会呈现。如果代码需要更多结构，则可以考虑改用 HTML 文件。

　　如果将 HTMLSource 属性设置为 HTML 文件的路径，该文件必须位于本地文件系统可以访问的位置。如果用户正在使用支持文件，如 JavaScript、CSS、库或图像，则将这些文件放在本地文件系统可以访问的位置，在 HTML 文件中引用它们，并将 HTMLSource 属性设置为该 HTML 文件的路径。组件代码使用的任何支持文件都必须位于包含为 HTMLSource 属性指定的 HTML 文件的文件夹中，或位于该文件夹的子文件夹中。

扫一扫，看视频

实例——显示 HTML 文本

源文件：yuanwenjian\ch06\ex_614.m

解：MATLAB 程序如下。

```
>> clear
>> close all
>> fig = uifigure(Name='HTML UI 组件示例',Position=[300 400 400 400]); %创建图窗
>> im = uiimage(fig,ImageSource='moon.jpg',Position=[20 70 360 360]);%创建图像组件
>> h = uihtml(fig,Position=[20 10 360 80]);                          %HTML UI 组件
>> str='<p style="font-family:华文行楷;color: #FF3300;font-size: 24px;text-align:
   center;"><b>但愿人长久<br>千里共婵娟</b></p>';                    %HTML 标记
>> h.HTMLSource=st r;                                                %嵌入 HTML 标记
```

运行结果如图 6.15 所示。

图 6.15　运行结果

6.3.11　文本区域

文本区域是用于输入多行文本的 UI 组件。在 MATLAB 中，使用 uitextarea 命令创建文本区域组件。uitextarea 命令的语法格式及说明见表 6.24。

表 6.24　uitextarea 命令的语法格式及说明

语 法 格 式	说　　　明
txa = uitextarea	使用 uifigure 命令创建一个 UI 图窗，在新图窗中创建一个文本区域，并返回 TextArea 对象
txa = uitextarea(parent)	在指定的父容器中创建文本区域。父容器可以是使用 uifigure 命令创建的图窗或其子容器
txa = uitextarea(…,Name,Value)	在以上任意一种语法格式的基础上，使用一个或多个名称-值对组参数指定文本区域的属性值

实例——公园绿地平面图设计说明

源文件：yuanwenjian\ch06\ex_615.m

解：MATLAB 程序如下。

```
>> clear
>> close all
>> fig = uifigure(Name='公园绿地平面图',Position=[200 300 500 360], ...
Color=[0.69 0.87 0.9]);    %创建图窗
%图像组件
>> im = uiimage(fig,ImageSource='gongyuanlvdi.png',Position=[10 20 300 320]);
%标签
>> label = uilabel(fig,Position=[350 310 105 30],Text='设计说明',FontSize=25);
%创建文本区域组件，设置文本内容、位置和大小、字体大小
>> txa = uitextarea(fig, ...
Value={'    铺砖材质上选用与建筑墙体相近的颜色，又用卵石相嵌，既有统一又有区分。', ...
'    入口用大面积洗米石铺地，增添园林气氛。', ...
'    假山、水池喷泉是主要景观焦点，几株水生植物增添了水池的情趣。'},...
Position=[310 20 170 280],FontSize=16);
```

运行结果如图 6.16 所示。

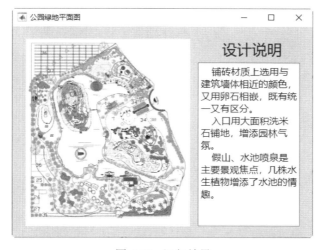

图 6.16　运行结果

6.3.12　滑块

滑块是一种用图示的方式沿某个连续范围选择一个值的 UI 组件。在 MATLAB 中，uislider 命令用于创建滑块组件。uislider 命令的语法格式及说明见表 6.25。

表 6.25　uislider 命令的语法格式及说明

语 法 格 式	说　　明
sld = uislider	使用 uifigure 命令创建一个 UI 图窗，在新图窗中创建一个滑块，并返回 Slider 对象
sld = uislider(parent)	在指定的父容器中创建滑块。父容器可以是使用 uifigure 命令创建的图窗或其子容器
sld = uislider(…,Name,Value)	在以上任意一种语法格式的基础上，使用一个或多个名称-值对组参数设置滑块的属性。几个常用的属性简要介绍如下。 ➢ Limits：滑块值的范围，默认为[0 100]。 ➢ Orientation：方向，'horizontal'（默认）、'vertical'。 ➢ MajorTicks：主刻度线位置，指定为数值向量或空向量。 ➢ MajorTickLabels：主刻度标签，指定为字符向量元胞数组、字符串数组或一维分类数组

实例——设计音量合成系统

源文件：yuanwenjian\ch06\ex_616.m

解： MATLAB 程序如下。

```
>> clear
>> close all
>> fig = uifigure(Name='音量合成器-扬声器');      %创建图窗
>> g = uigridlayout(fig,[1 4]);                %在图窗中创建网格布局管理器
>> g.RowHeight ={'1x'};                        %行高自适应
>> g.ColumnWidth ={'1x','1x','1x','1x'};        %列宽自适应
>> g.ColumnSpacing=0;                           %设置列间距
%在网格布局管理器中创建 4 个面板组件，设置背景色
>> p1 = uipanel(g,Title='设备',FontSize=20,BackgroundColor='w');
>> p2 = uipanel(g,Title='应用程序',FontSize=20,BackgroundColor='w');
>> p3 = uipanel(g,BackgroundColor='w');
>> p4 = uipanel(g,BackgroundColor='w');
%创建 4 个滑块组件，定义组件方向、位置和大小，不显示主刻度标签与次刻度标签
>> sld1 = uislider(p1, Orientation='vertical', ...
Position=[50 70 3 200], MajorTickLabels={},MinorTicks=[]);
>> sld2 = uislider(p2,Orientation='vertical', ...
Position=[50 70 3 200],MajorTickLabels={},MinorTicks=[]);
>> sld3 = uislider(p3,Orientation='vertical', ...
Position=[50 70 3 200],MajorTickLabels={},MinorTicks=[]);
>> sld4 = uislider(p4,Orientation='vertical', ...
Position=[50 70 3 200],MajorTickLabels={},MinorTicks=[]);
%创建 3 个标签组件，设置组件名称、位置和大小、字体大小
>> b1 = uilabel(p1,Text='扬声器',Position=[45 290 100 40],FontSize=15);
>> b2 = uilabel(p2,Text='系统声音',Position=[40 290 100 40],FontSize=15);
>> b3 = uilabel(p3,Text='KwService',Position=[35 290 100 40],FontSize=15);
>> b4 = uilabel(p4,Text='HyperSnap',Position=[35 290 100 40],FontSize=15);
%创建图像组件，显示图标
>> im1 = uiimage(p1,ImageSource='y1.png',Position=[35 320 40 40]);
```

```
>> im2 = uiimage(p2,ImageSource='y2.png',Position=[35 320 40 40]);
>> im3 = uiimage(p3,ImageSource='y3.png',Position=[35 320 40 40]);
>> im4 = uiimage(p4,ImageSource='y4.png',Position=[35 320 40 40]);
%利用循环语句,在4个滑块组件底部创建图像组件,显示音频图标
>> i=0;
while i<4;
    im(5+i) = uiimage(fig,ImageSource='y5.png',Position=[45+i*(145-i*4) 40 30 30]);
    i=i+1;
end
```

运行结果如图 6.17 所示。

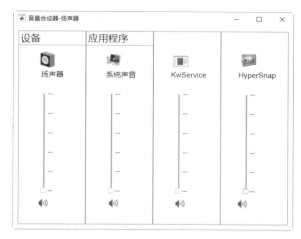

图 6.17　运行结果

6.3.13　日期选择器

日期选择器允许用户从交互式日历中选择日期。在 MATLAB 中，使用 uidatepicker 命令创建日期选择器组件，并且可以在显示它之前设置任何必需的属性。uidatepicker 命令的语法格式及说明见表 6.26。

表 6.26　uidatepicker 命令的语法格式及说明

语 法 格 式	说　　明
d = uidatepicker	使用 uifigure 命令创建一个 UI 图窗，在新图窗中创建一个日期选择器组件，并返回 DatePicker 对象
d = uidatepicker(Name,Value)	使用一个或多个名称-值对组参数指定日期选择器的属性
d = uidatepicker(parent)	在指定的父容器中创建日期选择器。父容器可以是使用 uifigure 命令创建的图窗或其子容器
d = uidatepicker(parent,Name,Value)	在指定的容器中创建日期选择器，并设置一个或多个 DatePicker 属性值

实例——设计日程设置界面

源文件：yuanwenjian\ch06\ex_617.m
解：MATLAB 程序如下。

扫一扫，看视频

```
>> clear
>> close all
>> fig = uifigure(Name='日程设置',Position=[100 500 300 400]);   %创建图窗
%创建图像组件,显示图标
```

```
>> img = uiimage(fig,ImageSource='danya.png',Position=[20 95 260 310]);
>> d = uidatepicker(fig,Position=[20 350 150 22]);%创建日期选择器
>> bg = uibuttongroup(fig,Position=[20 30 260 120]);%创建按钮组组件，设置组件位置和大小
%创建标签组件，定义标签文本名、位置大小与字体大小
>> b1 = uilabel(bg,Text='今日日程',Position=[10 80 200 30],FontSize=18,FontColor='b');
%创建 2 个单选按钮对象
>> rb1 = uiradiobutton(bg,Text='下午两点15楼送文件',Position=[20 50 300 25],FontSize=16);
>> rb2 = uiradiobutton(bg,Text='下午五点会议室开会',Position=[20 20 300 25],FontSize=16);
```

运行结果如图 6.18（a）所示。单击日期选择器的下拉按钮，弹出交互式日历，此时可在日历中选择日期，如图 6.18（b）所示。

（a） （b）

图 6.18 运行结果

6.3.14 树和树节点

树是指用来表示 App 层次结构中的项目列表的 UI 组件，分为标准树和复选框树两种。这两种树组件的不同之处在于，复选框树中每个项目左侧都有一个关联的复选框。在 MATLAB 中，使用 uitree 命令创建树组件。uitree 命令的语法格式及说明见表 6.27。

表 6.27 uitree 命令的语法格式及说明

语 法 格 式	说　　　　明
t = uitree	使用 uifigure 命令创建一个 UI 图窗，在新图窗中创建一个标准树组件，并返回 Tree 对象
t = uitree(style)	创建指定样式的树。参数 style 的默认值为 tree，表示创建标准树；如果指定为 checkbox，则创建复选框树
t = uitree(parent)	在指定的父容器中创建标准树组件。父容器可以是使用 uifigure 命令创建的图窗或其子容器
t = uitree(parent,style)	在指定的父容器中创建指定样式的树
t = uitree(…,Name,Value)	在以上任意一种语法格式的基础上，使用一个或多个名称-值对组参数设置树组件的属性值

在标准树或复选框树中，使用 SelectedNodes 属性获取或设置复选框树中选定的节点，值为 TreeNode 对象。用户可以通过单击节点文本来选择节点，选定的节点通过蓝色高亮显示节点文本来表示。

对于复选框树，不仅可以使用 SelectedNodes 属性获取或设置选定的节点，还可以使用 CheckedNodes 属性获取或设置选中的节点，节点的值为 TreeNode 对象或由 TreeNode 对象组成的数

组。如果 CheckedNodes 包含父节点，则父节点的所有子级都会自动添加到 CheckedNodes。如果 CheckedNodes 包含父节点的所有子级，则该父节点会自动添加到 CheckedNodes。

树节点是树层次结构中列出的项目。在 MATLAB 中，使用 uitreenode 命令创建树节点组件。uitreenode 命令的语法格式及说明见表 6.28。

表 6.28　uitreenode 命令的语法格式及说明

语 法 格 式	说　　　明
node = uitreenode	使用 uifigure 命令创建一个 UI 图窗，在新图窗中创建一个树节点组件，并返回 TreeNode 对象
node = uitreenode(parent)	在指定的父容器中创建树节点。父容器可以是 Tree 或 TreeNode 对象
node = uitreenode(parent,sibling)	在指定的父容器 parent 中，在指定的同级节点 sibling 后面创建一个树节点
node = uitreenode(parent,sibling,location)	在上一种语法格式的基础上，指定创建的树节点相对于同级节点 sibling 的位置 location（after 或 before）
node = uitreenode(…,Name,Value)	在以上任意一种语法格式的基础上，使用一个或多个名称-值对组参数指定树节点的属性值

实例——公园绿地设计纲要

源文件：yuanwenjian\ch06\ex_618.m

解：MATLAB 程序如下。

```
>> clear
>> close all
>> fig = uifigure(Name='公园绿地设计纲要',Position=[300 400 500 280], ...
Color=[0.69 0.87 0.9]);                              %创建图窗
%创建 2 个标签组件，定义标签文本名、位置大小与字体大小
>> lab1 = uilabel(fig,Text='标准树',Position=[90 240 100 30],FontSize=18, FontColor='b');
>> lab2 = uilabel(fig,Text='复选树',Position=[320 240 100 30],FontSize=18, FontColor='b');
>> t = uitree(fig,Position=[20 30 200 200]);          %创建标准树组件
%创建标准树一级节点
>> category1 = uitreenode(t,Text='概述');
>> category2 = uitreenode(t,Text='园林设计的程序');
>> category3 = uitreenode(t,Text='综合公园的规划设计');
%创建标准树二级节点
>> p1 = uitreenode(category2,Text='园林设计的前提工作');
>> p2 = uitreenode(category2,Text='总体设计方案阶段');
>> p11 = uitreenode(category3,Text='总体规划阶段');
>> p22 = uitreenode(category3,Text='技术（细部）设计阶段');
>> p33 = uitreenode(category3,Text='施工设计阶段');
>> t2 = uitree(fig, 'checkbox',Position=[260 30 210 200]); %创建复选框树组件
%创建复选框树一级节点
>> category21 = uitreenode(t2,Text='1 概述');
>> category22 = uitreenode(t2,Text='2 园林设计的程序');
>> category23 = uitreenode(t2,Text='3 综合公园的规划设计');
%创建复选框树二级节点
>> p2_1 = uitreenode(category22,Text='园林设计的前提工作');
>> p2_2 = uitreenode(category22,Text='总体设计方案阶段');
>> p2_11 = uitreenode(category23,Text='总体规划阶段');
>> p2_22 = uitreenode(category23,Text='技术（细部）设计阶段');
>> p2_33 = uitreenode(category23,Text='施工设计阶段');
```

运行程序，即可弹出图窗，显示创建的树组件。默认情况下，树节点处于折叠状态，只能看到

一级树节点。单击左侧的折叠按钮，即可展开二级树节点，如图 6.19 所示。

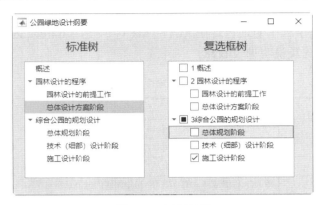

图 6.19　运行结果

在标准树中，选定的节点通常为当前选中的节点；在复选框树中，选定的节点不一定是选中的节点。例如，在图 6.19 中，选定的节点为"总体规划阶段"，但选中的节点为"施工设计阶段"。

6.3.15　表

表是一种用于在 App 中按行和列方式显示数据的 UI 组件。在 MATLAB 中，使用 uitable 命令创建表组件。uitable 命令的语法格式及说明见表 6.29。

表 6.29　uitable 命令的语法格式及说明

语 法 格 式	说　　明
uit = uitable	使用 figure 命令创建一个图窗，在新图窗中创建一个表用户界面组件，并返回对象
uit = uitable(Name,Value)	使用一个或多个名称-值对组参数指定表 UI 组件的属性值
uit = uitable(parent)	在指定的父容器中创建表。父容器可以是使用 figure 或 uifigure 命令创建的图窗，也可以是子容器。创建图窗的命令不同，uitable 命令的属性值也略有不同
uit = uitable(parent,Name,Value)	在上一种语法格式的基础上，使用一个或多个名称-值对组参数指定表的属性值

扫一扫，看视频

实例——显示表数据

源文件：yuanwenjian\ch06\ex_619.m

解： MATLAB 程序如下。

```
>> clear
>> close all
>> t = readtable('Original Data.xlsx');      %从文件中读取列向数据来创建表 t，每一列的变量
                                             %名称从文件的第一行中读取
>> vars = {'Time','Temp','Volume'};          %变量名称
>> t = t(3:18,vars);                         %选择指定列的 15 行数据
>> fig = uifigure(Name='Data Interpolation.xls',Position=[300 400 600 300]); %创建图窗
>> uit = uitable(fig,Data=t,Position=[20 20 280 260]); %指定表数据、位置大小创建表组件
>> im = uiimage(fig,ImageSource='bingxingtu.png',Position=[310 20 280 280]);
%创建图像组件
```

运行结果如图 6.20 所示。

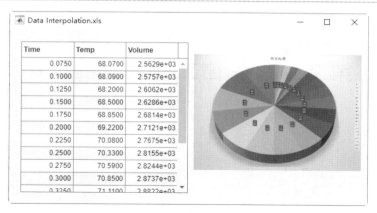

图 6.20　运行结果

第 7 章　图窗工具和仪器组件

内容指南

在标准的桌面程序中，尤其是大型的 App 应用程序都会提供菜单（包括上下文菜单）和工具栏等图窗工具。菜单和工具栏都是命令的集合，给用户提供一种快速执行操作的便捷方式，以方便用户使用。仪器组件（或检测组件）常用于科学研究和实验，用于以可视化方式便捷地设置或获取某一装置的参数。

本章简要介绍利用 MATLAB 命令创建工具栏、菜单栏和上下文菜单等图窗工具，以及常用的仪器组件的方法。

内容要点

➤ 创建图窗工具
➤ 创建仪器组件

7.1　创建图窗工具

本节简要介绍在 MATLAB 中创建工具栏、菜单栏和上下文菜单等图窗工具的命令。

7.1.1　工具栏

工具栏是图窗窗口顶部的水平按钮列表的容器。在 MATLAB 中，使用 uitoolbar 命令创建工具栏组件。uitoolbar 命令的语法格式及说明见表 7.1。

表 7.1　命令的语法格式及说明

语 法 格 式	说　　明
tb = uitoolbar	在当前图窗中创建一个工具栏并返回 Toolbar 对象。如果当前不存在图窗，则使用 figure 命令创建一个图窗
tb = uitoolbar(parent)	在指定的父容器中创建一个工具栏。父容器可以是使用 uifigure 或 figure 命令创建的图窗
tb = uitoolbar(…,Name,Value)	在以上任意一种语法格式的基础上，使用一个或多个名称-值对组参数指定工具栏的属性

创建的工具栏组件默认显示在图窗默认工具栏的下方，可以使用属性 Visible 设置工具栏的可见性，默认值为 on。对于由 uifigure 命令创建的父容器的图窗工具栏，还可以使用属性 BackgroundColor 设置其背景色。

使用 uitoolbar 命令创建的工具栏组件是一个空白的工具栏，没有按钮工具。如果要在工具栏中添加按钮工具，可以先读取一个 RGB 真彩色图像数组，然后将按钮工具的 CData 属性设置为该真彩色图像数组，用读取的图像作为图标添加到按钮工具，也可以将按钮工具的 Icon 属性值设置为图像文件，为按钮工具添加一个图标。

在 MATLAB 中，使用 uipushtool 命令在工具栏中创建按钮工具。uipushtool 命令的语法格式及说明见表 7.2。

表 7.2　uipushtool 命令的语法格式及说明

语　法　格　式	说　　　明
pt = uipushtool	在当前图窗的工具栏中创建一个按钮工具，并返回 PushTool 对象。如果不存在使用 figure 命令创建的图窗，则创建一个图窗，并使用 uitoolbar 命令创建一个工具栏作为父级。如果当前图窗没有工具栏，则在当前图窗中创建一个工具栏作为父级
pt = uipushtool(parent)	在指定的父工具栏中创建一个按钮工具
pt = uipushtool(…,Name,Value)	在以上任意一种语法格式的基础上，使用一个或多个名称-值对组参数指定按钮工具的属性

切换工具是显示在图窗顶部工具栏中的切换按钮。在 MATLAB 中，使用 uitoggletool 命令在工具栏中创建切换工具。uitoggletool 命令的语法格式及说明见表 7.3。

表 7.3　uitoggletool 命令的语法格式及说明

语　法　格　式	说　　　明
m = uitoggletool	在当前图窗的工具栏中创建切换工具，并返回 ToggleTool 对象。当前图窗必须是使用 figure 命令创建的图窗。如果当前图窗没有子工具栏，则在当前图窗中创建一个工具栏作为父级。如果使用 figure 命令创建的图窗不存在，则创建一个图窗，并使用 uitoolbar 命令创建一个工具栏作为父级
m = uitoggletool (parent)	在指定的父容器中创建切换工具
m = uitoggletool (…,Name,Value)	在以上任意一种语法格式的基础上，使用一个或多个名称-值对组参数指定切换工具的属性值

实例——创建工具栏

源文件：yuanwenjian\ch07\ex_701.m

本实例在 UI 图窗中创建工具栏，然后在工具栏中添加按钮工具和切换工具。

解： MATLAB 程序如下。

```
>> clear
>> close all
>> fig = uifigure(Name='工具栏示例',Position=[200 300 320 200]);    %创建图窗
>> tb = uitoolbar(fig);                    %在 UI 图窗中创建一个工具栏
%向该工具栏中添加"新建"按钮工具
>> pt1 = uipushtool(tb);                   %按钮工具显示默认图标
>> [img1,map] = imread('w1.gif');          %读取图标文件
>> ptImage1 = ind2rgb(img1,map);           %将索引图像转换为 RGB 真彩色图像
>> pt1.CData = ptImage1;                    %将图标添加到按钮工具
>> pt1.Tooltip='新建文件';                  %添加工具提示
%向该工具栏中添加"保存"按钮工具
>> pt2 = uipushtool(tb);
>> pt2.Icon = 'w2.gif';                     %为按钮工具添加一个图标
>> pt2.Tooltip='保存文件';
%向该工具栏中添加"打开"按钮工具
>> pt3 = uipushtool(tb);
>> pt3.Icon = 'w3.gif';                     %为按钮工具添加一个图标
```

```
>> pt3.Tooltip='打开文件';
%向该工具栏中添加"打印"按钮工具
>> pt4 = uipushtool(tb);
>> pt4.Icon = 'w4.gif';                    %为按钮工具添加一个图标
>> pt4.Tooltip='打印文件';
%向该工具栏中添加"切换"按钮工具
>> tt = uitoggletool(tb);                  %在 UI 图窗中创建一个切换工具
>> tt.Icon = 'w0.gif';                     %为切换工具添加图标
>> tt.Tooltip='切换按钮';
```

运行结果如图 7.1 所示。

图 7.1　运行结果

7.1.2　菜单栏

在 Windows 程序中，菜单是一个必不可少的程序元素。通过菜单可以把对程序的各种操作命令非常规范有效地表示给用户，单击菜单项程序将执行相应的功能。菜单对象是图形窗口的子对象，所以菜单设计总在某一个图形窗口中进行。MATLAB 的各个图形窗口有自己的菜单栏，包括 File、Edit、View、Insert、Tools、Windows 和 Help 共 7 个菜单项。

在 MATLAB 中，使用 uimenu 命令创建菜单或菜单项组件。uimenu 命令的语法格式及说明见表 7.4。

表 7.4　uimenu 命令的语法格式及说明

语 法 格 式	说　明
m = uimenu	在当前图窗中创建菜单栏，并返回 Menu 对象
m = uimenu(Name,Value)	使用一个或多个名称-值对组参数指定菜单项属性值
m = uimenu(parent)	在指定的父容器中创建菜单项
m = uimenu(parent,Name,Value)	使用一个或多个名称-值对组参数指定父容器属性值

扫一扫，看视频

实例——创建菜单栏

源文件：yuanwenjian\ch07\ex_702.m

本实例先在 UI 图窗中创建工具栏，然后在工具栏中添加按钮工具。

解： MATLAB 程序如下。

```
>> clear
>> close all
>> fig = uifigure(Name='创建菜单栏示例',Position=[200 300 350 240]);    %创建图窗
%创建菜单栏
>> m1 = uimenu(fig,Text='文件');
```

```
>> m2 = uimenu(fig,Text='视图');
>> m3 = uimenu(fig,Text='插入');
>> m4 = uimenu(fig,Text='编辑');
>> m5 = uimenu(fig,Text='帮助');
%创建"编辑"菜单的一级菜单项
>> m41=uimenu(m4,Text='查找');
>> m42=uimenu(m4,Text='替换');
%创建"编辑"菜单的二级菜单项,选定菜单项时触发相应的回调
>> uimenu(m41,Text='普通查找',MenuSelectedFcn='disp(''在文档中查找文本或其他内容'')')
>> uimenu(m41,Text='高级查找',MenuSelectedFcn='disp(''使用高级搜索选项查找和替换文本'')')
```

属性 MenuSelectedFcn 用于设置选定菜单时触发的回调,可指定为函数句柄、元胞数组或字符向量,根据菜单项的位置和交互类型进行响应。单击菜单将展开该菜单并触发其回调。当任一菜单处于展开状态时,如果将光标悬停在其他任何父级菜单(或顶级菜单)上,将会展开该菜单并触发其回调。

运行结果如图 7.2 所示。如果单击"普通查找"菜单项,则在命令行窗口中输出"在文档中查找文本或其他内容"。

图 7.2　运行结果

扫一扫,看视频

实例——在默认菜单栏中添加菜单

源文件：yuanwenjian\ch07\ex_703.m
本实例创建一个显示默认菜单栏的图窗,在菜单栏中添加一个菜单和一个菜单项。

解：MATLAB 程序如下。

```
>> fig = figure(Name='添加菜单项',Position=[200 300 560 200]);  %图窗
>> m=uimenu(fig,Text='首选项(O)');                    %菜单命令
%在菜单命令中添加菜单项
>> mitem1=uimenu(m,Text='画布',Accelerator='C');       %设置快捷键
>> mitem2=uimenu(m,Text='网格',Accelerator='G',Checked='on');%在菜单项旁边放置一个复选标记
>> mitem3=uimenu(m,Text='笔触',Accelerator='P',Separator='on'); %在菜单项上方显示分隔线
```

执行上面的命令后,运行结果如图 7.3 所示。

图 7.3　运行结果

为菜单项指定快捷键时要注意，对于 Windows 系统，快捷键为 Ctrl 键+Accelerator 属性指定的快捷键值。快捷键不能用于顶级菜单。

如果菜单项是顶级菜单项，或者包含一个或多个子菜单项，则菜单复选标记指示符属性 Checked 设置将被忽略。

7.1.3　上下文菜单

上下文菜单有时也称为快捷菜单，是右击某对象时在屏幕上弹出的菜单。这种菜单出现的位置是不固定的，而且总是与某个图形对象相关联。

在 MATLAB 中，使用 uicontextmenu 命令创建上下文菜单组件。uicontextmenu 命令的语法格式及说明见表 7.5。

表 7.5　uicontextmenu 命令的语法格式及说明

语 法 格 式	说　　明
cm = uicontextmenu	在当前图窗中创建一个上下文菜单，并返回 ContextMenu 对象。如果图窗不存在，则使用 figure 命令创建一个图窗
cm = uicontextmenu(parent)	在指定的父图窗中创建上下文菜单。父级可以是使用 uifigure 或 figure 命令创建的图窗
cm = uicontextmenu(…,Name,Value)	在以上任意一种语法格式的基础上，使用一个或多个名称-值对组参数指定上下文菜单的属性值

创建上下文菜单后，要使该菜单能够在图窗中打开，必须在该上下文菜单中创建至少一个子级 Menu 对象，并将上下文菜单分配给同一图窗中的 UI 组件或图形对象。

扫一扫，看视频

实例——创建上下文菜单

源文件：yuanwenjian\ch07\ex_704.m
本实例在 UI 图窗中创建上下文菜单，然后在上下文菜单中添加子菜单。
解：MATLAB 程序如下。

```
>> clear
>> close all
%创建图窗，不使用带编号的标题
>> fig = figure(Name='添加上下文菜单',NumberTitle='off',Position=[200 300 500 200]);
>> cm = uicontextmenu(fig);          %在 UI 图窗中创建一个上下文菜单
%在上下文菜单中创建子菜单
>> mm= uimenu(cm,Text='选项');
>> m1 = uimenu(mm,Text='文字设置');
>> m2 = uimenu(mm,Text='颜色设置');
>> fig.ContextMenu = cm;             %将创建的上下文菜单与图窗关联
```

运行以上程序打开图窗，在图窗绘图区的空白处右击，即可弹出创建的快捷菜单，如图 7.4 所示。

图 7.4　运行结果

7.2 创建仪器组件

仪器是科学研究中为某一特定用途准备的以供实验、计量、观测、检验、绘图等的器具或装置。MATLAB 提供了常用的仪器组件（或检测组件），包括用于可视化状态的仪表和信号灯，以及用于选择输入参数的旋钮和开关，可帮助用户便捷地创建各种用于科学技术的图形用户界面。

7.2.1 仪表

仪表是表示测量仪器的 App 组件。常用的仪表样式有 90 度仪表、半圆形仪表、圆形仪表和线性仪表。在 MATLAB 中，使用 uigauge 命令可以创建不同的仪表组件。uigauge 命令的语法格式及说明见表 7.6。

表 7.6 uigauge 命令的语法格式及说明

语 法 格 式	说 明
g = uigauge	使用 uifigure 命令创建一个新图窗，在图窗中创建一个圆形仪表，并返回 Gauge 对象
g = uigauge(style)	创建指定样式的仪表。参数 style 的取值可以是'circular'（圆形仪表）、'linear'（线性仪表）、'ninetydegree'（90 度仪表）、'semicircular'（半圆形仪表）
g = uigauge(parent)	在指定的父容器中创建仪表。父容器可以是使用 uifigure 命令创建的图窗或其子容器
g = uigauge(parent,style)	在指定的父容器中创建指定样式的仪表
g = uigauge(…,Name,Value)	在以上任意一种语法格式的基础上，使用一个或多个名称-值对组参数指定仪表的属性值

这里需要注意的是，不同类型的仪表对应的属性也略有不同。

实例——使用仪表显示函数曲线的属性

源文件：yuanwenjian\ch07\ex_705.m

本实例在 UI 图窗中绘制函数曲线，使用两种不同样式的仪表分别显示函数曲线的取值点个数和线宽。

解：MATLAB 程序如下。

```
>> clear
>> close all
>> fig = uifigure(Name='函数曲线',Position=[200 300 500 400]);   %创建图窗
%创建圆形仪表，指定仪表范围、标度颜色和范围
>> cg = uigauge(fig,Position=[20 230 150 150],Limits=[20 100],...
ScaleColors={'green','yellow','red'},ScaleColorLimits=[20 60;60 80; 80 100]);
%创建线性仪表，指定仪表范围、初始值、主刻度线位置和背景颜色
>> lg = uigauge(fig,'linear',Position=[20 80 150 40],Limits=[1 5],...
MajorTicks=[1 2 3 4 5], BackgroundColor='g');
%创建两个标签组件
>> lbl1=uilabel(fig,Text='取值点个数',Position=[60 180 100 30], ...
FontSize=16, FontColor='b');
>> lbl2=uilabel(fig,Text='线宽',Position=[90 30 100 30], ...
FontSize=16, FontColor='b');
>> ax=uiaxes(fig,Position=[180 30 300 350]);                %创建坐标区
>> n=50;
```

```
>> x=linspace(-pi,pi,n);                    %函数取值点序列
>> y=sin(x).^2-cos(x).^2;                   %函数表达式
>> w=3;
>> plot(ax,x,y,'rh',LineWidth=w)            %在指定的坐标区绘制函数曲线
>> cg.Value=n;                              %设置圆形仪表的指针位置
>> lg.Value=w;                              %设置线性仪表的指针位置
```

运行以上程序打开图窗，即可显示根据仪表默认值绘制的函数曲线，如图 7.5 所示。从仪表中可以看到，曲线的取值点个数为 50 个、线宽为 3。

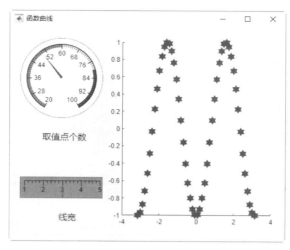

图 7.5　运行结果

7.2.2　旋钮

旋钮是表示仪器控制旋钮的一种 UI 组件，有连续旋钮和分档旋钮两种，可以通过调节旋钮来控制某个值。在 MATLAB 中，使用 uiknob 命令创建旋钮组件。uiknob 命令的语法格式及说明见表 7.7。

表 7.7　uiknob 命令的语法格式及说明

语　法　格　式	说　　　明
kb = uiknob	使用 uifigure 命令创建一个图窗，在该图窗中创建一个旋钮，并返回 Knob 对象
kb = uiknob(style)	在新图窗中创建指定样式的旋钮。参数 style 表示旋钮的样式，取值有'continuous'（默认）、'discrete'
kb = uiknob(parent)	在指定的父容器中创建旋钮。父容器可以是使用 uifigure 命令创建的图窗或其子容器
kb = uiknob(parent,style)	在指定的父容器中创建指定样式的旋钮
kb = uiknob(…,Name,Value)	在以上任意一种语法格式的基础上，使用一个或多个名称-值对组参数指定旋钮的属性值

扫一扫，看视频

实例——使用旋钮控制球面外观

源文件：yuanwenjian\ch07\nValChanged.m、dValChanged.m、ex_706.m

本实例在 UI 图窗中绘制函数球面，使用两种不同样式的旋钮分别控制球面的面数和颜色图。

【操作步骤】

（1）新建两个函数文件，分别编写使用连续旋钮和分档旋钮更改值后执行的回调，程序如下：

```
%nValChanged.m
%使用连续旋钮更改值后执行的回调
```

```
function nValChanged(kb,ax)
    n = round(kb.Value);              %获取旋钮的值，得到球面数
    sphere(ax,n);                     %在坐标区 ax 中绘制由 n×n 个面组成的球面
end
%dValChanged.m
%使用连续旋钮更改值后执行的回调
function nValChanged(kb,ax)
    map = kb.Value;                   %获取旋钮的值，得到颜色图
    colormap(ax,map);                 %设置坐标区 ax 的颜色图
end
```

（2）将函数文件以默认名称保存在搜索路径下，然后在命令行窗口中执行以下程序。

```
>> clear
>> close all
>> fig = uifigure(Name='控制球面外观',Position=[200 300 600 400]);    %创建图窗
%创建连续旋钮，指定旋钮值范围、主刻度线位置、初始值和值更改后执行的回调
>> ax=uiaxes(fig,Position=[210 25 380 370]);                        %创建坐标区
>> ck = uiknob(fig,Position=[50 250 100 100],Limits=[10 30],...
MajorTicks=[10 15 20 25 30], Value=20,...
ValueChangedFcn=@(kb,event) nValChanged(kb,ax));
%创建分档旋钮，指定旋钮选项、每个选项关联的数据、值更改后执行的回调
>> dk = uiknob(fig, 'discrete',Position=[50 50 100 100],...
Items= {'jet','hsv','summer','prism'}, ItemsData={'jet','hsv','summer','prism'},...
ValueChangedFcn=@(kb,event) dValChanged(kb,ax));
%创建两个标签组件
>> lbl1=uilabel(fig,Text='球面数',Position=[90 200 100 30], ...
FontSize=16, FontColor='b');
>> lbl2=uilabel(fig,Text='颜色图',Position=[90 20 100 30], ...
FontSize=16, FontColor='b');
>> n=ck.Value;                       %获取球面数
>> map=dk.Value;                     %获取颜色图
>> sphere(ax,n);                     %绘制球面
>> colormap(ax,map);                 %设置颜色图
```

（3）运行以上程序打开图窗，即可显示根据旋钮的默认值绘制的球面，如图 7.6 所示。

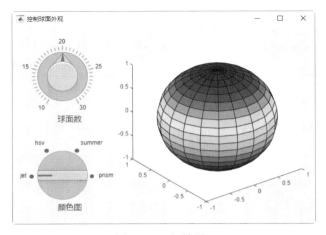

图 7.6　运行结果 1

（4）调整两个旋钮，坐标区中的球面即可发生相应的变化，如图 7.7 所示。

193

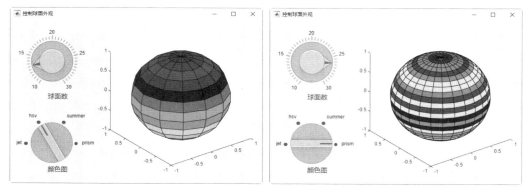

图 7.7　运行结果 2

7.2.3　信号灯和开关

信号灯是通过颜色指示状态的 App 组件。在 MATLAB 中，使用 uilamp 命令创建信号灯组件。uilamp 命令的语法格式及说明见表 7.8。

表 7.8　uilamp 命令的语法格式及说明

语 法 格 式	说　　明
lmp = uilamp	使用 uifigure 命令创建一个图窗，在新图窗中创建一个信号灯，并返回 Lamp 对象
lmp = uilamp(parent)	在指定的父容器中创建信号灯。父容器可以是使用 uifigure 命令创建的图窗或其子容器
lmp = uilamp(…,Name,Value)	在以上任意一种语法格式的基础上，使用一个或多个名称-值对组参数指定信号灯的属性值

开关是一种指示逻辑状态的 UI 组件，包括滑块开关、拨动开关和跷板开关。在 MATLAB 中，使用 uiswitch 命令创建开关组件。uiswitch 命令的语法格式及说明见表 7.9。

表 7.9　uiswitch 命令的语法格式及说明

语 法 格 式	说　　明
sw = uiswitch	使用 uifigure 命令创建一个图窗，在新图窗中创建一个滑块开关，并返回 Switch 对象
sw = uiswitch(style)	在新图窗中创建指定样式的开关。参数 style 表示开关的样式，可选值为'slider'（默认，滑块开关）、'rocker'（跷板开关）、'toggle'（拨动开关）
sw = uiswitch(parent)	使用一个或多个名称-值对组参数指定滑块开关的属性值
sw = uiswitch(parent,style)	在指定的父容器中创建指定样式的开关
sw = uiswitch(…,Name,Value)	在以上任意一种语法格式的基础上，使用一个或多个名称-值对组参数指定开关的属性值

扫一扫，看视频

实例——直升机外观控制系统界面设计

源文件：yuanwenjian\ch07\ex_707.m

解： MATLAB 程序如下。

```
>> clear
>> close all
>> fig = uifigure(Name='Helcoper Demg',Position=[20 20 800 700]);  %创建图窗
%创建用于显示传动角度变化的坐标区组件，显示坐标区框轮廓
>> ax1 = uiaxes(fig,Position=[50 520 300 150],Box=1);
%设置坐标区标题的文本、字体、坐标轴标签内容
>> ax1.Title.String = 'TravelAngle';
>> ax1.Title.FontName = 'Impact';
>> ax1.XLabel.String = 'times(s)';
```

```
>> ax1.YLabel.String = 'Angle(degree)';
%创建用于显示仰角变化的坐标区组件，显示坐标区框轮廓
>> ax2 = uiaxes(fig,Position=[50 370 300 150],Box=1);
%设置坐标区标题的文本、字体、坐标轴标签内容
>> ax2.Title.String = 'Elevation Angle';
>> ax2.Title.FontName = 'Impact';
>> ax2.XLabel.String = 'times(s)';
>> ax2.YLabel.String = 'Angle(degree)';
%创建用于显示控制器变化的坐标区组件，显示坐标区框轮廓
>> ax3 = uiaxes(fig,Position=[50 220 300 150],Box=1);
%设置坐标区标题的文本、字体、坐标轴标签内容
>> ax3.Title.String = 'Control Effort';
>> ax3.Title.FontName = 'Impact';
>> ax3.XLabel.String = 'times(s)';
>> ax3.YLabel.String = 'Voltage(V)';
>> lg = uigauge(fig,'linear',Orientation='vertical', ...
Position=[50 50 40 130], Limits=[0.00 20.00]);%创建用于显示高程设定点的垂直线性仪表
>> b0 = uilabel(fig,Text='Elevation Setpoint', ...
Position=[50 180 200 20],FontName='Impact');   %创建标签显示线性仪表名称
>> kb = uiknob(fig,Position=[330 50 150 120]);  %创建连续旋钮，用来确定卫星方位角
>> kb.Limits =[0 180];                          %确定旋钮值范围
>> kb.Value = 150;                              %设置旋钮值
>> la2 = uilabel(fig,Text='Position Angle Satpoint', ...
Position=[330 200 200 20],FontName='Impact');  %创建标签显示旋钮名称
%创建数值编辑字段和标签，用于显示测量的高程
>> edt1 = uieditfield(fig,'numeric',Position=[120 110 100 20]);
>> b1 = uilabel(fig,Text='Measured Elavation',Position=[120 130 150 20]);
%创建数值编辑字段和标签，用于显示测量的角度
>> edt2 = uieditfield(fig,'numeric',Position=[510 100 100 20]);
>> b2 = uilabel(fig,Text='Measured Angle',Position=[510 120 150 20]);
%创建拨动开关，用于选择重新设计控制器或停止
>> tb = uiswitch(fig,'toggle',Position=[660 150 50 50]);
>> tb.Items ={'STOP','Redesign Controller'};    %开关选项
>> lmp = uilamp(fig,Position=[650 50 50 50]); %创建信号灯
>> im = uiimage(fig,ImageSource='feijichang.png',Position=[380 270 360 400],...
ScaleMethod='stretch');                        %创建图像组件，在任意方向缩放图像以填充组件区域
```

运行结果如图 7.8 所示。

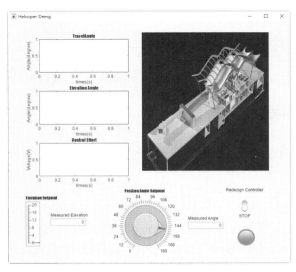

图 7.8 运行结果

第 8 章　图形用户界面设计

内容指南

App 应用程序是具体应用的操作系统用户交互界面，具有美观、智能、合理、高效、易操作等特征。MATLAB 中的图形界面设计功能经过不断地完善，逐步成熟，App 设计工具逐步取代 GUIDE 应用程序，成为 MATLAB 图形交互的主导形式，用于设计功能齐全的现代化应用图形交互界面。

内容要点

- ➤ 初识 App 设计工具
- ➤ 用 "设计视图" 布局组件
- ➤ 设计图窗工具

8.1　初识 App 设计工具

MathWorks 早在 R2016a 就推出了早期版本中 GUI 设计工具（GUIDE）的替代产品——App 设计工具。这是在 MATLAB 图形系统转向使用面向对象系统（R2014b）之后的一个重要后续产品。自 R2019b 开始，MathWorks 宣布将在以后的版本中删除 GUIDE，替换为 App 设计工具。App 设计工具旨在顺应 Web 的潮流，帮助用户利用新的图形系统设计更加美观的 GUI。

App 设计工具是一个功能丰富的开发环境，提供了布局和代码视图、完整集成的 MATLAB 编辑器、大量的交互式组件、网格布局管理器和自动调整布局选项，使 App 能够检测和响应屏幕大小的变化。App 设计工具可以生成面向对象的代码，精简的代码结构更易于理解和维护，而且可以方便地在应用程序的各部分之间共享数据。用户可以直接从 App 设计工具的工具条打包 App 安装程序文件，也可以创建独立的桌面 App 或 Web App（需要 MATLAB Compiler）。

8.1.1　预置的 App 应用程序

MATLAB 本身提供了很多 App 应用程序。在 MATLAB 主窗口中切换到 APP 选项卡，展开 APP 功能组的下拉列表，即可看到所有预置的 App 应用程序，如图 8.1 所示。

单击需要的图标（如 "曲线拟合器"），即可打开相应的应用程序，如图 8.2 所示。

如果记得 App 应用程序的名称，可以直接在命令行窗口中输入 App 名称并执行，也可以打开相应的应用程序。例如，在命令行窗口中执行 sisotool 命令，即可打开如图 8.3 所示的控制系统设计器界面；执行 filterDesigner 命令，即可打开如图 8.4 所示的滤波器设计工具界面。

图 8.1 预置的 App 应用程序列表

图 8.2 曲线拟合器

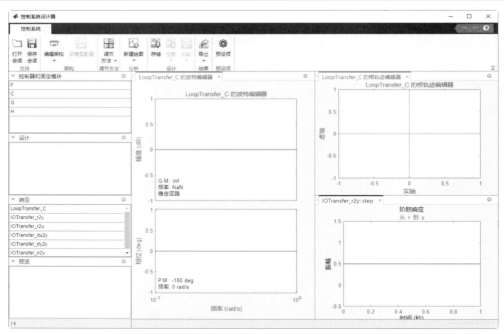

图 8.3　控制系统设计器

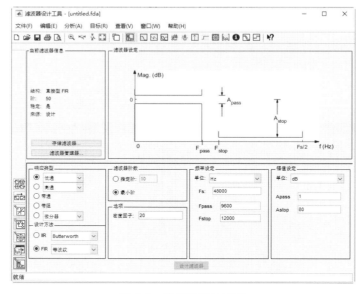

图 8.4　滤波器设计工具

8.1.2　启动 App 设计工具

启动 App 设计工具有以下几种常用方法。

（1）在 MATLAB 命令行窗口中执行 appdesigner 命令。

（2）在功能区"主页"选项卡下选择"新建"→APP 命令。

（3）在功能区 APP 选项卡下单击"设计 APP"按钮🖼。

执行上述命令后，即可打开 App 设计工具的起始页，如图 8.5 所示。

图 8.5 App 设计工具的起始页

该界面主要有三种功能：一是创建新的 App 文件；二是打开已有的 App 文件 ".mlapp"；三是自定义 UI 组件。

App 设计工具的起始页除了可以新建空白 App，还预置了两种具有自动调整布局功能的 App 模板，基于模板创建的 App 会根据设备屏幕的大小自动调整布局。

此外，App 设计工具的起始页还提供了 App 示例和自定义 UI 组件的示例。单击"显示示例"链接文本，即可展开相应的示例列表，图 8.6 所示为 App 示例。

图 8.6 App 示例

单击一个示例的图标按钮，即可进入 App 设计工具编辑环境，并使用提示工具引导用户一步一步地建立应用程序，如图 8.7 所示。

图 8.7　App 示例向导

如果要打开已有的 App 文件，可以在 App 设计工具的起始页中单击"打开"按钮，或者直接在命令行窗口中输入 appdesigner(filename)命令。其中，filename 为要打开的.mlapp 文件。如果.mlapp 文件不在 MATLAB 搜索路径中，则需要指定完整路径。

扫一扫，看视频

实例——打开现有 App 文件

源文件：yuanwenjian\ch08\ex_801.m、PulseGeneratorWithClass.mlapp
本实例打开一个已有的 App 文件。

解：在 MATLAB 命令行窗口中输入如下命令。

```
>> appdesigner("PulseGeneratorWithClass.mlapp")
  %打开搜索路径下现有的应用程序
```

运行结果如图 8.8 所示。

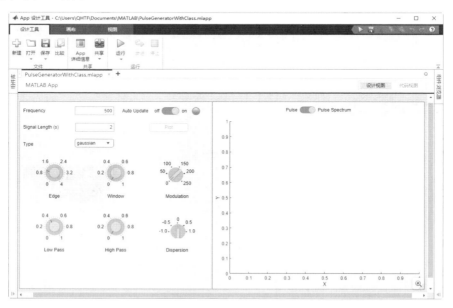

图 8.8　打开现有 App

单击"运行"按钮▷，即可运行程序，打开一个图窗，显示创建的图形用户界面，并在坐标区显示运行结果，如图 8.9 所示。

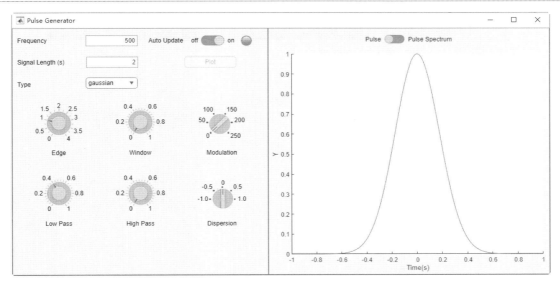

图 8.9　运行 App

在 GUI 中修改组件的值，右侧坐标区中的运行结果随即发生相应的变化，如图 8.10 所示。

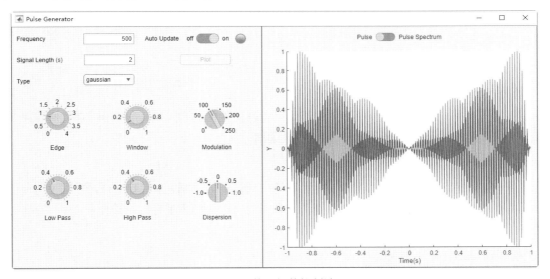

图 8.10　使用组件控制波形

8.1.3　App 设计工具编辑环境

在 App 设计工具的起始页中单击"空白 App"或某个自动调整布局的模块，即可打开 App 设计工具编辑环境，自动新建一个名为 app1.mlapp 的新文件，如图 8.11 所示。

App 设计工具将设计好的图形界面和事件处理程序保存在一个 .mlapp 文件中。从图 8.11 中可以看到，App 设计工具是一个功能丰富的开发环境，它提供了丰富的交互式 UI 组件，整合了设计布局和代码视图，集成了完善的组件属性编辑工具。

App 设计工具的窗口类似于 Windows 的界面风格，主要包括标题栏、功能区、视图窗口、组件库和组件浏览器。

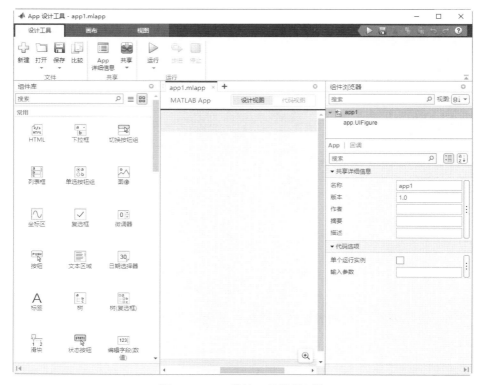

图 8.11　App 设计工具编辑环境

1．标题栏

标题栏位于窗口顶部，显示应用程序名称和当前文件的名称。App 应用程序文件名称后缀名为.mlapp，默认名称为 app1、app2、…编号依次递增。

2．功能区

功能区包括"设计工具""画布""视图"三个选项卡。"设计工具"选项卡提供一系列基本的文件操作、共享和运行命令；"画布"选项卡汇集了 GUI 中组件的相关操作命令；"视图"选项卡则包含了针对设计画布整体布局的相关命令。

3．视图窗口

视图窗口整合了"设计视图"与"代码视图"，提供了简洁、高效的工作流，用户可在直观布局 UI 组件和高效编写组件控制代码之间进行流畅切换。

在"设计视图"中，用户可通过拖放组件放置、排布可视化组件，以所见即所得的方式快速创建图形用户界面。在"代码视图"中将会自动生成相应的面向对象的代码，如图 8.12 所示。

这些自动生成的代码以浅灰色为底，用户不能修改或删除。如果在设计画布中修改了组件，或者在"组件浏览器"中设置了组件属性，则"代码视图"中的相应代码会自动更新。

如果通过"代码浏览器"添加回调或函数，则"代码视图"中会自动生成以白色为底色的提示代码，用户可以在白色区域编辑代码。

4．组件库

组件库默认位于界面左侧，包含大量的标准用户界面组件。通过将组件拖动到设计画布或选中后在设计画布中单击，即可将组件添加到设计画布中。

图 8.12　代码视图

5．组件浏览器

将组件添加到设计画布中后，利用组件浏览器可以选择组件或设置组件属性。组件浏览器针对选中的组件，提供了完善的属性列表和回调以供设置。

8.2　用"设计视图"布局组件

App 设计工具的"设计视图"中提供了丰富的交互式组件和布局工具，用于设计具有专业外观的现代化应用程序。在"设计视图"中所做的任何更改都会自动反映在"代码视图"中。因此，用户可以在不编写任何代码的情况下配置 App。

8.2.1　放置组件

在 App 设计工具中构建图形用户界面的第一步是在"组件库"中选择组件，然后将其添加到设计画布上。组件是能够完成某种功能，并提供若干个使用这种功能的外部接口的可重用代码集。由于组件的封装性和可重用性，在 UI 设计和开发中使用组件，能有效地降低开发的复杂度，并能很好地实现 GUI 的一致性。

App 设计工具在组件库中提供了丰富的 UI 组件，组件库默认位于"设计视图"的视图窗口左侧。组件库的组件分为常用、容器、图窗工具、仪器、AEROSPACE（航空航天）和 SIMULINK REAL-TIME（实时仿真）六大类，如图 8.13 所示。

图 8.13　组件库

除了 AEROSPACE 和 SIMULINK REAL-TIME 类组件，其他类的常用组件在前面章节均有介绍，这里不再赘述。

单击组件库左下角的"折叠"按钮 ，可将组件库折叠为选项卡；单击"展开"按钮 ，可展开组件库。

在"搜索"栏中输入需要查找的组件名称或关键词，即可在组件显示区显示符合条件的搜索结果，如图 8.14 所示。

图 8.14　搜索组件

在组件区单击需要的组件，将指针移到设计画布上时，指针显示为十字形。在设计画布上单击，即可在指定位置放置一个默认大小的组件。如果单击组件后，在设计画布上按下左键拖动，可以添加一个指定大小的组件。

📢 注意：

有些组件只能以其默认大小添加到设计画布中。

在组件库中的组件上按下鼠标左键，将组件拖动到设计画布释放，也可以添加一个默认大小的组件。

8.2.2　了解组件结构

将组件添加到设计画布中后，"组件浏览器"顶部的组件目录区域以树形结构显示当前设计画布中所有组件及组件的层次关系，如图 8.15 所示。

从组成结构来分，组件可分为单个组件、多个子组件组成的组件组，如图 8.16 所示。

图 8.15 组件目录

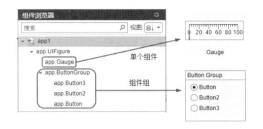

图 8.16 组件结构分类

值得注意的是，有些单个组件可以看作标签和编辑框的组合，如仪表、下拉框、微调器、滑块等。这类组件在"组件浏览器"中默认显示组件编辑框的名称，如图 8.16 中的 app.Gauge。如果要分别显示组件标签和编辑框的名称，可以在"组件浏览器"中右击组件名称，在图 8.17 所示的快捷菜单中勾选"在组件浏览器中包括组件标签"复选框，即可添加对应组件的标签组件，如图 8.18 所示。在图 8.18 中可以看到，单个组件的标签和编辑框的关系是同层。

图 8.17 快捷菜单

图 8.18 添加标签组件

🔊提示：

　　在将组件拖放到设计画布上时按住 Ctrl 键，添加到设计画布上的组件不显示标签。

组件组可分为同层关系与上下关系。显示为同层关系的组件组通常由多个对象组合而成；显示为上下层关系的组件组通常是父容器及其中的组件，通过缩进父容器下子组件的名称来显示上下关系，如图 8.18 中的 app.ButtonGroup。

8.2.3 设置组件属性

了解了组件的结构之后，接下来介绍设置组件属性的方法。

在"组件浏览器"中的组件结构下方可看到当前选中组件的属性列表，如果没有选中任何组件，则显示 UIFigure 的属性，如图 8.19 所示。

不同的组件有不同的属性。下面以编辑组件的标签和名称为例，介绍设置组件属性的一般操作方法，对于其他属性的操作，读者可自行练习。

1. 设置组件标签

在设计画布中双击组件或子组件标签，标签边界显示为蓝色编辑框，名称变为可编辑状态，如图 8.20（a）所示。在蓝色编辑框中输入标签内

图 8.19 UIFigure 的属性

容 [图 8.20（b）]，单击其他空白区域或按 Enter 键，即可设置组件的标签，如图 8.20（c）所示。

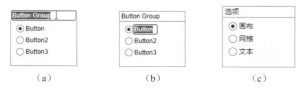

| （a） | （b） | （c） |

图 8.20　编辑组件标签

　　另一种常用的方法是先选中组件，然后在"组件浏览器"中设置组件的 Title 或 Text 属性，修改组件的标签。

　　对于有些组件，还可以在"组件浏览器"中设置标签文本的对齐方式。"HorizontalAlignment（水平对齐）"用于设置标签文本在水平方向上的对齐方式；"Verticalignment（垂直对齐）"用于设置标签文本在垂直方向上的对齐方式。

2．修改组件名称

　　组件的名称是组件在某个 App 中的唯一标识符，在"组件浏览器"顶部的组件目录区域可以查看组件名称。修改组件名称有以下两种常用方法。

　　（1）双击组件目录区域的组件名称"app.组件名"，组件名称变为可编辑状态，如图 8.21 所示。输入组件名称后单击其他空白区域或按 Enter 键，即可修改组件名称。

　　（2）右击组件目录区域的组件名称"app.组件名"，在如图 8.22 所示的快捷菜单中选择"重命名"命令，即可编辑组件名称。

图 8.21　组件浏览器

图 8.22　快捷菜单

扫一扫，看视频

实例——温湿度测量仪界面设计

源文件：yuanwenjian\ch08\wenshiduceliangyi.mlapp

【操作步骤】

1．启动 App 设计工具

在命令行窗口中执行下面的命令启动 App 设计工具。

```
>> appdesigner
```

在打开的 App 设计工具起始页中单击"空白 App"，进入 App 设计工具操作界面，进行界面设计。

2．设置面板组件的属性

　　（1）在组件库的"容器"列表中选择"面板"组件并拖放到设计画布中。

　　（2）展开"组件浏览器"，在"标题"选项组的"Title（标题）"文本框中输入"温湿度测量仪"；

单击"TitlePosition（标题位置）"选项中的"centertop（中心对齐）"按钮▣，使标题居中。定位到"字体"选项组，在"FontName（字体名称）"下拉列表中选择"楷体"；在"FontSize（字体大小）"文本框中输入字体大小 30；在"FontWeight（字体粗细）"选项中单击"加粗"按钮▣。定位到"颜色和样式"选项组，在"ForegroundColor（前景颜色）"选项中单击颜色块▣▾，选择蓝色；使用同样的方法设置"BackgroundColor（背景色）"为深灰色，如图 8.23 所示。此时的面板如图 8.24 所示。

图 8.23　组件浏览器 1

图 8.24　面板效果

（3）从组件库中添加 2 个圆形仪表、2 个数值编辑字段、1 个按钮和 1 个图像组件到设计画布。

（4）调整面板组件的大小，然后拖动其他组件，调整各个组件在面板中的位置，结果如图 8.25 所示。

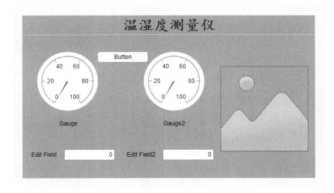

图 8.25　放置组件

3. 设置仪表组件的属性

（1）在"组件浏览器"中选中组件 app.Gauge，删除"标签"文本框中默认的标签内容。定位到"刻度"选项组，单击"MajorTicks（主刻度线位置）"选项右侧的▣按钮，弹出编辑面板，单击▣按钮添加主刻度线，并修改主刻度线位置和刻度标签，如图 8.26 所示。

（2）使用与上一步同样的方法，设置仪表组件 app.Gauge2 的主刻度线位置和标签，组件显示结果如图 8.27 所示。

图 8.26　编辑仪表刻度

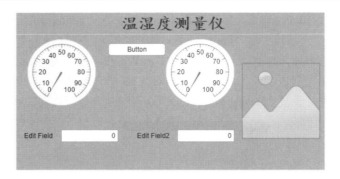

图 8.27　组件显示结果 1

4．设置数组编辑字段的属性

（1）在"组件浏览器"中选中组件 app.EditField，在"标签"文本框中输入"温度"。定位到"字体和颜色"选项组，在"FontSize（字体大小）"文本框中输入字体大小 20；单击"FontWeight（字体粗细）"选项中的"加粗"按钮 **B** 加粗文本；在"FontColor（字体颜色）"选项中单击颜色块 ■▾，选择蓝色；在"BackgroundColor（背景色）"选项中单击颜色块 ■▾，选择黄色，如图 8.28 所示。

（2）使用与上一步同样的方法，设置数值编辑组件"app.EditField_2"的属性，组件显示结果如图 8.29 所示。

图 8.28　组件浏览器 2

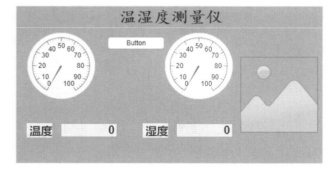

图 8.29　组件显示结果 2

5．设置按钮组件的属性

在"组件浏览器"中选中组件 app.StartButton，在"Text（标题）"文本框中输入 Start。定位到"字体和颜色"选项组，在"FontSize（字体大小）"文本框中输入字体大小 20；单击"FontWeight（字体粗细）"选项中的"加粗"按钮 **B**，如图 8.30 所示，组件显示结果如图 8.31 所示。

图 8.30 组件浏览器 3

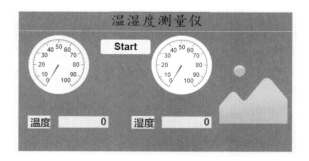

图 8.31 组件显示结果 3

6. 设置图像组件的属性

（1）在"组件浏览器"中选中图像组件 app.Image，在"ImageSource（图像源）"选项中单击"浏览"按钮，弹出"打开图像文件"对话框，选择图像文件 celiangyi.jpg，在图像组件中显示图像。

（2）在"HorizontalAlignment（水平对齐方式）"选项中单击 center 按钮，在"VerticalAlignment（垂直对齐方式）"选项中单击 center 按钮，将图像在组件中居中显示；在"ScaleMethod（缩放方式）"下拉列表中选择"stretch（拉伸）"，如图 8.32 所示。此时的设计画布显示结果如图 8.33 所示。

图 8.32 组件浏览器 4

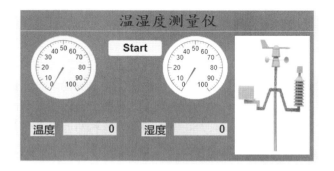

图 8.33 设计画布显示结果

7. 保存文件

在功能区单击"保存"按钮，在弹出的"保存文件"对话框中输入文件名称 wenshiduceliangyi.mlapp，然后单击"保存"按钮，完成文件的保存。

8.2.4 排布组件

在设计画布中放置组件后，通常还需要调整组件的大小，对组件进行对齐、分布，根据需要还可以将多个组件进行组合。

1．调整组件的大小

选中单个组件，组件四周会显示蓝色编辑框，将鼠标放置在编辑框的控制手柄上，鼠标变为双向箭头，如图 8.34 所示。按下左键拖动鼠标，即可沿拖动的方向调整组件的大小。

如果要将多个同类组件调整为等宽或等高，可以用鼠标框选或按 Shift 键选中多个组件，激活功能区"画布"选项卡下"排列"选项组中的"相同大小"命令。单击该按钮，在如图 8.35 所示的下拉菜单中选择需要的调整命令，即可同时调整选中的多个组件的大小。

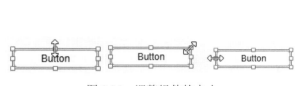

图 8.34 调整组件的大小

图 8.35 调整组件大小的命令

2．对齐组件

在设计画布中对齐组件有多种方法，下面简要介绍常用的两种。

（1）利用智能参考线。在画布上拖动组件时，组件周围会显示橙色的智能参考线。通过多个组件中心的橙色虚线表示它们的中心是对齐的，边缘的橙色实线表示边缘是对齐的。如果组件在其父容器中水平居中或垂直居中，组件上也会显示一条穿过中心的垂直虚线或水平虚线，如图 8.36 所示。

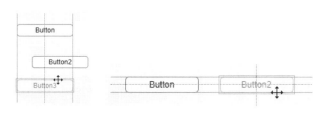

图 8.36 对齐线

（2）使用对齐工具。使用鼠标框选需要对齐的多个组件，激活功能区"画布"选项卡下"对齐"选项组中的命令，如图 8.37 所示。其中，对齐工具包括 6 个命令，从左至右、从上到下依次为左对齐、居中对齐、右对齐、顶端对齐、中间对齐、底端对齐。多个组件右对齐前、后的效果如图 8.38 所示。

图 8.37 对齐命令

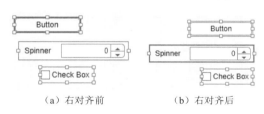

（a）右对齐前 　　（b）右对齐后

图 8.38 多个组件右对齐前、后的效果

3．均匀分布多个组件

在排列组件时，如果要在水平方向或垂直方向等距分布多个组件，可以选中组件后，在"画布"选项卡下的"间距"选项组中单击"水平应用"按钮 ⫲ 或"垂直应用"按钮 ⫶，如图 8.39 所示。除了默许的等距均匀分布，在下拉列表中选择 20，可以指定组件之间的间距为 20，如图 8.40 所示。

图 8.39　组件垂直方向均匀分布　　　　图 8.40　指定组件的间距为 20

4．组合

某些情况下，可以将两个或多个组件组合在一起，将它们作为一个单元进行修改。在最终确定组件的相对位置后对其进行分组，即可在不更改关系的情况下移动多个组件。

在设计画布中选择要组合在一起的多个组件，激活功能区"画布"选项卡下"排列"选项组中的"组合"命令，单击该命令弹出下拉菜单，选择"组合"命令，即可将选中的多个组件组合在一起。

"组合"与"取消组合"是一组互逆操作，如图 8.41 所示；"添加到组"与"从组中删除"命令也是一组互逆操作，如图 8.42 所示。执行"组合"或"添加到组"命令，可向组合中添加选中的组件；执行"从组中删除"命令，可从组合中删除选中的组件。

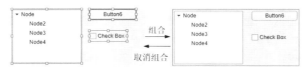

图 8.41　　"组合"与"取消组合"

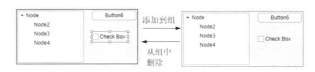

图 8.42　　"添加到组"与"从组中删除"

实例——心电采集系统界面设计

源文件：yuanwenjian\ch08\xindiantuxianshi.mlapp

扫一扫，看视频

【操作步骤】

1．添加 UI 组件

（1）在命令行窗口中执行下面的命令，启动 App 设计工具。

```
>> appdesigner
```

（2）在弹出的 App 设计工具起始页中选择"可自动调整布局的两栏式 App"，进入 App 设计工具的操作界面。

（3）在设计画布左侧面板中添加一个坐标区组件，在右侧面板中添加一个面板，然后在面板中添加一个圆形仪表、一个微调框、两个数值编辑字段、一个拨动开关和一个按钮。

（4）选中坐标区组件，拖动组件变形框上的控制手柄，调整坐标区组件的大小和位置。然后按住 Ctrl 键拖动，复制一个坐标区组件。

（5）选中面板组件，拖动组件变形框上的控制手柄，调整面板的大小和位置。使用同样的方法调整其他组件的大小和位置。

（6）选中两个数值编辑框组件，在"画布"选项卡下单击"右对齐"按钮，使两个组件右对齐，结果如图 8.43 所示。

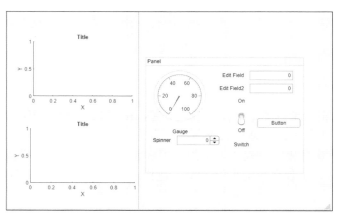

图 8.43　放置组件

2. 设置坐标区组件的属性

在设计画布上选中坐标区组件 app.UIAxes，在"组件浏览器"的"标签"选项组中设置"Title.String（标题文本）"为"心电采集显示"；"XLabel.String（X 轴标签）"为 Times，"YLabel.String（Y 轴标签）"为 Amplitude。

定位到"字体"选项组，设置"FontSize（字体大小）"为 20，然后单击"FontWeight（字体粗细）"选项中的"加粗"按钮 **B**，如图 8.44 所示。

使用同样的方法设置坐标区组件 app.UIAxes2 的属性。此时设计画布中的组件显示结果如图 8.45 所示。

图 8.44　组件浏览器 1

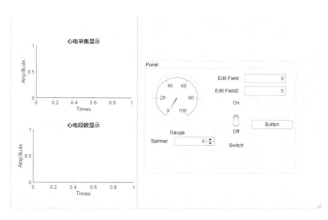

图 8.45　组件显示结果 1

3. 设置仪表组件的属性

在"组件浏览器"中单击选中仪表组件 app.Gauge，在"标签"文本框中输入"采样时间"。定位到"仪表"选项组，设置"Limits（取值范围）"为"0,500"，如图 8.46 所示。此时设计画布中的组件显示结果如图 8.47 所示。

图 8.46　组件浏览器 2

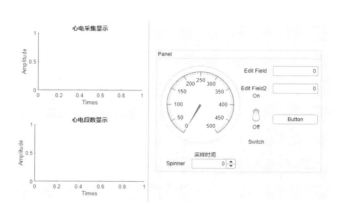

图 8.47　组件显示结果 2

4. 设置面板组件的属性

在设计画布中选中面板组件 app.Panel，在"组件浏览器"中删除"Title（标题）"文本框中的默认文本。

定位到"颜色和样式"选项组，设置"BackgroundColor（背景色）"为青色。

此时面板组件显示结果如图 8.48 所示。

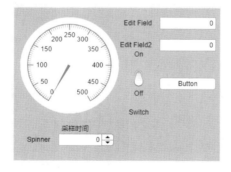

图 8.48　面板组件显示结果

5. 设置微调器属性

在"组件浏览器"中选中微调器组件 app.Spinner，设置"标签"为"采样频率"。

定位到"字体和颜色"选项组，设置"FontSize（字体大小）"为 15，然后单击"FontWeight（字体粗细）"选项中的"加粗"按钮 **B**，如图 8.49 所示。

此时设计画布中的组件显示结果如图 8.50 所示。

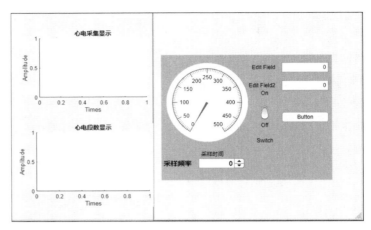

图 8.49　组件属性设置 1　　　　　　　　　　　图 8.50　组件显示结果 3

6. 设置数值编辑字段的属性

在"组件浏览器"中选中数值编辑字段组件 app.EditField，设置"标签"为"时间段"。定位到"字体和颜色"选项组，设置"FontSize（字体大小）"为 15，然后单击"FontWeight（字体粗细）"选项中的"加粗"按钮 **B**，如图 8.51 所示。

使用同样的方法设置数值编辑字段组件 app.EditField2 的属性。此时设计画布中的组件显示结果如图 8.52 所示。

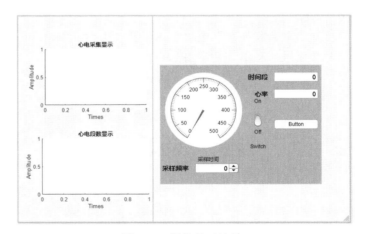

图 8.51　组件属性设置 2　　　　　　　　　　　图 8.52　组件显示结果 4

7. 设置拨动按钮的属性

在设计画布中选中拨动按钮组件 app.Switch，在"组件浏览器"中设置"标签"为"提取时间段"。定位到"切换"选项组，在"Orientation（方向）"选项中单击"Horizontal（水平对齐）"按钮 ▭。

定位到"字体"选项组，设置"FontSize（字体大小）"为 15，然后单击"FontWeight（字体粗细）"选项中的"加粗"按钮 **B**，如图 8.53 所示。

此时设计画布中的组件显示结果如图 8.54 所示。

图 8.53　组件浏览器 3

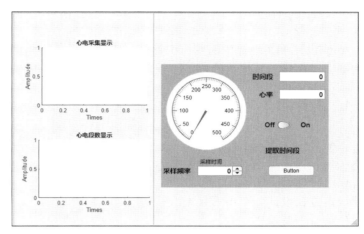

图 8.54　组件显示结果 5

8. 设置按钮组件的属性

在设计画布中选中按钮组件 app.Button，在"组件浏览器"中的"Text（文本）"文本框中输入按钮的标签文本"采样"。

定位到"字体和颜色"选项组，设置"FontSize（字体大小）"为 30，如图 8.55 所示。

此时设计画布中的组件显示结果如图 8.56 所示。

图 8.55　组件浏览器 4

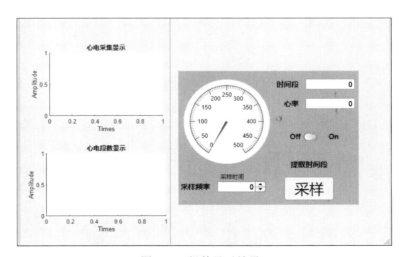

图 8.56　组件显示结果 6

9. 保存文件

在功能区单击"保存"按钮，在弹出的"保存文件"对话框中输入文件名称 xindiantuxianshi.mlapp，然后单击"保存"按钮，即可完成文件的保存。

8.3 设计图窗工具

App 设计工具中提供的图窗工具有菜单栏、工具栏和上下文菜单。这几种组件在"设计视图"中的编辑工作流与其他组件略有不同，这里单独提出来进行简要介绍。

8.3.1 工具栏

工具栏，顾名思义，就是在一个应用程序中汇集各种常用工具，方便用户使用应用程序的一个区域。App 设计工具的组件库中提供了工具栏组件，方便用户快捷构建标准化的交互工具栏。

在组件库的"图窗工具"组中将工具栏组件拖放到设计画布上。如果没有菜单栏，工具栏组件将默认定位在设计画布顶端且无法移动，如图 8.57 所示。如果设计画布中已有菜单栏组件，则工具栏组件将位于菜单栏下方。

图 8.57 工具栏组件

在图 8.57 中可以看到，工具栏组件中默认添加了一个按钮工具。在"组件浏览器"中可以看到添加的组件层次结构，如图 8.58 所示。

选中按钮工具，在"组件浏览器"中可以设置按钮工具的图标（Icon）、是否在按钮工具左侧显示分隔线（Separator）、是否可见（Visible）、是否灰显（Enable）以及添加工具提示（Tooltip），如图 8.59 所示。

图 8.58 工具栏组件的层次结构

图 8.59 按钮工具的属性列表

这里要提请读者注意的是，如果不勾选按钮工具或切换工具的 Visible 属性，则表示隐藏组件对象但不删除，用户仍然可以访问该组件的属性；如果不勾选 Enable 属性，则组件将灰显，用户无法与其进行交互且该组件不会触发回调。

单击工具栏组件中的 + 按钮，可以选择在工具栏中添加其他按钮工具或切换工具，如图 8.60 所示。如果添加的是切换工具，在"组件浏览器"中不仅可以设置工具的图标和分隔线，还可以指定切换工具的初始状态（State），如图 8.61 所示。

图 8.60 选择要添加的工具类型　　　　图 8.61 切换工具的属性列表

8.3.2 菜单栏

菜单栏按照程序功能以一种树形结构将功能按钮分组排列，是应用程序大多数功能的入口。单击菜单命令，即可显示相应的菜单项。菜单栏一般置于操作界面的顶部或者底部，重要程度通常是从左到右降低。

在组件库的"图窗工具"组中将菜单栏组件拖放到设计画布上，菜单栏组件默认定位在设计画布顶端且无法移动，如图 8.62 所示。

图 8.62 菜单栏

在"组件浏览器"中可以看到，每个菜单命令都是一个组件，在"组件浏览器"中可以设置菜单项的标签（Text）和标签文本颜色（ForegroundColor），如图 8.63 所示。

选中某个菜单命令，其下方会显示一个⊕按钮，单击该按钮，可以在其下方添加一个菜单，如图 8.64 所示。单击菜单组件右侧的⊕按钮，可以在其右侧添加一个菜单，即子菜单，如图 8.65 所示。

图 8.63 菜单栏的层次结构和属性　　图 8.64 在下方添加菜单　　图 8.65 在右侧添加菜单

单击菜单栏右侧的 **+** 按钮，可以在菜单栏中添加菜单，如图 8.66 所示。此时，在"组件浏览器"中可以查看菜单的层次结构，如图 8.67 所示。

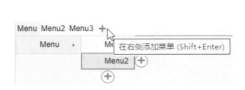

图 8.66　添加菜单　　　　　　　　　　图 8.67　菜单的层次结构

如果要删除某个菜单项，可以在设计画布或"组件浏览器"中右击菜单项，在弹出的快捷菜单中选择"删除"命令。在设计画布上选中菜单项，按 Delete 键也可以删除。如果删除的菜单项包含子菜单项，则子菜单项一并删除。

在这里要提请读者注意的是，处于不同层级的菜单项对应的属性也有所不同。位于顶级的菜单项、有级联子菜单的菜单项、无级联子菜单的菜单项的属性列表分别如图 8.68（a）、图 8.68（b）、图 8.68（c）所示。

（a）　　　　　　　　　　　　（b）　　　　　　　　　　　　（c）

图 8.68　不同层级菜单项的属性列表

在图 8.68 中可以看到，顶级菜单项和包含子菜单项的菜单项不能指定键盘快捷键（Accelerator）和菜单复选标记指示符（Checked）。

8.3.3　上下文菜单

上下文菜单（Context Menu）又称右键快捷菜单或即时菜单，与 8.3.2 小节中介绍的层级菜单不同，上下文菜单在菜单栏以外的地方通过右击正在运行的应用程序中的组件调出。根据右击的组件不同，菜单内容通常也会不同。

1. 添加上下文菜单组件

在组件库的"图窗工具"组中将上下文菜单组件拖放到设计画布上。与其他组件直接显示在设计画布上不同，上下文菜单组件显示在设计画布下方的一个可折叠区域中，如图 8.69 所示。

图 8.69　上下文菜单组件

该上下文菜单区域显示当前设计画布中所有上下文菜单的预览，并在预览图右上角指示该上下文菜单组件分配给多少个组件。单击该区域顶部的 ⌄ 按钮，可隐藏该区域。

如果在添加上下文菜单时，将组件拖放到设计画布的某个组件（如文本区域组件）上释放（图 8.70），则组件预览图右上角显示 ✅ 图标，表示该上下文菜单已分配给某个组件。单击预览图右上角的图标或图标右侧的数字，可查看分配信息，如图 8.71 所示。如果将组件拖放到设计画布的空白区域，则可将上下文菜单分配给图窗。

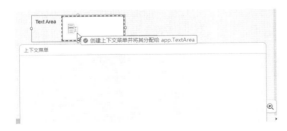

图 8.70　添加上下文菜单时分配给组件

图 8.71　查看分配信息

如果添加组件时直接将组件拖放到上下文菜单区域（图 8.72），则组件预览图右上角显示 ⚠ 图标，指示该上下文菜单组件还未分配给组件。单击预览图右上角的图标或图标右侧的数字 0，显示分配提示信息，如图 8.73 所示。

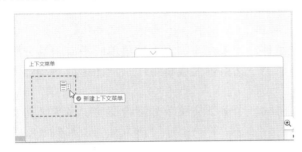

图 8.72　添加上下文菜单时未分配给组件

图 8.73　分配提示信息

2．编辑上下文菜单组件

在设计画布上添加的上下文菜单默认只有两个菜单项，在上下文菜单区域双击预览图，或在"组件浏览器"中单击某个菜单项，即可进入上下文菜单的编辑状态，如图 8.74 所示。

图 8.74　上下文菜单的编辑状态

此时，可以使用 8.3.2 小节介绍的编辑菜单项的方法编辑上下文菜单。例如，添加同级的菜单项或级联的子菜单项。双击菜单项可编辑菜单项的标签；在"组件浏览器"中可以查看菜单的层级结构、设置菜单项的属性，如图 8.75 所示。

编辑完成后，单击上下文菜单区域左上角的返回箭头（＜）退出编辑模式。

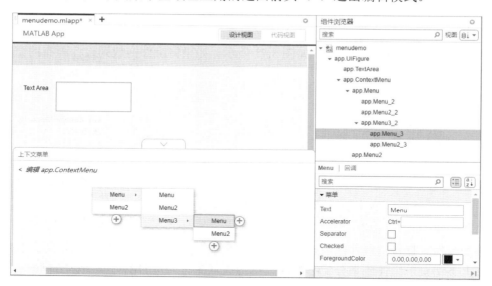

图 8.75　编辑菜单层级结构和属性

3．与组件建立关联

与组件建立关联就是将上下文菜单分配给其他组件。如果在添加上下文菜单时没有将其分配给某个组件，可以根据需要随时将其进行分配，只需在上下文菜单区域将组件预览图拖放到需要的组件上释放即可。

一个上下文菜单可以分配给多个组件。例如，将同一个上下文菜单分配给图窗、坐标区和文本区域，如图 8.76 所示。

将上下文菜单分配给组件后，在组件上右击，在弹出的快捷菜单中选择"上下文菜单"→"转至＜上下文菜单组件名称＞"命令，可自动定位到该组件分配的上下文菜单，如图 8.77 所示。如果选择"上下文菜单"→"取消分配上下文菜单"命令，可取消组件与上下文菜单之间的关联。

在上下文菜单中右击，在弹出的快捷菜单中选择"转至组件"→"<组件名称>"命令，可自动定位到该菜单分配给的组件，如图 8.78 所示。

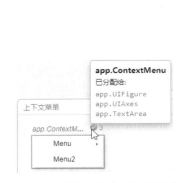

图 8.76　将同一个上下文菜单分　　　　图 8.77　组件的快捷菜单　　　　图 8.78　上下文菜单的快捷菜单
　　　　　配给多个组件

一个组件只能关联一个上下文菜单。如果要替换组件关联的上下文菜单组件，可以在组件上右击，在弹出的快捷菜单中（图 8.79）选择"上下文菜单"→"替换为"→"<上下文菜单组件名称>"命令，即可为组件重新分配上下文菜单。

在"组件浏览器"中也可以很方便地为组件重新分配上下文菜单。选中组件，在"组件浏览器"中展开"交互性"选项组，然后在"ContexMenu（上下文菜单）"下拉列表中选择需要的上下文菜单，如图 8.80 所示。

图 8.79　替换组件的上下文菜单　　　　　　　图 8.80　重新选择上下文菜单

实例——创建图窗工具

源文件：yuanwenjian\ch08\menutoolbar.mlapp

本实例创建用于控制曲线外观的菜单栏、工具栏和上下文菜单。

【操作步骤】

1. 添加菜单栏组件

（1）在命令行窗口中执行下面的命令，启动 App 设计工具。

```
>> appdesigner
```

（2）在弹出的 App 设计工具起始页中选择"空白 App"，进入 App 设计工具的操作界面。

（3）在组件库中将菜单栏组件拖放到设计画布上，然后添加菜单项和子菜单项。在"设计视图"中双击各个菜单项，修改菜单项的标签。为便于区分各个菜单项，在"组件浏览器"中将各个菜单项重命名为一个易懂的名称。

（4）选中"线型"菜单下的"实线"菜单项，在"组件浏览器"中勾选"Checked（菜单复选标记指示符）"属性。使用同样的方法，勾选"标记"菜单下的"无"菜单项的菜单复选标记指示符。

（5）按住 Ctrl 键选中所有顶级菜单项，在"组件浏览器"中设置"ForegroundColor（前景色）"为蓝色。

此时，菜单效果和"组件浏览器"中的组件层级结构如图 8.81 所示。

图 8.81　菜单栏层级结构和效果

2. 添加工具栏组件

（1）在组件库中将工具栏组件拖放到设计画布上，工具栏自动定位到菜单栏下方。

（2）在工具栏中放置 4 个按钮工具和 2 个切换工具。选中按钮工具或切换工具，在"组件浏览器"中设置组件的"Icon（图标）"属性。切换到"交互性"选项组，设置组件的"Tooltip（工具提示）"属性。

（3）为便于区分各个菜单项，在"组件浏览器"中为各个按钮工具和切换工具重命名为一个易懂的名称。此时，工具栏效果和"组件浏览器"中的组件层级结构如图 8.82 所示。

图 8.82　工具栏效果和组件层级结构

3．添加坐标区组件

（1）在组件库中将坐标区组件拖放到设计画布上，调整组件的大小和位置。

（2）在"组件浏览器"的"标签"选项组中设置"Title.String（标题文本）"为"参数函数曲线"。

（3）选中设计画布，在"窗口外观"选项组中设置"Color（背景颜色）"属性为[0.79,0.91,0.95]。此时的设计画布如图 8.83 所示。

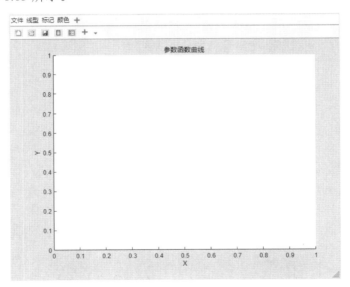

图 8.83　设计画布效果

4．添加上下文菜单组件

（1）在组件库中将上下文菜单组件拖放到设计画布中的坐标区组件上，创建一个上下文菜单组件，并将该组件分配给坐标区组件。

（2）双击上下文菜单组件，添加子菜单项。然后双击菜单项，修改菜单项的标签。

（3）为便于区分各个菜单项，在"组件浏览器"中将各个菜单栏重命名为一个易懂的名称。此时，上下文菜单的效果和"组件浏览器"中的组件层级结构如图 8.84 所示。

至此，图形用户界面设计完成。

图 8.84　上下文菜单的效果和组件层级结构

5. 运行程序

（1）在功能区单击"保存"按钮，将 App 文件以 menutoolbar.mlapp 为文件名保存在搜索路径下。

（2）在功能区单击"运行"按钮，即可打开一个图窗，显示创建的图形用户界面。单击顶级菜单项，可以显示对应的菜单列表和级联子菜单。将鼠标指针移到工具栏的按钮工具上，显示对应的工具提示。在坐标区右击，即可弹出上下文菜单，如图 8.85 所示。

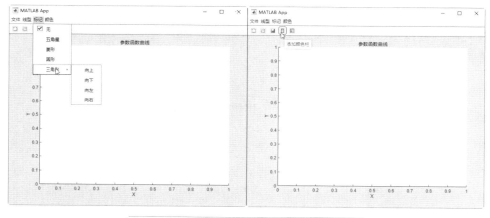

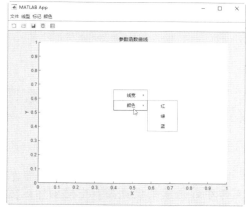

图 8.85　运行结果

📢 提示：

　　本实例仅设计了图形用户界面，没有为应用程序和各个组件添加输入参数和回调。因此，坐标区不显示图形，单击各个菜单项和按钮工具也不能触发相应的事件。有关控制组件行为的操作将在下一章中进行详细介绍。

第9章 App 应用程序开发

内容指南

在 MATLAB 中，使用 App 设计工具开发 App 应用程序可分为两个主要步骤：使用"设计视图"进行界面设计、编写组件行为控制代码。设计好图形用户界面之后，要使图形用户界面中的组件能与用户进行交互，还需要为组件设置行为控制代码，这些操作通常要在 App 设计工具的代码视图中完成。

第 8 章介绍了使用 App 设计工具的"设计视图"设计图形用户界面的操作，本章将主要介绍使用 App 设计工具的代码视图控制组件行为，以及管理代码中的类和迁移早期 GUIDE 程序的方法。

内容要点

➤ 代码视图
➤ 类的语法结构
➤ 控制组件行为
➤ App 打包与共享
➤ GUIDE 迁移策略

9.1 代 码 视 图

App 设计工具的"代码视图"不但提供了 MATLAB 编辑器中的大多数编程功能，还可以浏览代码，避免许多烦琐的任务。

在 App 设计工具的视图窗口中单击"代码视图"按钮，即可进入代码视图编辑环境。左侧显示"代码浏览器"与"App 的布局"，中间为代码编辑器，右侧显示"组件浏览器"，如图 9.1 所示。

1. 代码浏览器

"代码浏览器"包括三个选项卡："回调""函数""属性"，分别用于对 App 应用程序中的回调、辅助函数或自定义属性进行管理。

"回调"是指用户与应用程序中的 UI 组件交互时执行的函数；"函数"是指 MATLAB 中执行操作的辅助函数；"属性"是指存储数据并在回调和函数之间共享数据的变量，使用前缀 app.指定属性名称来访问属性值。

2. App 的布局

显示 App 布局的缩略图，便于在具有许多组件的复杂大型 App 中快速查找、定位组件。在缩略图中单击某个组件，即可在设计画布和"组件浏览器"中选中对应的组件。

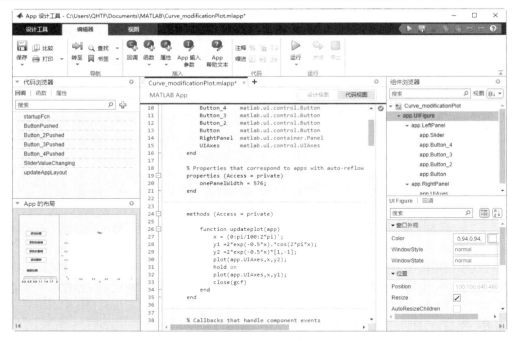

图 9.1 代码视图

3．组件浏览器

在设计图形用户界面时，"组件浏览器"通常用于选择组件、设置组件的属性。在编写组件的行为代码时，利用"组件浏览器"可以很方便地管理组件属性。

在设计画布上放置一个 UI 组件后，在"组件浏览器"中可以看到 App 设计工具为该组件指定的默认名称，以 **app.** 前缀开头，如图 9.2 所示。在"代码视图"中使用组件名称引用组件，如图 9.3 所示。

图 9.2 指定组件名称

如果在"组件浏览器"中更改了组件名称，App 设计工具会自动更新对该组件的所有引用，如图 9.4 所示。

图 9.3　使用组件名称引用组件

图 9.4　更改组件名称

同样地，如果在"组件浏览器"中修改组件的其他属性，在代码编辑器中也会自动更新相应的代码。

9.2　类的语法结构

切换到 App 应用程序的"代码视图"，可以看到应用程序的代码其实就是一个类，如图 9.5 所示。

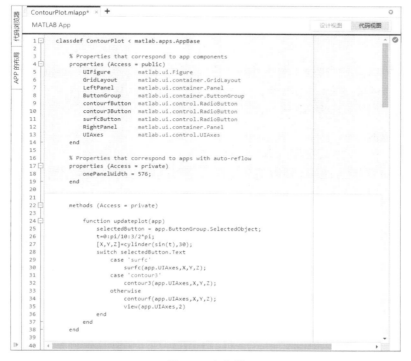

图 9.5　定义类

　　MATLAB 中的类是面向对象编程的基础，它提供了封装、继承和多态等基本特性，可以帮助用户将代码组织成更加模块化和可重用的结构，提高代码的可读性和可维护性。

　　在 MATLAB 中，使用关键字 classdef 定义类及该类的属性和方法，语法结构如下：

```
classdef (Attributes) ClassName < SuperclassNames
    properties (Attributes)
        ...
    end
    methods (Attributes)
        ...
    end
    events (Attributes)
        ...
    end
    enumeration
        ...
    end
end
```

　　类定义以关键字 classdef 开始，关键字 end 结束。只有空白行或注释可位于关键字 classdef 之前。

　　定义类时，需要指定类名和类属性。其中，(Attributes)表示可选的类属性，是以逗号分隔的属性名称及其关联值的列表。ClassName 是以字母字符开头的有效的类名称，通常以大写字母开头，可以包含字母、数字或下划线。SuperclassNames 是由&字符分隔的一个或多个超类（或称父类）列表。

　　类定义模块中可以包括以下类成员模块中的一个或多个。

　　（1）properties（属性定义）模块。使用关键字 properties 开始，关键字 end 结束。类定义可以包含多个属性定义模块，每个模块指定不同的属性设置，该设置将应用于特定模块的属性上。属性不能与其定义类同名。

　　（2）methods［方法（函数）］定义模块。包含实现类方法的函数，使用关键字 methods 开头，关键字 end 结束。类定义可以包含多个方法定义模块，每个模块指定不同的属性设置，用于特定模块的方法。

　　（3）events（事件定义）模块。包含类定义的事件名称，以关键字 events 开头，关键字 end 结束。类定义可以包含多个事件定义模块，每个模块指定不同的属性设置，用于特定模块中的事件。

　　（4）enumeration（枚举定义）模块。定义一组值类型都相同固定的命名值，以关键字 enumeration 开始，关键字 end 结束。

　　在"代码视图"中，使用关键字 classdef 定义类，程序结果如图 9.5 所示。properties、methods、events 和 enumeration 是 MATLAB 函数的名称，用于查询给定对象或类名称的各个类成员。

　　定义类后，要调用类，类定义必须保存在 MATLAB 搜索路径下与类同名的文件中，文件扩展名为.m。如果类定义的父文件夹在 MATLAB 搜索路径下的类文件夹中，则类文件夹名称以@字符开始，后跟类名称（如@FirstClass）。

9.3　控制组件行为

　　控制组件行为就是为 App 应用程序定义输入参数、为 GUI 中的组件添加回调，以实现与用户的交互。

9.3.1 添加回调

组件作为图形用户界面图形对象的主体，它的属性按照用途可以分为外观设计属性和行为控制属性。外观设计属性包括常见的标签、位置和大小、字体名称和颜色等；行为控制属性包括回调属性与回调执行控制。

回调是用户与应用程序中的 UI 组件交互时执行的函数，大多数组件至少可以有一个回调。但是，某些组件（如标签）没有回调，只显示信息。

在"代码视图"中，使用"代码浏览器"和"组件浏览器"可以很方便地在 App 中添加回调。

1. 使用"代码浏览器"添加回调

单击"回调"选项卡中的"添加"按钮 ✛，在如图 9.6 所示的"添加回调函数"对话框中可选择在组件或 UI 图窗中添加回调函数、指定回调函数名称。单击"添加回调"按钮，"代码视图"中会添加相应的示例代码，用户可以根据要实现的功能，在以白色为底色的区域编辑代码。

例如，为 UIFigure 添加 CloseRequestFcn 回调后，在代码视图中将自动添加如图 9.7 所示的代码。

图 9.6 "添加回调函数"对话框

图 9.7 添加的回调

此时，在"代码浏览器"的"回调"选项卡中可以看到添加的回调属性列表，如图 9.8 所示。

2. 使用"组件浏览器"添加回调

在 App 中选中一个组件，在"组件浏览器"的"回调"选项卡中可以查看该组件受支持的回调属性列表，如图 9.9 所示。

图 9.8 添加的回调属性列表

图 9.9 "回调"选项卡

在回调属性右侧的下拉列表中显示当前已定义的回调函数的名称。如果没有添加相应的回调函数，则显示为空。

如果要为选中的组件定义一个回调，可以打开回调属性对应的下拉列表，在图 9.10 所示的回调属性下拉列表中选择"<添加（回调属性）回调>"命令。

如果在图 9.10 所示的下拉列表中选择一个已定义的回调，则可为选中的组件添加指定的回调。这种方式在多个 UI 组件具有相同的行为控制代码时很实用。

对于已添加回调的组件，在对应的回调属性下拉列表顶部可以看到 "<没有回调>" 选项，如图 9.11 所示。单击该选项，即可删除指定组件的回调，但回调的代码并不会从代码中删除。

图 9.10　回调属性下拉列表

图 9.11　删除回调

📢 提示：

> 　　如果从 App 中删除组件，仅当关联的回调未被编辑且未与其他组件共享时，App 设计工具才会删除关联的回调。

3. 使用快捷菜单

在设计画布或 "组件浏览器" 中右击要添加回调的组件，在弹出的快捷菜单中选择 "回调" → "添加（回调属性）回调" 命令，如图 9.12 所示。

添加回调后，使用 "代码浏览器" 还可以很便捷地管理 App 中的所有回调。下面简要介绍常用的回调管理功能。

（1）快速定位回调。在 "回调" 选项卡中单击要查看的某个回调，编辑器将自动滚动到代码中的对应部分。

在回调列表顶部的搜索栏中输入回调的部分名称，然后单击下方的搜索结果，编辑器将自动滚动到该回调的定义。

（2）删除、重命名和插入回调。在回调列表中右击某个回调函数，利用如图 9.13 所示的快捷菜单可以删除、重命名选中的回调。

图 9.12　添加回调

图 9.13　快捷菜单

更改某个回调的名称后，App 设计工具会自动更新代码中对该回调的所有引用。

如果在图 9.13 所示的快捷菜单中选择"在光标处插入"命令，则可在光标处插入对指定回调的调用。

如果在图 9.13 所示的快捷菜单中选择"转至"命令，则可将光标自动定位到代码中该回调的定义位置。

（3）调整回调顺序。在回调属性下拉列表中拖放回调名称，调整回调在列表中的位置，可以重新排列回调定义在代码视图中的顺序。

实例——控制线图的外观

扫一扫，看视频

源文件：yuanwenjian\ch09\menutoolbar.mlapp

本实例为第 8 章中设计的菜单组件、工具栏组件和上下文菜单组件添加回调，控制二维线图的外观。

【操作步骤】

1. 打开文件

打开第 8 章中创建的 App 文件 menutoolbar.mlapp。

2. 添加 App 启动回调

（1）在"组件浏览器"中右击 App 名称，在弹出的快捷菜单中选择"回调"→"添加 startupFcn 回调"命令，即可在代码编辑器中添加如下函数模板。

```
%Callbacks that handle component events
methods (Access = private)

    %Code that executes after component creation
    function startupFcn(app)

    end
end
```

（2）在函数体中编写执行代码，添加输入参数，以在 App 启动时，在坐标区中显示参数函数的曲线。具体代码如下：

```
function startupFcn(app)
    t = -10*pi:pi/50:10*pi;          %参数取值范围和取值点序列
    %定义参数化函数
    x = t.*cos(t);
    y = t.*sin(t);
    z = t.^2;
    p = plot3(app.UIAxes,x,y,z);     %绘制参数化函数的三维线图
    view(app.UIAxes,2);              %切换到二维视图
end
```

此时运行程序，在打开的图窗中可以看到使用默认参数绘制的参数函数曲线图，如图 9.14 所示。

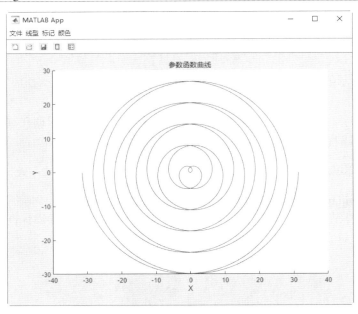

图 9.14 运行结果

3. 为菜单项添加回调

为菜单项添加 MenuSelectedFcn 回调后，在选择菜单项时会触发相应的回调。下面以"标记"菜单下的"五角星"为例，介绍为菜单项添加 MenuSelectedFcn 回调的方法。其他菜单项的回调可以参照同样的方法添加。

（1）在"组件浏览器"中选中菜单栏中的"五角星"菜单组件 app.pentagram，右击，在弹出的快捷菜单中选择"回调"→"添加 MenuSelectedFcn 回调"命令，即可在代码编辑器中添加相应的函数模板。

（2）在函数体中添加执行代码，具体代码如下：

```
%Menu selected function: pentagram
function pentagramMenuSelected(app, event)
    app.none.Checked=0;              %取消默认菜单项"无"左侧的复选标记
    app.pentagram.Checked=1;         %在选定菜单项"五角星"左侧添加复选标记
    p=app.UIAxes.Children;           %获取坐标区组件中的图形对象
    p.Marker='p';                    %设置图形对象的标记样式为五角星
end
```

此时运行程序，在菜单栏中单击"标记"菜单下的"五角星"菜单项，坐标区中的曲线以指定的标记显示，并且"无"菜单项左侧的复选标记消失，当前选中的菜单项左侧显示复选标记，如图 9.15 所示。

4. 为切换工具添加回调

为切换工具添加 Clicked 回调后，在单击按钮工具时会触发相应的回调，并切换工具的状态。下面以"添加颜色栏"切换工具为例，介绍为切换工具添加 Clicked 回调的方法。工具栏中其他工具按钮的回调可以参照同样的方法添加。

（1）在"组件浏览器"中选中工具栏中的"添加颜色栏"切换工具 app.TTcolorbar，右击，在弹出的快捷菜单中选择"回调"→"添加 Clicked 回调"命令，即可在代码编辑器中添加相应的函数模板。

（2）在函数体中添加执行代码，具体代码如下：

```
%Clicked callback: TTcolorbar
function TTcolorbarClicked(app, event)
    s=app.TTcolorbar.State;          %获取切换工具当前的状态
    if s==1
        colorbar(app.UIAxes);        %如果处于按下状态，则添加颜色栏
        s=0;                         %设置工具的状态
    else
        colorbar(app.UIAxes,'off');  %如果处于弹起状态，则清除颜色栏
        s=1;
    end
end
```

此时运行程序，将鼠标指针移到工具栏中的切换工具 □ 上，显示对应的工具提示；单击该按钮，即可在坐标区右侧显示颜色栏，如图 9.16 所示。再次单击该按钮，则取消显示颜色栏。

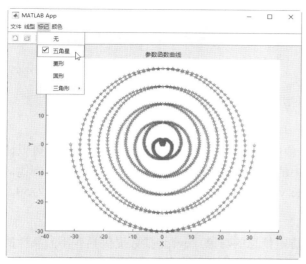

图 9.15　运行结果 2

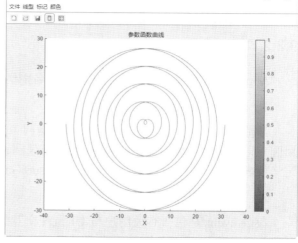

图 9.16　运行结果 3

5. 为上下文菜单项添加回调

下面以上下文菜单中"线宽"菜单下的 2.0 为例，介绍为上下文菜单项添加 MenuSelectedFcn 回调的方法。其他菜单项的回调可以参照同样的方法添加。

（1）在"组件浏览器"中选中上下文菜单中的 2.0 菜单项 app.width03，右击，在弹出的快捷菜单中选择"回调"→"添加 Clicked 回调"命令，即可在代码编辑器中添加相应的函数模板。

（2）在函数体中添加执行代码，具体代码如下：

```
%Menu selected function: width03
function width03MenuSelected(app, event)
    app.width03.Checked=1;     %在选定的菜单项左侧添加复选标记
    p=app.UIAxes.Children;     %获取坐标区中的图形对象
    p.LineWidth=2.0;           %设置曲线的线宽
end
```

此时运行程序，在坐标区右击显示上下文菜单。在"线宽"菜单中单击 2.0，坐标区中的曲线线宽即可修改为 2.0，并且选定的菜单项左侧放置一个复选标记，如图 9.17 所示。

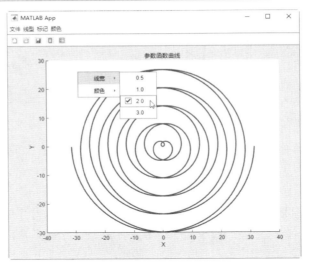

图 9.17　运行结果 4

9.3.2　回调参数

App 设计工具中的所有回调在函数签名中均包括以下两个输入参数。

1．app

参数 app 表示 app 对象，使用此对象访问 App 中的 U 组件以及存储为属性的其他变量。可以使用圆点语法 app.Component.Property 访问任何回调中的任何组件以及特定于组件的所有属性。例如，定义仪表的名称为 PressureGauge，app.PressureGauge.Value = 50;表示将仪表的 Value 属性设置为 50。

2．event

参数 event 是包含有关用户与 UI 组件交互的特定信息的对象。event 参数提供具有不同属性的对象，具体取决于正在执行的特定回调。对象属性包含与回调响应的交互类型相关的信息。例如，滑块的 ValueChangingFcn 回调中的 event 参数包含一个名为 Value 的属性。该属性在用户移动滑块（释放鼠标之前）时存储滑块值。

扫一扫，看视频

实例——跟踪滑块的值

源文件：yuanwenjian\ch09\slidervalue.mlapp
本实例使用一个半圆形仪表实时显示滑块的当前值。

【操作步骤】

（1）在命令行窗口中执行下面的命令，启动 App 设计工具。

```
>> appdesigner
```

（2）在弹出的 App 设计工具起始页中选择"空白 App"，进入 App 设计工具的操作界面。

（3）在设计画布中添加一个面板组件，调整到适当大小和位置后，在面板中添加一个半圆形仪表和一个滑块组件。

（4）调整仪表组件的大小和位置，然后按住 Shift 键选中滑块组件，在"画布"选项卡中单击"居中对齐"按钮 ，使两个组件在垂直方向居中对齐，效果如图 9.18 所示。

（5）在设计画布上选中面板组件，在"组件浏览器"中清除面板组件的"Title（标题）"属性值。然后使用自定义颜色设置"BackgroundColor（背景色）"属性，如图9.19所示。

此时的面板效果如图9.20所示。

图9.18　布局组件　　　　图9.19　设置面板的背景颜色　　　　图9.20　面板效果

（6）选中半圆形仪表组件，设置"Value（初始值）"为24，"Limits（范围）"为[−10,45]。然后单击"ScaleColors（标度颜色）"右侧的编辑按钮，单击 + 按钮，设置标度颜色和标度范围，如图9.21所示。此时的仪表效果如图9.22所示。

图9.21　设置仪表属性

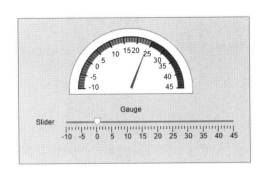

图9.22　仪表效果

（7）选中滑块组件，在"组件浏览器"中设置"Value（初始值）"为24，"Limits（范围）"为[−10,45]。定位到"刻度"选项组，单击"MajorTicks（主刻度线位置）"右侧的编辑按钮，单击

+ 按钮，编辑滑块的主刻度线位置和标签，如图 9.23 所示。

编辑完成后，为避免刻度线标签堆叠，适当调整滑块组件的大小，此时的滑块效果如图 9.24 所示。

图 9.23　设置滑块效果

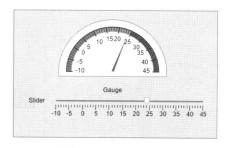

图 9.24　滑块的效果

至此，图形用户界面设计完成。接下来为滑块组件添加回调，实现仪表实时跟踪滑块的值。

（8）切换到代码视图。在"代码浏览器"的"回调"选项卡中单击"添加"按钮 ✚，打开"添加回调函数"对话框。然后在"组件"下拉列表中选择 Slider，在"回调"下拉列表中选择 ValueChangingFcn，回调名称保留默认设置，如图 9.25 所示。

（9）单击"添加回调"按钮，即可在代码编辑器中自动添加如图 9.26 所示的示例代码。其中，函数体部分以白色背景显示，表示可以编辑。

图 9.25　"添加回调函数"对话框

图 9.26　自动生成的代码

（10）修改函数体中的代码，使用 event 参数使仪表跟踪滑块的值。完整的回调函数代码如下：

```
%Value changing function: Slider
function SliderValueChanging(app,event)
    latestvalue = event.Value;          %获取滑块组件的值
    app.Gauge.Value = latestvalue;      %更新仪表组件的值
end
```

（11）将 App 文件以 slidervalue.mlapp 为文件名保存在搜索路径下。然后单击"编辑器"选项卡中的"运行"按钮 ▷ 运行 App 文件，即可打开图窗，显示如图 9.27 所示的图形用户界面。拖动滑块，可以看到仪表指针实时跟随滑块的值变化而变化，如图 9.27 所示。

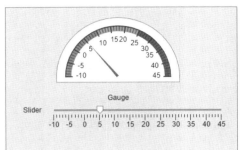
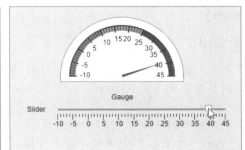

图 9.27 运行结果

9.3.3 定义函数

函数是 MATLAB 在应用程序中为实现某一功能而定义的语句组结构，其能够在代码中的不同位置调用，通常也称为辅助函数。函数包含两种类型：私有函数和公共函数。私有函数只能在 App 中调用，通常用于单窗口应用程序；公共函数可以在 App 的内部和外部调用，常用于多窗口应用程序。

在代码视图中添加函数有以下两种常用的方法。

（1）在"代码浏览器"的"函数"选项卡中单击"添加"按钮 ，在弹出的下拉菜单中选择函数类型：私有函数或公共函数，如图 9.28 所示。

（2）在代码视图功能区的"编辑器"选项卡中单击"函数"按钮 展开下拉菜单，选择需要的函数类型，如图 9.29 所示。

图 9.28 选择函数类型

图 9.29 下拉菜单

添加函数后，代码编辑器中会自动添加一个模板函数。参数 Access 用于指定函数类型是私有函数（private）还是公共函数（public），如图 9.30 所示。

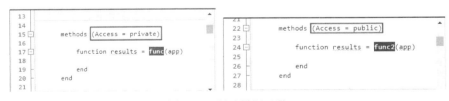

图 9.30 创建模板函数

在"代码浏览器"的"函数"选项卡中双击函数名称，可以修改函数名称，也可以直接在代码编辑器中修改函数名称和输入参数。

实例——设置三维视图

源文件： yuanwenjian\ch09\View_Plot.mlapp

本实例设计一个图形用户界面，使用 UI 组件控制三维曲面的视觉效果。

扫一扫，看视频

【操作步骤】

1. 设计 GUI

（1）在命令行窗口中执行下面的命令启动 App 设计工具，在弹出的 App 设计工具起始页中单击"可自动调整布局的三栏式 App"，进入 App 设计工具的操作界面。

```
>> appdesigner
```

（2）在设计画布的左侧栏中添加"面板"组件 Panel，在"组件浏览器"中设置如下属性。

1）在"Text（文本）"文本框中输入 View。

2）在"FontSize（字体大小）"文本框中输入字体大小 30。

3）在"FontWeight（字体粗细）"选项中单击"加粗"按钮 B 。

（3）在面板中添加两个旋钮组件 Knob，在"组件浏览器"中设置组件的如下属性，结果如图 9.31 所示。

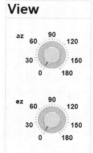

1）在"标签"文本框中分别输入 az、ez。

2）在"FontSize（字体大小）"文本框中输入字体大小 15。

3）在"FontWeight（字体粗细）"选项中单击"加粗"按钮 B 。

4）在"Value（值）"文本框中输入初始值 0。

5）在"Limits（范围）"文本框中输入"0,180"。

（4）在设计画布右侧栏中添加两个按钮组件 Button，在"组件浏览器"中设置如下属性。

1）在"Text（文本）"文本框中分别输入 Title 和 Label。

2）在"FontSize（字体大小）"文本框中输入 20。

图 9.31　面板布局效果

3）在"FontWeight（字体粗细）"选项中单击"加粗"按钮 B 。

（5）在右侧栏中放置滑块组件 Slider，用于控制曲面透明度。在"组件浏览器"中设置如下属性。

1）在"标签"文本框中输入 Alpha，设置"FontSize（字体大小）"为 20。

2）在"FontSize（字体大小）"文本框中输入字体大小 15。

3）在"FontWeight（字体粗细）"选项中单击"加粗"按钮 B 。

4）在"Value（值）"文本框中输入初始值 1。

5）在"Limits（范围）"文本框中输入"0, 1"。

（6）在右侧栏中放置两个下拉框组件 DropDown，在"组件浏览器"中设置如下属性。

1）在"标签"文本框中分别输入 Color1、Color2。

2）在"FontSize（字体大小）"文本框中输入 20。

3）在"FontWeight（字体粗细）"选项中单击"加粗"按钮 B 。

4）在"下拉框"下分别设置"Items（选择项）"为"k,none,flat,interp,r,g,b"，"Value（值）"为 flat、k，如图 9.32 所示。

图 9.32　"下拉框"设置

（7）在设计画布的中间栏放置一个坐标区组件 UIAxes，调整大小和位置。

（8）选中设计画布的左侧栏和右侧栏，在"组件浏览器"中设置"BackgroundColor（背景颜色）"为[0.68,0.75,0.91]，结果如图 9.33 所示。

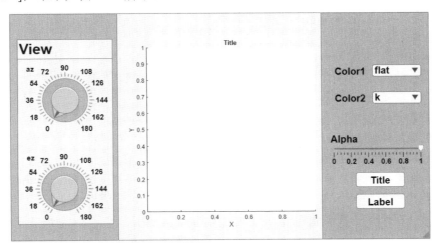

图 9.33　界面设计

（9）在功能区单击"保存"按钮🖫，将 App 文件 View_Plot.mlapp 保存在搜索路径下。

2．编写控制代码

（1）定义辅助函数。切换到代码视图，在"函数"选项卡中单击⊞▾按钮，添加一个私有函数，然后在自动添加的代码区域将函数名称修改为 updateplot，最后在函数体内编写实现代码。具体代码如下所示。

```
methods (Access = private)
    function updateplot(app)
        %定义网格曲面向量 x、y
        x=0:0.02*pi:2*pi;
        y=0:0.01*pi:pi;
        %定义网格曲面数据 s,t
        [s,t]=meshgrid(x,y);
        %定义函数表达式
        r = 2 + sin(7.*s + 5.*t);
        X = r.*cos(s).*sin(t);
        Y = r.*sin(s).*sin(t);
        Z = r.*cos(t);
        %绘制三维网格面
        plotline = mesh(app.UIAxes,X,Y,Z);
        %获取下拉框的值，设置曲面着色模式
        plotline.FaceColor = app.Color1DropDown.Value;
        %获取下拉框的值，设置曲面轮廓颜色
        plotline.EdgeColor = app.Color2DropDown.Value;
        %获取滑块的值，设置曲面透明度
        plotline.FaceAlpha = app.AlphaSlider.Value;
        %获取旋钮的值，定义方位角和仰角
        az = app.azKnob.Value;
        ez = app.ezKnob.Value;
```

```
            view(app.UIAxes,az,ez)
        end
    end
```

（2）添加初始参数。在"组件浏览器"中选中 App 文件名称 View_Plot，右击，在弹出的快捷菜单中选择"回调"→"添加 startupFcn 回调"命令，自动在代码编辑器中添加回调函数 startupFcn，修改代码如下所示。

```
methods (Access = private)
    function startupFcn(app)
        updateplot(app)
    end
end
```

（3）为按钮添加回调。

1）为 Title 按钮添加回调。在 App 的布局中右击 Title 按钮，在弹出的快捷菜单中选择"回调"→"添加 ButtonPushedFcn 回调"命令，自动在代码编辑器中添加回调函数 TitleButtonPushed，编辑函数代码如下所示。

```
methods (Access = private)
    function TitleButtonPushed(app, event)
        %添加标题
            title(app.UIAxes,'曲面视图设置',FontSize=30)
    end
end
```

2）为 Label 按钮添加回调。在 App 的布局中右击"绘图"按钮，在弹出的快捷菜单中选择"回调"→"添加 ButtonPushedFcn 回调"命令，自动在代码编辑器中添加回调函数 LabelButtonPushed，编辑函数代码如下所示。

```
methods (Access = private)
    function LabelButtonPushed(app, event)
        %添加 x、y 坐标轴标签
        xlabel(app.UIAxes,'xValue')
        ylabel(app.UIAxes,'yValue')
    end
end
```

（4）为多个组件添加相同的回调。在"代码浏览器"的"回调"选项卡中单击"添加"按钮 ✛，打开"添加回调函数"对话框，为组件 AlphaSlider 添加回调 ValueChangedFcn，函数名称为 cValueChanged。具体代码如下所示。

```
methods (Access = private)
    function cValueChanged(app, event)
        updateplot(app)
    end
end
```

在"组件浏览器"中选中 Color1DropDown 组件，切换到"回调"选项卡，在 ValueChangedFcn 下拉列表中选择已定义的回调函数 cValueChanged。同样地，为 Color2DropDown、azKnob、ezKnob 组件添加回调函数 cValueChanged。

3. 运行程序

（1）在功能区单击"运行"按钮 ▶，即可在坐标区绘制函数曲面，如图 9.34 所示。

（2）单击 Title 按钮，在坐标区上方显示标题，结果如图 9.35 所示。

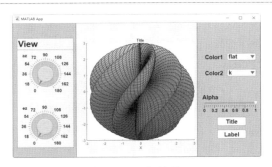

图 9.34 运行结果 1

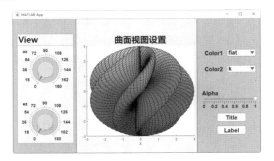

图 9.35 运行结果 2

（3）单击 Label 按钮，将 az、ez 设置到适当角度，在坐标区显示坐标轴名称，结果如图 9.36 所示。

（4）在 Color1 下拉列表中设置曲面着色模式，在 Color2 下拉列表中设置曲面轮廓颜色，结果如图 9.37 所示。

（5）在 Alpha 滑块中设置曲面透明度，结果如图 9.38 所示。

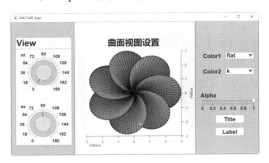

图 9.36 运行结果 3

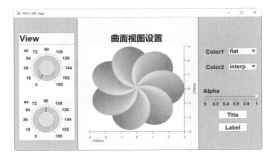

图 9.37 运行结果 4

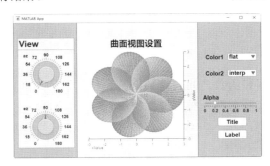

图 9.38 运行结果 5

动手练一练——绘制柱体等高线

设计一个图形用户界面，使用三种不同的等高线命令绘制剖面曲线为 $y = \sin x, x \in \left[0, \dfrac{3\pi}{2}\right]$ 的柱体等高线，如图 9.39 所示。

📋 **思路点拨：**

源文件：yuanwenjian\ch09\ContourPlot.mlapp
（1）在设计画布中添加单选按钮组和坐标区，设置组件属性，设计图形用户界面。

（2）定义辅助函数，定义 App 应用程序启动时显示的图形。

（3）为单选按钮组添加回调，控制选择不同按钮的交互行为。

（4）运行程序，单击不同的单选按钮，查看程序的运行效果。

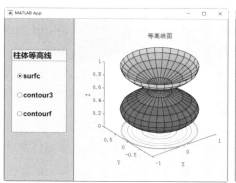
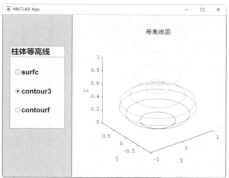

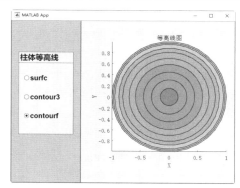

图 9.39　运行结果

9.3.4　添加属性

属性是存储数据并在回调和函数之间共享数据的变量，访问时通常使用 app. 前缀。App 中的属性有两种类型：私有属性或公共属性。私有属性（Access = private）用于存储仅在 App 中共享的数据，只能在 App 中调用；公共属性（Access = public）用于存储在 App 的内部和外部共享的数据，因此可以在 App 的内部和外部调用。

在"代码浏览器"的"属性"选项卡中单击"添加"按钮 ➕，选择属性的类型（私有或公共），即可在代码编辑器中自动添加一个 properties 块，用于定义属性名称，如图 9.40 所示。

图 9.40　添加属性

添加属性后，在"代码浏览器"的属性列表中可以看到添加的属性，如图 9.41 所示。

除了可以使用参数 Access 定义属性的权限，还可以使用 SetAccess 参数设置属性权限。这两个参数的不同之处在于，Access 定义的属性具有读和写访问权限；而 SetAccess 定义的属性只有读的访问权限，需要通过其他方法定义属性值。例如：

```
    properties(Access = private)
%属性具有读和写的访问权限
        Model
        Color
    end
    properties (SetAccess = private)
%属性只有读的访问权限
        SerialNumber
    end
    methods
        function obj = NewCar(model,color)
            %定义属性值
            obj.Model = model;  %指定定义属性值
            obj.Color = color;
            %添加构造函数到 NewCar 类设置属性值
            obj.SerialNumber = datenum(datetime('now'));
        end
    end
end
```

修改属性名称、删除属性和定位属性的操作与函数的相应操作类似，在此不再赘述。

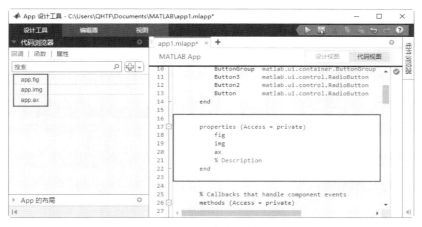

图 9.41　定义属性

9.4　App 打包与共享

在计算机操作中，打包是将几个相关文件放在一起，用压缩软件将文件压缩为一个压缩文件的操作。在 MATLAB 中，App 是为了解决常见的科学计算任务而编写的交互式应用程序，将 App 打包后，可以创建实现特定功能的 App 安装文件（.mlappinstall），以便与他人共享 App。

9.4.1　打包 App

创建 App 文件后，可以将 App 打包到单一文件中。在打包 App 时，MATLAB 会创建一个 App 安装文件。使用该安装文件可以安装并从 App 库中访问该 App，而不必关心安装细节或 MATLAB 路径。

MATLAB 提供了 matlab.apputil.create 和 matlab.apputil.package 命令，以交互方式创建或修改 App 安装文件，使用方式见表 9.1。

表 9.1　matlab.apputil.create 和 matlab.apputil.package 命令的语法格式及说明

语 法 格 式	说　　明
matlab.apputil.create	打开"打包为 App"对话框，引导用户创建.mlappinstall 文件
matlab.apputil.create(prjfile)	加载指定的.prj 文件，并使用指定工程文件中的信息填充"打包为 App"对话框。这种语法格式常用于更新现有的应用程序
matlab.apputil.package(prjfile)	基于指定的.prj 文件中的信息创建.mlappinstall 文件

除了上述命令，在 MATLAB 主窗口的功能区也提供了打包 App 的功能菜单和按钮。在功能区的 APP 选项卡下单击"App 打包"按钮，或在"主页"选项卡的"附加功能"下拉菜单中选择"App 打包"命令，均可启动 App 打包工具。

扫一扫，看视频

实例——创建 App 安装文件

源文件：yuanwenjian\ch09\menutool.mlappinstall、menutool.prj
本实例使用 MATLAB 主窗口提供的功能按钮打包 App，创建 App 安装文件。

【操作步骤】

（1）在 MATLAB 主操作界面中单击功能区 APP 选项卡下的"App 打包"按钮，打开如图 9.42 所示的"打包为 App"对话框。

图 9.42　"打包为 App"对话框

（2）在对话框左侧栏中单击"添加主文件"，在弹出的"添加文件"对话框中选择用于运行所创建的 App 文件。

主文件必须是函数或方法，而非脚本，可在没有输入的情况下调用，并且必须返回 App 的图窗句柄，以便 MATLAB 在用户退出 App 时从搜索路径中删除 App 文件。

添加主文件后，MATLAB 会分析主文件，以确定 App 中是否使用了其他存在依存关系的文件。如果有，则在"通过分析而包含的文件"区域显示相关的文件，如图 9.43 所示。

（3）如果 App 需要其他没有显示在"通过分析而包括的文件"区域的文件，在"共享的资源和辅助文件"区域单击"添加文件/文件夹"，在打开的"添加文件"对话框中添加这些文件。

共享的资源和辅助文件通常为 MEX 文件或 Java 等外部接口，以对运行 App 的系统有所限制。

（4）在"打包为 App"对话框的中间栏（描述您的 App）输入 App 名称、设置图标、作者信息、关于 App 的详细说明以及添加 App 依赖的 MathWorks 产品。

（5）指定安装文件的输出路径，然后单击"打包"按钮即可开始打包 App。打包成功后，在"打包"区域显示相应的提示信息，如图 9.44 所示。

图 9.43　包含文件

图 9.44　打包成功

（6）关闭"打包为 App"对话框。切换到打包的安装文件输出路径，可以看到 MATLAB 为安装文件.mlappinstall 创建了一个.prj 文件，该文件包含 App 的相关信息，如文件和说明。使用.prj 文件可以更新 App 中的文件，而无须重新指定有关该 App 的描述性信息。

9.4.2　共享 App

在 MATLAB 中共享 App 有以下几种常用的方式。

1．直接共享 MATLAB 文件

这是共享 App 的最简单方法，但要求用户在系统中安装 MATLAB，以及 App 所依赖的其他 MathWorks 产品，并熟悉在 MATLAB 命令行窗口中执行命令、管理路径的方法。

2．打包并安装 App

这种方法是使用 MATLAB 附带的 App 打包工具打包 App，然后安装在 MATLAB 功能区的 App 选项卡下。如果用户要与更多受众共享 App，或者不太熟悉在 MATLAB 命令行窗口中执行命令或管理 MATLAB 路径，可以使用此方法。与直接共享 MATLAB 文件相同，用户必须在其系统中安装 MATLAB 以及 App 所依赖的其他 MathWorks 产品。

3．创建预部署 Web App

这种方法可使组织内的用户在其 Web 浏览器上运行共享的 App。要部署 Web App，共享 App 的用户必须在系统中安装 MATLAB Compiler，使用 App 的用户不需要安装 MATLAB，但必须安装能够访问共享者的内部网的 Web 浏览器。

4．创建独立的桌面应用程序

这种方法允许系统中未安装 MATLAB 的用户使用共享的桌面 App，前提是共享 App 的用户必须在系统中安装 MATLAB Compiler，运行共享 App 的用户必须在其系统中安装 MATLAB Runtime。

扫一扫，看视频

实例——安装 App

源文件：yuanwenjian\ch09\menutool.mlappinstall

本实例使用 MATLAB 主窗口的功能按钮安装 9.4.1 小节实例创建的 App 安装文件。

【**操作步骤**】

（1）在 MATLAB 功能区的 APP 选项卡下单击"安装 App"按钮，在打开的"安装 App"对话框中选择要安装的 App 文件（.mlappinstall），打开如图 9.45 所示的"安装"对话框。

（2）单击"安装"按钮，即可将指定的 App 安装到 MATLAB 功能区中 APP 选项卡的 App 下拉列表中。打开 App 下拉列表，在"我的 APP"分类中即可看到安装的 App，如图 9.46 所示。

图 9.45　"安装"对话框

图 9.46　安装的 App

（3）将鼠标悬停在 App 上，可以查看 App 的相关信息，如图 9.47 所示。

图 9.47　查看 App 的相关信息

（4）如果要卸载安装的 App，在 App 图标上右击，从弹出的快捷菜单中选择"卸载"命令。

除了可视化的功能按钮，MATLAB 还提供了一些实用的命令，用于自动安装、运行、测试和卸载打包文件。常用共享命令的语法格式及说明见表 9.2。

表 9.2 常用共享命令的语法格式及说明

语 法 格 式	说 明
appinfo = matlab.apputil.install(appfile)	安装指定的应用程序文件 appfile（.mlappinstall），并返回有关此应用程序的信息 appinfo
matlab.apputil.getInstalledAppInfo	显示已安装的自定义应用程序的 ID（唯一标识符）和名称，不显示与 MathWorks 产品一起打包的应用程序的信息
appinfo = matlab.apputil.getInstalledAppInfo	返回包括所有已安装的自定义应用程序的状态、ID、位置和名称的结构体 appinfo。不返回与 MathWorks 产品一起打包的应用程序的信息
matlab.apputil.run(appid)	以编程方式运行由唯一标识符 appid 所指定的自定义应用程序
matlab.apputil.uninstall(appid)	卸载由唯一标识符 appid 所指定的应用程序。该命令会删除与应用程序对应的所有文件并从应用程序库中删除此应用程序

9.5 GUIDE 迁移策略

考虑到兼容性，MathWorks 在 R2019b 中宣布将在以后的版本中删除原来用于 MATLAB 中设计图形用户界面的拖放式环境 GUIDE 和 guide 命令。在删除 GUIDE 后，大多数使用 GUIDE 创建的 App 可继续在 MATLAB 中运行，但无法使用 GUIDE 进行编辑。如果要继续编辑使用 GUIDE 创建的 App 并保持与将来的 MATLAB 版本的兼容性，可使用以下两种迁移策略。

1. 导出为 MATLAB 文件

这种迁移策略就是将在 GUIDE 中创建的 App 导出为 MATLAB 程序文件，使用 MATLAB 命令管理 App 布局和代码。如果只是对 App 的布局或行为稍作修改，或者以编程方式开发 App，可以使用这种迁移策略。方法如下：

（1）在 GUIDE 中打开要导出的 App（.fig），在菜单栏中选择"文件"→"导出为 MATLAB 文件"命令，打开如图 9.48 所示的"GUIDE 删除选项"对话框。

图 9.48 "GUIDE 删除选项"对话框 1

（2）单击"导出"按钮，即可将指定的 App 文件导出为一个 M 文件。该文件在 App 文件名之后追加 _export 后缀，包含 App 的原始回调代码以及用来处理 App 创建和布局的自动生成的函数，如图 9.49 所示。

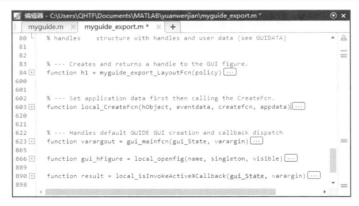

图 9.49　导出的 MATLAB 文件

2．迁移到 App 设计工具

使用这种策略迁移 App 后，可以继续以交互式方式开发 App。例如，设计 App 的布局、使 App 能够响应屏幕大小的变化、共享 App 等。这种迁移策略适用于必须进行交互式编辑或要在 App 设计工具中继续开发的 App。

（1）在 GUIDE 中打开要导出的 App（.fig），在菜单栏中选择"文件"→"迁移到 App 设计工具"命令，打开如图 9.50 所示的"GUIDE 删除选项"对话框。

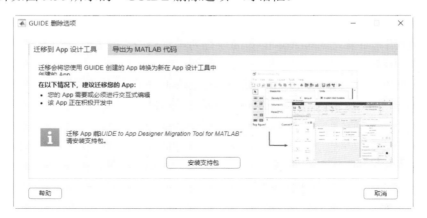

图 9.50　"GUIDE 删除选项"对话框 2

App 设计工具与 GUIDE 之间的主要差异在于代码结构、回调语法以及访问 UI 组件和共享数据的方式，见表 9.3。

表 9.3　App 设计工具与 GUIDE 之间的主要差异

差　异	App 设计工具	GUIDE
对象主体	UI 组件	组件
使用图窗和图形	使用 uifigure 命令创建 App 窗口。使用 uiaxes 命令创建坐标区以显示绘图。支持大多数 MATLAB 图形函数	使用 figure 命令创建 App 窗口。使用 axes 命令创建坐标区以显示绘图。支持所有 MATLAB 图形函数。无须指定目标坐标区
使用组件	使用组件库创建每个 UI 组件。可用的组件较多，包括 Tree、Gauge、TabGroup 和 DatePicker	使用 uicontrol 命令创建大多数组件。可用的组件较少

差　异	App 设计工具	GUIDE
访问组件属性	支持 set 和 get，但建议使用圆点表示法访问组件属性，并使用 app 指定组件。 name = app.UIFigure.Name	使用 set 和 get 访问组件属性，并使用 handles 指定组件。 name = get(handles.Fig,'Name')
管理 App 代码	代码被定义为 MATLAB 类。只有回调、辅助函数和自定义属性可以编辑	代码被定义为可以调用局部函数的主函数。所有代码均可编辑
编写回调	所需的回调输入参数是 app 和 event。 myCallback(app,event)	所需的回调输入参数是 handles、hObject 和 eventdata。 myCallback(hObject,evendata,handles)

共享数据	要存储数据以及在回调和函数之间共享数据，请使用自定义属性创建变量。
	app.currSelection = selection
		要存储数据以及在回调和函数之间共享数据，请使用 UserData 属性、handles 结构体或者 guidata、setappdata 或 getappdata 函数。
		handles.currSelection = selection;
		guidata(hObject,handles);

为了简化转换过程，MATLAB 在 R2018a 中首次发布了迁移工具 GUIDE to App Designer Migration Tool for MATLAB。从 R2020a 开始，该迁移工具有了显著改进，可大大减少 App 在 App 设计工具中运行所需的时间和人工代码更新次数。

（2）单击"安装支持包"按钮，即可打开"附加功能资源管理器"安装迁移工具 GUIDE to App Designer Migration Tool for MATLAB。

（3）迁移工具安装完成后，重新打开"GUIDE 删除选项"对话框，然后单击"迁移"按钮，App 将开始迁移，迁移完成后自动在 App 设计工具中打开。

迁移工具读取 GUIDE FIG 文件和关联的代码，将组件和属性配置转换为 App 设计工具的等效内容，并保留 App 的布局以及 GUIDE 回调代码和用户定义函数的副本，生成 App 设计工具中的 MLAPP 文件，文件名在 GUIDE App 文件名的基础上添加_App.mlapp 后缀。

第 10 章　预定义对话框设计

内容指南

对话框是现代 GUI 应用程序不可或缺的一部分，在人机交互中扮演着非常重要的角色。在图形用户界面中，对话框是一种特殊的视窗，用来在用户界面中向用户显示信息，或者在需要的时候获得用户的输入响应。之所以称为"对话框"，是因为它们使计算机和用户之间构成了一个对话或者通知用户一些信息，或者请求用户输入一些信息，或者二者皆有。

本章将简要介绍 GUI 中预定义对话框的分类和创建命令。

内容要点

- ➢ 预定义对话框分类
- ➢ 设计公共对话框
- ➢ 设计 MATLAB 自定义对话框

10.1　预定义对话框分类

预定义对话框是要求用户输入某些信息或给用户提供某些信息的一类窗口，是用户与计算机之间进行交互的一种手段。预定义对话框本身不是一个句柄图形对象，而是一个包含一系列句柄图形子窗口的图形窗口。

预定义对话框可分为两类——公共对话框和 MATLAB 自定义对话框。

1．公共对话框

公共对话框是利用 Windows 资源建立的对话框，包括文件打开、文件保存、文件和文件夹选择、颜色设置、字体设置等对话框。

2．MATLAB 自定义对话框

MATLAB 自定义对话框是对基本 GUI 对象，采用 GUI 函数编写封装的一类用于实现特定交互功能的图形窗口，包括进度条对话框、列表选择对话框、普通对话框、错误对话框、警告对话框、帮助对话框、消息对话框、确认对话框、输入对话框等。

针对不同的对话框，MATLAB 提供了相应的预定义对话框调用命令，见表 10.1。在后续章节将详细介绍这些命令的语法格式。

表 10.1 预定义对话框调用命令

命 令	含 义	命 令	含 义
uiopen	打开文件打开对话框	uigetfile	打开文件选择对话框
uigetdir	打开文件夹选择对话框	uiputfile	打开文件保存对话框
uisave	打开保存工作区变量对话框	uisetcolor	打开颜色设置对话框
uisetfont	打开字体设置对话框	waitbar 和 uiprogressdlg	打开进度条对话框
listdlg	打开列表选择对话框	dialog	打开普通对话框
errordlg	打开错误对话框	warndlg	打开警告对话框
helpdlg	打开帮助对话框	msgbox	打开消息对话框
uiconfirm	打开确认对话框	inputdlg	打开输入对话框

从操作系统实现角度来讲，对话框是特殊的窗口（window），其中的控件用于与用户交互，有如下一些约定的使用规则。

（1）Tab 键顺序：按 Tab 键或上、下、左、右方向键，各个控件依次获得输入焦点。

（2）如果一个按钮获得输入焦点，此时按 Space 键或者 Enter 键，则相当于单击了该按钮。

10.2　设计公共对话框

本节将介绍在 MATLAB 中设计常用公共对话框的命令的使用方法。

10.2.1　文件打开对话框

在 MATLAB 中，uiopen 命令用于打开文件打开对话框，将选定的文件加载到工作区中。uiopen 命令的语法格式及说明见表 10.2。

表 10.2　uiopen 命令的语法格式及说明

语 法 格 式	说　明
uiopen	打开一个标题为"打开"的模态对话框。对话框中的文件筛选器设置为所有 MATLAB 文件
uiopen(type)	根据指定的文件类型（与文件扩展名不同）设置文件筛选器
uiopen(file)	在对话框的文件名字段中显示指定的文件名。对话框中只显示与此默认文件名具有相同扩展名的文件
uiopen(file,tf)	在 tf 的值为逻辑值 true(1)时，直接打开指定的文件而不显示"打开"对话框；在 tf 的值为逻辑值 false(0)时，显示"打开"对话框

模态对话框强制要求用户回应，阻止用户在响应该对话框之前与其他 MATLAB 窗口进行交互。

实例——打开文件打开对话框

源文件：yuanwenjian\ch10\ex_1001.m

解： MATLAB 程序如下。

扫一扫，看视频

```
>> close all
>> uiopen                %在"打开"对话框中显示当前文件夹中的所有文件，如图 10.1 所示
>> uiopen ('jiafa.m')    %关闭对话框后执行该命令，在"打开"对话框中默认选中 jiafa.m，
                         %并默认筛选.m 文件，如图 10.2 所示
```

图 10.1　运行结果 1

图 10.2　运行结果 2

10.2.2　文件和文件夹选择对话框

在 MATLAB 中，uigetfile 命令用于在 App 应用程序中打开文件选择对话框，通过对话框获取用户的输入，返回选择的路径和文件名，便于后续对该文件进行读取操作。uigetfile 该命令的语法格式及说明见表 10.3。

表 10.3　uigetfile 命令的语法格式及说明

语 法 格 式	说　　明
file = uigetfile	打开一个模态对话框，其中列出了当前文件夹中的文件。用户可以在这里选择或输入文件的名称。如果文件存在并且有效，则单击"打开"按钮，将返回文件名。如果单击"取消"或窗口的关闭按钮，则返回 0
[file,path] = uigetfile	在上一种语法格式的基础上，如果单击对话框中的"打开"按钮，还可以返回指定文件的路径。如果单击"取消"按钮或窗口的关闭按钮，则为两个输出参数都返回 0
[file,path,indx] = uigetfile	在上一种语法格式的基础上，还返回在对话框中选择的筛选器的索引
… = uigetfile(filter)	在以上任意一种语法格式的基础上，指定文件扩展名，根据该扩展名筛选对话框中显示的文件
… = uigetfile(filter,title)	在上一种语法格式的基础上，指定对话框标题。如果要使用默认文件筛选器进行筛选，但自定义标题（默认为'选择要打开的文件'），可将筛选器设置为空引号
… = uigetfile(filter,title,defname)	在上一种语法格式的基础上，为文件名字段或对话框打开的默认文件夹指定默认文件名
… = uigetfile(…,'MultiSelect',mode)	在以上任意一种语法格式的基础上，指定用户是否可以选择多个文件。默认值为'off '

扫一扫，看视频

实例——按扩展名筛选文件

源文件：yuanwenjian\ch10\ex_1002.m

解：MATLAB 程序如下。

```
>> close all
>> filter = {'*.fig';'*.mat';'*.avi'};    %指定扩展名
>> [file,path,indx] = uigetfile(filter);    %创建文件选择对话框，仅筛选指定扩展名的文件
```

运行结果如图 10.3 所示。

图 10.3 运行结果

实例——指定对话框标题和默认文件名

源文件：yuanwenjian\ch10\ex_1003.m
解：MATLAB 程序如下。

```
>> close all
%创建文件选择对话框，指定对话框标题和默认选中的文件名
>> [file,path] = uigetfile('*.fig','Select an Folder','closewindow.fig');
```

运行结果如图 10.4 所示。

图 10.4 运行结果

在 MATLAB 中，uigetdir 命令用于打开文件夹选择对话框。uigetdir 命令的语法格式及说明见表 10.4。

表 10.4 uigetdir 命令的语法格式及说明

语 法 格 式	说 明
selpath = uigetdir	打开一个模态对话框，显示当前工作目录中的文件夹并返回用户从对话框中选择的路径
selpath = uigetdir(path)	在上一种语法格式的基础上，指定对话框打开时定位到的初始路径
selpath = uigetdir(path,title)	在上一种语法格式的基础上，指定对话框的标题

实例——显示指定目录下的文件夹

源文件：yuanwenjian\ch10\ex_1004.m
解：MATLAB 程序如下。

```
>> close all
>> uigetdir('','源文件文件夹');    %指定对话框标题。初始文件夹指定为空，显示当前文件夹中的所有文件夹
```
运行结果如图 10.5 所示。

图 10.5　运行结果

10.2.3　文件保存对话框

在 MATLAB 中，uiputfile 命令用于打开文件保存对话框，返回用户选择的路径和设置的文件名字符串，以便后续对该文件进行写入操作。uiputfile 命令的语法格式及说明见表 10.5。

表 10.5　uiputfile 命令的语法格式及说明

语 法 格 式	说　　明
file = uiputfile	打开一个用于选择或指定文件的模态对话框。该对话框列出当前文件夹中的文件和文件夹。如果指定有效的文件名并单击"保存"按钮，则在 file 中返回保存的文件名；如果取消该对话框，则返回 0
[file,path] = uiputfile	在上一种语法格式的基础上，返回选定或指定的文件路径 path。如果取消该对话框，则两个输出参数均返回 0
[file,path,indx] = uiputfile	在上一种语法格式的基础上，返回在对话框中选择的保存类型值的索引 indx。索引从 1 开始。如果单击"取消"按钮或窗口的关闭按钮，则所有输出参数均返回 0
... = uiputfile(filter)	在以上任意一种语法格式的基础上，仅显示扩展名与 filter 匹配的文件
... = uiputfile(filter,title)	在上一种语法格式的基础上，指定对话框的标题 title
... = uiputfile(filter,title,defname)	在上一种语法格式的基础上，指定在对话框的文件名字段中显示的文件名 defname

扫一扫，看视频

实例——指定要保存的文件名称

源文件：yuanwenjian\ch10\ex_1005.m
解： MATLAB 程序如下。

```
>> close all
>> [file,path,indx] = uiputfile('filename1.m');    %创建文件保存对话框，将需要保存的文件
                                                    %名指定为 filename1.m
```
运行结果如图 10.6 所示。

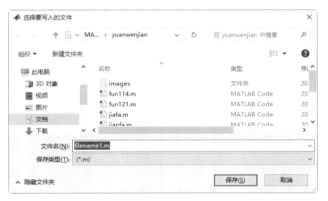

图 10.6　运行结果

实例——指定文件保存类型和对话框标题

扫一扫，看视频

源文件：yuanwenjian\ch10\ex_1006.m
解：MATLAB 程序如下。

```
>> close all
>> [file,name,path] = uiputfile('MATLAB 代码文件（UTF-8）（*.m）', ...
'选择要另存的文件','Untitled.m');   %创建文件保存对话框，指定保存类型、标题和默认文件名
```

运行结果如图 10.7 所示。

图 10.7　运行结果

在 MATLAB 中，uisave 命令用于打开将变量保存到 MAT 文件的对话框。uisave 命令的语法格式及说明见表 10.6。

表 10.6　uisave 命令的语法格式及说明

语 法 格 式	说　　明
uisave	打开"保存工作区变量"模态对话框，默认保存文件名为 matlab.mat。如果单击对话框中的"保存"按钮，则将工作区中的所有变量保存到对话框的文件名字段显示的文件中。如果指定的文件已存在于对话框顶部显示的文件夹中，则会打开一个确认对话框，并为用户提供取消操作或覆盖现有文件的机会
uisave(vars)	在上一种语法格式的基础上，指定用户工作区中要保存的变量 vars
uisave(vars,file)	打开"保存工作区变量"对话框时，在文件名字段中显示指定的文件名 file，而不是默认的 matlab.mat

实例——保存文件

源文件：yuanwenjian\ch10\ex_1007.m

解： MATLAB 程序如下。

```
>> clear all
>> close all
>> uisave                  %工作区没有变量，弹出如图10.8所示的错误对话框
>> [x,y,z]=sphere(25);     %创建3个26×26的矩阵
>> uisave        %打开"保存工作区变量"对话框，单击"保存"按钮，默认将工作区中的所有变量保存在当
                 %前目录下的matlab.mat中，如图10.9所示
```

图 10.8　错误对话框

图 10.9　运行结果 1

关闭如图 10.9 所示的对话框，在命令行窗口中执行以下命令。

```
>> vars={'x','y'};           %指定要保存的变量
>> uisave(vars,'spherevars'); %打开"保存工作区变量"对话框，文件名默认为spherevars.mat，
                 %如图10.10所示。单击"保存"按钮，将变量x和y保存在当前
                 %目录指定的文件中
```

图 10.10　运行结果 2

10.2.4　颜色设置对话框

在 MATLAB 中，uisetcolor 命令用于调用系统内置的颜色选择器，返回用户选择的颜色数据。uisetcolor 命令的语法格式及说明见表 10.7。

表 10.7 uisetcolor 命令的语法格式及说明

语 法 格 式	说　　明
c = uisetcolor	打开一个模态颜色选择对话框,以 RGB 三元组形式返回所选颜色
c = uisetcolor(RGB)	使用 RGB 三元组形式指定默认选择的颜色
c = uisetcolor(obj)	将默认选中的颜色设置为某个对象 obj 的颜色。对象 obj 必须有一个控制颜色的属性。例如,Color 或 BackgroundColor 属性
c = uisetcolor(…,title)	在以上任意一种语法格式的基础上,为对话框指定自定义标题 title

实例——打开颜色设置对话框

源文件:yuanwenjian\ch10\ex_1008.m
解:MATLAB 程序如下。

```
>> close all
>> c = uisetcolor([1 1 0],'标准颜色');  %在颜色设置对话框中默认选
                                      %中 RGB 三元组[1 1 0]表示
                                      %的颜色（黄色）,设置对话
                                      %框标题为"标准颜色"
```

运行结果如图 10.11 所示。

在颜色设置对话框中单击其他颜色,如青色（[0 1 1]）,然后单击"确定"按钮关闭对话框。执行下面的程序,返回选中的颜色。

```
>> c    %返回选中的颜色
c =
     0    1    1
```

图 10.11　运行结果

10.2.5　字体设置对话框

在 MATLAB 中,uisetfont 命令用于打开模态字体设置对话框。uisetfont 命令的语法格式及说明见表 10.8。

表 10.8　uisetfont 命令的语法格式及说明

语 法 格 式	说　　明
uisetfont	打开一个"字体"模态对话框,并选中默认的字体名称和字体样式值。单击"确定"按钮,在命令行窗口中返回选定的字体属性;单击"取消"按钮或对话框标题栏中的关闭按钮,则在命令行窗口中返回值 0
uisetfont(h)	指定"字体"对话框要操作的对象 h。对话框打开时显示的值是该对象的当前设置
uisetfont(optsin)	使用结构体 optsin 定义的值初始化"字体"对话框中的选择项
uisetfont(…,title)	在以上任意一种语法格式的基础上,为对话框自定义标题
optsout = uisetfont(…)	在以上任意一种语法格式的基础上,使用结构体 optsout 返回单击"确定"按钮时在对话框中选定的值。如果单击"取消"按钮或发生错误,则将 optsout 设置为 0

实例——设置文本区域的字体属性

源文件:yuanwenjian\ch10\ex_1009.m
解:MATLAB 程序如下。

```
>> close all
>> fig = uifigure(Name='信息采集',Position=[200 300 280 170]);  %创建 UI 图窗
>> t=uitextarea(fig, Position=[50 60 200 80],Value='请输入产品描述');  %创建文本区域组件
>> optsout = uisetfont(t,'文本字体');        %打开字体设置对话框
```

运行结果如图 10.12 所示。

在对话框中设置字体为"华文行楷"，样式为"粗体"，大小为 14，单击"确定"按钮关闭对话框，可以看到文本区域组件中的文本字体形式随之发生变化，如图 10.13 所示。

图 10.12　运行结果 1

图 10.13　运行结果 2

在命令行窗口中执行以下命令，可以查看字体设置。

```
>> optsout            %查看字体设置
optsout =
   包含以下字段的 struct:
        FontName: '华文行楷'
      FontWeight: 'bold'
       FontAngle: 'normal'
       FontUnits: 'points'
        FontSize: 14
```

10.3　设计 MATLAB 自定义对话框

在后台运行应用程序时，经常需要切换窗口才能查看程序的运行情况。使用 MATLAB 自定义对话框，可以在程序执行过程中根据需要自动弹出各类提示框提醒用户程序的执行情况，如进度条、警告提示、错误提示、输入提示等对话框。

10.3.1　进度条对话框

进度条也称为等待条，是一个显示某个过程执行完成百分比的指示条，执行过程中将从左到右使用颜色逐步填充进度条。

在 MATLAB 中，使用 waitbar 命令可以创建或更新进度条对话框。waitbar 命令的语法格式及说明见表 10.9。

表 10.9　waitbar 命令的语法格式及说明

语　法　格　式	说　　　明
f = waitbar(x,msg)	创建一个非模态对话框，其中包含一个带有指定消息 msg 的进度条，该进度条具有小数形式的长度 x（值是 0～1 的一个实数，表示进度长度与整个进度条长度的比例）。返回进度条对话框的图窗对象 f
f = waitbar(x,msg,Name,Value)	在上一种语法格式的基础上，使用一个或多个名称-值对组参数设置对话框的图窗属性

语 法 格 式	说　明
waitbar(x)	将当前进度对话框中的进度条长度更新为 x。x 的后续值通常会增大。如果后续值降低，表示进度条反向运行
waitbar(x,f)	将进度对话框 f 中的进度条长度更新到新位置 x
waitbar(x,f,msg)	在上一种语法格式的基础上，还更新进度条对话框 f 中的消息

非模态对话框也称为普通对话框，允许用户在响应该对话框之前与其他 MATLAB 窗口进行交互。

实例——模拟数据处理进度

扫一扫，看视频

源文件：yuanwenjian\ch10\waitbardemo.m、ex_1010.m
本实例使用 waitbar 命令创建进度条对话框，模拟处理数据的进度。

【操作步骤】

（1）在 MATLAB 主窗口中新建一个 M 文件，在文件中添加如下程序代码。

```
function waitbardemo
%创建进度条对话框，指定初始进度、消息、图窗标题和窗口样式
f = waitbar(0,'请稍候...', Name='数据处理进度',WindowStyle='modal');
pause(.5)                        %等待 0.5 秒
waitbar(.33,f,'加载数据');        %更新进度和消息
pause(1)
waitbar(.67,f,'数据预处理');
pause(1)
waitbar(1,f,'处理完成');
pause(1)
close(f)                         %关闭图窗对象
end
```

（2）将 M 文件以默认名称保存在搜索路径下，然后在命令行窗口中执行以下命令，运行程序文件。

```
>> waitbardemo
```

运行结果如图 10.14 所示。

图 10.14　运行结果

在 App 设计工具和使用 uifigure 命令创建的 App 中，如果要对进度条对话框进行更多的自定义设置，可以使用 uiprogressdlg 命令创建进度条对话框。uiprogressdlg 命令的语法格式及说明见表 10.10。

表 10.10　uiprogressdlg 命令的语法格式及说明

语 法 格 式	说　明
d = uiprogressdlg(fig)	在使用 uifigure 命令创建的图窗 fig 中显示进度条对话框，并返回 ProgressDialog 对象 d
d = uiprogressdlg(fig,Name,Value)	在上一种语法格式的基础上，使用一个或多个名称-值对组参数设置对话框的属性，控制对话框的外观和行为

实例——模拟 App 安装进度条

源文件：yuanwenjian\ch10\progressdemo.mlapp
本实例使用进度条对话框模拟 App 的安装进度。

【操作步骤】

1．设计图形用户界面

（1）在命令行窗口中执行下面的命令，启动 App 设计工具，创建一个空白的 App 文件。

```
>> appdesigner
```

（2）选中设计画布，在"组件浏览器"中设置画布的"Color（颜色）"为[0.80,0.92,0.92]，"Position（位置大小）"为[100,100,400,300]，"Name（标题）"为"安装 App"。

（3）在组件库中将按钮组件拖放到设计画布中，在"组件浏览器"中设置"Text（标签）"为"点击安装"，"FontName（字体）"为"幼圆"，"FontSize（字号）"为 16，字形加粗，"FontColor（字体颜色）"为蓝色（[0,0,1]）。

（4）调整按钮组件的大小，然后利用智能参考线调整按钮的位置，使按钮位于设计画布的中央。此时的设计画布如图 10.15 所示。

图 10.15　设计画布效果

2．添加按钮回调

（1）在"组件浏览器"中右击 app.Button 组件，在弹出的快捷菜单中选择"回调"→"添加 ButtonPushed 回调"命令，切换到代码视图。

（2）在自动添加的函数模块中编写代码，实现单击按钮打开进度条对话框。具体代码如下：

```
function ButtonPushed(app, event)
    %在图窗中打开进度条对话框，指定对话框标题、显示的消息和进度百分比
    pd = uiprogressdlg(app.AppUIFigure,Title='请稍候……',...
    Message='解压应用程序',ShowPercentage='on');
    pause(1)                        %等待 1 秒
    pd.Value = .33;                 %设置进度条的完成部分
    pd.Message = '加载数据';        %显示消息
    pause(1)
    pd.Value = .67;
    pd.Message = '安装工具箱';
    pause(1)
    pd.Value = .82;
    pd.Indeterminate='on';          %显示不提供具体进度信息的不确定进度
    pd.Message = '连接服务器';
    pause(5)
    pd.Value = 1;
    pd.Message = '完成安装';
    close(pd)                       %关闭对话框
end
```

3．运行程序

（1）将 App 文件以 progressdemo.mlapp 为文件名保存在搜索路径下。

（2）在功能区单击"运行"按钮运行程序，打开如图 10.16 所示的图窗。

图 10.16　运行结果

（3）单击"点击安装"按钮，即可弹出一个进度条对话框，以动画形式显示当前的安装进度和消息，如图 10.17 所示。安装到 82%时，显示不确定进度的进度条，如图 10.18 所示。安装完成后，自动关闭进度条对话框。

图 10.17　确定进度条

图 10.18　不确定进度条

10.3.2　列表选择对话框

在 MATLAB 中，listdlg 命令用于创建列表选择对话框。listdlg 命令的语法格式及说明见表 10.11。

表 10.11　listdlg 命令的语法格式及说明

语 法 格 式	说　　　明
[indx,tf] = listdlg('ListString',list)	创建一个模态对话框，允许用户从指定的列表中选择一个或多个项目。list 值表示要显示在对话框中的项目列表。返回选定行的索引 indx 和选择逻辑值 tf。对话框中包括"全选""取消""确定"按钮
[indx,tf] = listdlg('ListString',list,Name,Value)	在上一种语法格式的基础上，使用一个或多个名称-值对组参数指定对话框的其他选项

在这里需要说明的是，返回的行索引 indx 对应于用户从列表中选择的项目。如果在对话框中单击"取消"按钮或按 Esc 键，或者单击对话框标题栏中的关闭按钮，则返回空数组。

选择逻辑值 tf 指示用户是否作出了选择。如果在对话框中单击"确定"按钮或双击某个列表项，或者按 Enter 键，则返回值为 1。如果单击"取消"按钮或按 Esc 键，或者单击对话框标题栏中的关闭按钮，则返回值为 0。

实例——创建列表选择对话框

源文件：yuanwenjian\ch10\listdialog.mlapp
本实例通过键盘按键创建列表选择对话框。

【操作步骤】

1. 创建 App 文件

（1）在命令行窗口中执行下面的命令启动 App 设计工具，创建一个空白的 App 文件。

```
>> appdesigner
```

（2）在功能区单击"保存"按钮，将 App 文件以 listdialog.mlapp 为文件名保存在搜索路径下。

2. 编辑代码

（1）在"组件浏览器"中右击 app.UIFigure 组件，在弹出的快捷菜单中选择"回调"→"Keyboard 回调"→"添加 KeyPressFcn 回调"命令，切换到代码视图。

（2）在自动添加的回调函数模块中编写回调代码，代码如下所示。

```
function UIFigureKeyPress(app, event)
  key = event.Key;                      %获取按下的键
  switch key
    case 'space'                        %按下空格键
      uilabel(app.UIFigure,Text='您按下了空格键，创建一个空白的列表选择对话框',...
            Position=[150 300 450 50],FontColor='b',FontSize=16);
      [indx,tf]=listdlg('ListString',{''},PromptString='空白列表框',...
                InitialValue=1);
      if indx                           %选择了列表项关闭对话框，删除标签组件
        delete(app.label);
      end
    case 'l'                            %按下 L 键
      app.label=uilabel(app.UIFigure,Text='您按下了 L 键，创建一个目录列表选择对话框',...
                Position=[150 300 450 50],FontColor='b',FontSize=16);
      d = dir;                          %列出文件目录
      fn = {d.name};                    %显示目录名称
      [indx,tf]=listdlg('ListString',fn,...
      PromptString={'选择文件','可以选择一个或多个文件',''},
                SelectionMode='multiple');       %设置多选模式
      if indx
        delete(app.label);
      end
    otherwise                           %按下除空格键或 L 键之外的其他键
      app.label=uilabel(app.UIFigure,Text='请按 Space 键或 L 键创建列表选择对话框',...
                Position=[150 300 450 50],FontColor='b',FontSize=16);
      pause(2);                         %等待 2 秒
      delete(app.UIFigure.Children);    %删除图窗中的组件
  end
end
```

（3）添加属性。在"代码浏览器"中切换到"属性"选项卡，单击 按钮，添加私有属性，自动在代码编辑区添加属性模块，修改默认的属性名称，代码如下所示。

```
properties (Access = private)
    app.label %定义标签组件的属性名
end
```

3．程序运行

（1）单击功能区的"运行"按钮▶，显示一个空白的图窗。

（2）按下空格键，弹出一条文本和一个没有列表项的列表对话框，结果如图 10.19 所示。单击"确定"按钮关闭对话框，图窗中的文本也随之清除。

图 10.19　按空格键的运行结果

（3）将图窗置为当前图窗，按下 L 键，弹出一条文本和一个列表项为当前目录下的所有文件的列表对话框。在列表框中选择一个或多个列表项，如图 10.20 所示，单击"确定"按钮关闭对话框，图窗中的文本也随之清除。

（4）将图窗置为当前图窗，按下除空格键与 L 键之外的任意键，弹出一条文本，如图 10.21 所示。等待 2 秒后，文本自动消失。

图 10.20　按 L 键的运行结果

图 10.21　按其他键的运行结果

10.3.3 普通对话框

在 MATLAB 中，dialog 命令用于创建普通对话框。dialog 命令的语法格式及说明见表 10.12。

表 10.12 dialog 命令的语法格式及说明

语 法 格 式	说　　明
d = dialog	创建一个空的模态对话框并返回 Figure 对象 d。使用 uicontrol 命令在对话框中添加用户界面组件
d = dialog(Name,Value)	使用一个或多个名称-值对组参数设置 Figure 属性，创建一个普通对话框 d

实例——创建普通对话框

源文件：yuanwenjian\ch10\dialogdemo.m、ex_1011.m
本实例使用 dialog 命令创建普通对话框。

【操作步骤】

（1）在 MATLAB 主窗口中启动编辑器新建一个 M 文件，在文件中添加如下代码，创建普通对话框。

```
function dialogdemo
    d = dialog;                         %创建一个空的对话框
    d.Position=[300 300 300 150];       %设置对话框的位置和大小
    d.Name='普通对话框示例';            %对话框标题
%在对话框中添加一个文本组件，指定文本内容、字号和颜色
    txt = uicontrol(Parent=d,...
            Style='text',...
            Position=[45 80 210 40],...
            String='单击按钮关闭对话框',...
            FontSize=16,ForegroundColor='b');
%在对话框中添加一个按钮组件，指定按钮标签和回调（单击时清除对话框 d）
    btn = uicontrol(Parent=d,...
            Position=[110 30 80 25],...
            String='关闭',...
            Callback='delete(gcf)');
end
```

（2）将 M 文件保存在搜索路径下，在命令行窗口中输入 M 文件的名称 dialogdemo，按 Enter 键执行，即可弹出如图 10.22 所示的对话框。

图 10.22　运行结果

（3）单击对话框中的"关闭"按钮，即可关闭对话框。

10.3.4　错误对话框

错误对话框用于提示程序运行过程中的出错信息。

在 MATLAB 中，errordlg 命令和 uialert 命令都可用于创建错误对话框。errordlg 命令的语法格式及说明见表 10.13。

表 10.13　errordlg 命令的语法格式及说明

语 法 格 式	说　　明
f = errordlg(msg)	使用指定的错误消息 msg 创建非模态错误对话框并返回对话框 Figure 对象 f
f = errordlg(msg,title)	在上一种语法格式的基础上，指定对话框的标题 title
f = errordlg(msg,title,opts)	在上一种语法格式的基础上，使用参数 opts 指定窗口样式。如果 opts 是结构体数组，则指定窗口样式和解释器
f = errordlg	创建一个包含默认标题（错误对话框）和默认消息（这是默认错误）的错误对话框

实例——创建模态错误对话框

源文件：yuanwenjian\ch10\ex_1012.m

本实例使用 errordlg 命令创建一个模态错误对话框。

【操作步骤】

（1）在命令行窗口中执行以下命令。

```
%使用结构体数组指定窗口样式为模态，文本解释器为 TeX
>> opts = struct('WindowStyle','modal','Interpreter','tex');
%创建模态错误对话框，使用 TeX 解释器将消息中的修饰符\alpha 解释为希腊字母 α
>> f = errordlg('请尝试将表达式中 a 替换为\alpha', '表达式错误', opts);
```

📢 提示：

TeX 标记中的修饰符除上标和下标以外，其他修饰符会一直作用到文本结尾。

运行结果如图 10.23 所示。

图 10.23　运行结果

（2）单击错误对话框中的"确定"按钮，即可关闭对话框。

uialert 命令用于显示一个警报对话框，它提供了额外的自定义选项。例如，可定制图标、更多的文本解释器和名称-值对组参数，允许用户更灵活地定制错误对话框。因此，在 App 设计工具和使用 uifigure 命令创建的 App 中，推荐使用 uialert 命令创建错误对话框。uialert 命令的语法格式及说明见表 10.14。

表 10.14　uialert 命令的语法格式及说明

语 法 格 式	说　明
uialert(fig,message,title)	在指定图窗 fig 的前面显示一个模态对话框，显示指定的消息 message 和标题 title。图窗必须使用 uifigure 创建。默认情况下，此对话框还包含一个错误图标和一个"确定"按钮
uialert(…,Name,Value)	在上一种语法格式的基础上，使用一个或多个名称-值对组参数指定对话框的属性

使用 uialert 命令创建错误对话框可以指定对话框文本解释器（包括字面字符、TeX 标记、LaTeX 标记和 HTML 标记）、窗口模态和图标。其中，图标可以是 MATLAB 预定义的图标，也可以是用户自定义的图标。自定义图标可指定为 SVG、JPEG、GIF 或 PNG 图像文件或真彩色图像数组。MATLAB 预定义的图标及对应的值见表 10.15。

表 10.15　MATLAB 预定义的图标及对应的值

图标	值	图标	值
（八边形感叹号）	'error'（默认值）	（问号）	'question'
（三角形感叹号）	'warning'	（对勾）	'success'
（i 信息）	'info'	不显示任何图标	''

从表 10.15 中可以看出，uialert 命令不仅可以自定义错误对话框，通过修改图标属性（Icon），还可以自定义警告对话框、帮助对话框、提问对话框、成功对话框和消息对话框。

实例——创建带错误图标的对话框

源文件：yuanwenjian\ch10\ex_1013.m
本实例使用 uialert 命令创建一个带错误图标的错误对话框。

【操作步骤】

（1）在命令行窗口中执行以下命令。

```
>> fig = uifigure(Position=[200 300 480 200]);    %创建图窗
>> uialert(fig,'除数不能为零','语法错误',Icon='error'); %创建错误对话框，指定消息、标题和图标
```

运行结果如图 10.24 所示。

图 10.24　运行结果

（2）单击错误对话框中的"确定"按钮，即可关闭对话框。

10.3.5 警告对话框

在 MATLAB 中，使用 warndlg 命令可以在多个 App 窗口、MATLAB 桌面或 Simulink 中显示警告对话框，并且在响应对话框之前仍能与它们进行交互。warndlg 命令的语法格式及说明见表 10.16。

表 10.16 warndlg 命令的语法格式及说明

语 法 格 式	说 明
f = warndlg(msg)	使用指定的消息 msg 创建警告对话框，并返回对话框图窗对象 f。消息文本会换行以适应对话框大小，对话框标题为"警告对话框"
f = warndlg(msg,title)	在上一种语法格式的基础上，指定警告对话框的标题
f = warndlg(msg,title,opts)	在上一种语法格式的基础上，使用参数 opts 指定窗口样式。如果 opts 是结构体数组，则指定窗口样式和解释器
f = warndlg	创建一个具有默认标题（警告对话框）和默认消息（这是默认警告）的警告对话框

实例——创建显示红色斜体信息的警告对话框

源文件：yuanwenjian\ch10\ex_1014.m
本实例使用 warndlg 命令创建一个模态警告对话框，其中的部分警告信息显示为红色斜体。

【操作步骤】
（1）在命令行窗口中执行以下命令。

```
%使用结构体数组指定窗口样式为模态，文本解释器为 TeX
>> opts = struct('WindowStyle','modal','Interpreter','tex');
%创建模态警告对话框，使用 TeX 解释器将消息中的修饰符解释为斜体、红色
>> f = warndlg('绘图中的标高应显示为\it\color{red}斜体', '字体显示', opts);
```
运行结果如图 10.25 所示。

图 10.25 运行结果

（2）单击对话框中的"确定"按钮，即可关闭对话框。

10.3.6 帮助对话框

在 MATLAB 中，使用 helpdlg 命令可以在多个 App 窗口、MATLAB 桌面或 Simulink 中显示帮助对话框，并且在响应对话框之前仍能与它们进行交互。helpdlg 命令的语法格式及说明见表 10.17。

表 10.17 helpdlg 命令的语法格式及说明

语 法 格 式	说 明
helpdlg	创建一个非模态帮助对话框，其默认标题为"帮助对话框"，默认消息为"这是默认帮助"
helpdlg(msg)	指定自定义消息文本 msg 创建帮助对话框。如果具有指定对话框标题的对话框已存在，则会将它置于最前端
helpdlg(msg,title)	在上一种语法格式的基础上，指定对话框的标题 title
f = helpdlg(...)	在以上任意一种语法格式的基础上，返回对话框图窗对象 f

实例——自定义 clc 命令的帮助对话框

源文件：yuanwenjian/ch10/ex_1015.m
本实例使用 helpdlg 命令创建一个帮助对话框，显示 clc 命令的功能。

【操作步骤】

（1）在命令行窗口中执行以下命令。

```
%通过水平串联和垂直串联多个字符串，定义消息文本
>> msg1='clc - 清空命令行窗口';
>> msg2='此 MATLAB 函数清除命令行窗口中的所有文本，让屏幕变得干净。';
>> msg3='运行 clc 后，您不能使用命令窗口中的滚动条查看以前显示的文本。';
>> msg4='但您可以在命令行窗口中使用向上箭头键↑从命令历史记录中重新调用语句。';
>> msg02=strcat(msg3,msg4);
>> msg=strvcat(msg1,msg2,msg02);
>> helpdlg(msg,'clc命令');
```

运行结果如图 10.26 所示。

图 10.26 运行结果

（2）单击对话框中的"确定"按钮，即可关闭对话框。

10.3.7 消息对话框

在 MATLAB 中，使用 msgbox 命令可以在多个 App 窗口、MATLAB 桌面或 Simulink 中显示消息对话框，并且在响应对话框之前仍能与它们进行交互。msgbox 命令的语法格式及说明见表 10.18。

表 10.18 msgbox 命令的语法格式及说明

语 法 格 式	说　　明
f = msgbox(message)	创建一个消息对话框，消息文本 message 在对话框内自动换行，以适应图窗大小
f = msgbox(message,title)	在上一种语法格式的基础上，指定对话框的标题 title
f = msgbox(message,title,icon)	在上一种语法格式的基础上，使用参数 icon 指定要在消息对话框中显示的预定义图标，包括 help、warn、error 和 none 4 种
f = msgbox(message,title,'custom',icondata,iconcmap)	指定要包括在消息对话框中的自定义图标。icondata 用于定义该图标的图像数据，iconcmap 用于定义图标文件的颜色图。如果 icondata 是真彩色图像数组，则不需要指定 iconcmap
f = msgbox(…,createmode)	在以上任意一种语法格式的基础上，使用参数 createmode 指定对话框的窗口模式。如果 createmode 是一个结构体数组，则包含窗口模式和 message 的文本解释器

实例——自定义消息对话框

源文件：yuanwenjian\ch10\ex_1016.m
本实例使用 msgbox 命令自定义一个消息对话框。

【操作步骤】

（1）在命令行窗口中执行以下命令。

```
%使用结构体数组指定窗口样式为模态，文本解释器为 TeX
>> createmode = struct('WindowStyle','modal','Interpreter','tex');
%指定消息文本
>> msg=["得到的函数为："；"\color{blue}\it\bf  Z = sin\alphax + y^{2}"];
>> [x,map]=imread('ma.png');    %读取图标文件，返回图像数据和关联的颜色图
%创建模态消息对话框，指定标题和图标，使用 TeX 解释器解释消息中的修饰符，蓝色文本加粗倾斜
>> f = msgbox(msg, '计算完成', 'custom',x,map,createmode);
```

运行结果如图 10.27 所示。

图 10.27　运行结果

（2）单击对话框中的"确定"按钮，即可关闭对话框。

10.3.8　确认对话框

在 MATLAB 中，uiconfirm 命令用于创建一个 App 内模态确认对话框。uiconfirm 命令的语法格式及说明见表 10.19。

表 10.19　uiconfirm 命令的语法格式及说明

语 法 格 式	说　　明
uiconfirm(fig,msg,title)	在指定的目标图窗 fig 中显示一个 App 内模态确认对话框。目标图窗必须使用 uifigure 命令创建。对话框显示"确定"和"取消"两个按钮。对话框打开时，用户无法访问对话框后面的图窗，但可以访问 MATLAB 命令提示符
uiconfirm(fig,msg,title,Name,Value)	在上一种语法格式的基础上，使用一个或多个名称-值对组参数设置对话框的外观和行为
selection = uiconfirm(…)	在以上任意一种语法格式的基础上，以字符向量形式返回用户在对话框中的选择。使用此语法时，无法在对话框打开的状态下访问 MATLAB 命令提示符

实例——确认删除对话框

源文件：yuanwenjian/ch10/ex_1017.m
本实例使用 uiconfirm 命令自定义一个确认删除对话框。

【操作步骤】

（1）在命令行窗口中执行以下命令。

```
%指定消息文本
>> msg=["您确认要删除该元件？"；"元件删除后将无法恢复！"];
>> fig=uifigure(Name='创建元件',Position=[200 300 380 240]);    %创建图窗
%创建模态确认对话框，指定标题，使用默认图标'question'
>> selection=uiconfirm(fig,msg,'确认删除')
```

运行结果如图 10.28 所示。

（2）单击对话框中的任意一个按钮，即可关闭对话框。在本实例中，如果单击"确定"按钮，则关闭对话框后，在命令行窗口中输出在对话框中单击的按钮，结果如下：

```
selection =
    'OK'
```

图 10.28　运行结果

（3）如果单击"取消"按钮关闭对话框，则输出

```
selection =
    'Cancel'
```

其中，'OK'和'Cancel'是确认对话框默认的 Options 属性值，对应于两个按钮的名称。用户也可以根据需要使用字符向量元胞数组或字符串数组自定义按钮选项的名称。

10.3.9　输入对话框

在 MATLAB 中，使用 inputdlg 命令可以创建收集用户输入的对话框。inputdlg 命令的语法格式及说明见表 10.20。

表 10.20　inputdlg 命令的语法格式及说明

语 法 格 式	说　　　明
answer = inputdlg(prompt)	创建包含一个或多个文本编辑字段的模态对话框，并返回用户输入的值 answer。参数 prompt 用于指定文本编辑字段的标签
answer = inputdlg(prompt,dlgtitle)	在上一种语法格式的基础上，使用参数 dlgtitle 指定对话框的标题
answer = inputdlg(prompt,dlgtitle, dims)	在上一种语法格式的基础上，使用参数 dims 指定编辑字段的高度或宽度。如果 dims 是标量，表示每个编辑字段的高度；如果 dims 是数组，则每个数组元素中的第一个值用于设置编辑字段的高度，第二个值用于设置编辑字段的宽度
answer = inputdlg(prompt,dlgtitle, dims,definput)	在上一种语法格式的基础上，使用参数 definput 指定每个编辑字段的默认值
answer = inputdlg(prompt,dlgtitle, dims,definput,opts)	在上一种语法格式的基础上，使用参数设置对话框选项。如果 opts 设置为'on'，表示对话框可在水平方向调整大小；如果 opts 是结构体，可指定对话框能否在水平方向调整大小、窗口样式，以及解释 prompt 的文本解释器

扫一扫，看视频

实例——设计视频管理系统

源文件：yuanwenjian\ch10\Main.mlapp

【操作步骤】

1. 设计图形用户界面

（1）在命令行窗口中执行下面的命令，启动 App 设计工具，创建一个空白的 App 文件。

```
>> appdesigner
```

（2）在设计画布中放置"图像"组件 app.Image。在"组件浏览器"中设置"ImageSource（图像源）"为 Main.png 文件；"Position（位置和大小）"为[20,90,600,300]。

（3）在设计画布中放置"按钮"组件 app.Button，在"组件浏览器"中设置"Text（文本）"为 Display；"FontSize（字体大小）"为 20；在"FontWeight（字体粗细）"选项区中单击"加粗"按钮 B；"FontColor（字体颜色）"为白色；"BackgroundColor（背景色）"为黑色。

（4）复制 7 个 Display 按钮的副本，将按钮的"Text（文本）"属性分别修改为 Record、Search、Network、Device、System、Advanced、Information。

（5）选中所有按钮组件，利用"画布"选项卡中的对齐命令对齐按钮，然后单击"水平应用"按钮 或"垂直应用"按钮 ，控制相邻组件之间的水平、垂直间距。

（6）在功能区单击"保存"按钮 ，将 App 文件以 Main.mlapp 为文件名保存在搜索路径下。图形用户界面设计结果如图 10.29 所示。

图 10.29　图形用户界面设计结果

2．编辑代码

（1）Display 按钮编码。

1）添加回调函数。在设计画布中右击 Display 按钮，在弹出的快捷菜单中选择"回调"→"添加 ButtonPushedFcn 回调"命令，转至代码视图。在自动添加的函数模块 DisplayButtonPushed 中编写代码，实现单击该按钮打开影片播放器播放视频。具体代码如下所示。

```
function DisplayButtonPushed(app, event)
    implay('stop.avi');   %打开影片播放器，演示指定的视频
end
```

在上面关闭对话框的代码中，使用了一个自定义属性 app.dia，表示当前打开的对话框，该属性将在后续步骤中定义。

2）添加属性。在"代码浏览器"中切换到"属性"选项卡，单击 按钮，添加一个私有属性。然后在自动添加的属性模块中修改属性名称。同样地，再添加一个私有属性 fig，表示当前打开的图窗。具体代码如下所示。

```
properties (Access = private)
    dia               %定义对话框属性名
    fig               %定义图窗属性名
end
```

（2）Record 按钮编码。在"组件浏览器"中右击按钮组件 app.RecordButton，在弹出的快捷菜单中选择"回调"→"添加 ButtonPushedFcn 回调"命令，自动在代码编辑区添加回调函数模块 RecordButtonPushed。在函数体中编写代码，实现单击该按钮弹出一个消息对话框。具体代码如下所示。

```
function RecordButtonPushed(app, event)
    [x,map]=imread('success.jpg');   %读取图标文件
    %创建消息对话框，指定对话框消息、标题和图标
    app.dia = msgbox('Record Completed','Success','custom',x,map);
end
```

（3）Search 按钮编码。在"组件浏览器"中右击按钮组件 app.SearchButton，在弹出的快捷菜单中选择"回调"→"添加 ButtonPushedFcn 回调"命令，自动在代码编辑区添加回调函数模块 SearchButtonPushed。在函数体中编写代码，实现单击该按钮弹出一个进度条对话框，以动画形式显示进度。具体代码如下所示。

```
function SearchButtonPushed(app, event)
    %打开进度条对话框，指定消息文本和对话框标题
    app.dia = waitbar(0.33,'Searching',Name='Progress');
    pause(.5)   %等待 0.5s
    waitbar(.67,app.dia,'Searching');   %更新进度条
    pause(1)
    waitbar(1,app.dia,'Finishing');
    pause(1)
    close(app.dia)   %关闭对话框
end
```

（4）Network 按钮编码。在"组件浏览器"中右击按钮组件 app.NetworkButton，在弹出的快捷菜单中选择"回调"→"添加 ButtonPushedFcn 回调"命令，自动在代码编辑区添加回调函数模块 NetworkButtonPushed。在函数体中编写代码，实现单击该按钮打开一个错误对话框。具体代码如下所示。

```
function NetworkButtonPushed(app, event)
    %打开错误对话框，指定消息文本和对话框标题
    app.dia = errordlg('Network not connected ','Network Error');
end
```

（5）Device 按钮编码。在"组件浏览器"中右击按钮组件 app.DeviceButton，在弹出的快捷菜单中选择"回调"→"添加 ButtonPushedFcn 回调"命令，自动在代码编辑区添加回调函数模块 DeviceButtonPushed。在函数体中编写代码，实现单击该按钮打开一个警告对话框。具体代码如下所示。

```
function DeviceButtonPushed(app, event)
    %使用结构体指定窗口样式和文本解释器
    opts = struct('WindowStyle','modal','Interpreter','tex');
    %创建模态警告对话框，使用 TeX 修饰符设置字体颜色和字号
    app.dia = warndlg('\color{blue}\fontsize{15} The device is not installed or
    installed incorrectly','Device Warn',opts);
end
```

（6）System 按钮编码。在"组件浏览器"中右击按钮组件 app.SystemButton，在弹出的快捷菜单中选择"回调"→"添加 ButtonPushedFcn 回调"命令，自动在代码编辑区添加回调函数模块 SystemButtonPushed。在函数体中编写代码，实现单击该按钮打开一个帮助对话框。具体代码如下所示。

```
function SystemButtonPushed(app, event)
    %打开帮助对话框,显示帮助信息与对话框标题
    app.dia =helpdlg({'Supported System for playing videos are:', ...
                    'XP','Win7','Win10','Mac'},'System Help');
end
```

（7）Advanced 按钮编码。在"组件浏览器"中右击按钮组件 app.AdvancedButton，在弹出的快捷菜单中选择"回调"→"添加 ButtonPushedFcn 回调"命令，自动在代码编辑区添加回调函数模块 AdvancedButtonPushed。在函数体中编写代码，实现单击该按钮打开一个输入对话框。具体代码如下所示。

```
function AdvancedButtonPushed(app, event)
    prompt={'Name','Duration','Pixel'};                    %文本编辑字段标签
```

```
            dims=[1 50; 1 12; 1 7];                        %三个文本编辑字段的高度和宽度
            app.dia = inputdlg(prompt, 'Advanced',dims);   %创建一个输入对话框
        end
```

（8）Information 按钮编码。在"组件浏览器"中右击按钮组件 app.InformationButton，在弹出的快捷菜单中选择"回调"→"添加 ButtonPushedFcn 回调"命令，自动在代码编辑区添加回调函数模块 InformationButtonPushed。在函数体中编写代码，实现单击该按钮打开一个确认对话框。具体代码如下所示。

```
function InformationButtonPushed(app, event)
    close(app.dia);                                        %关闭任何已打开的对话框
    app.fig = uifigure;                                    %创建图窗
    msg = 'Open Information document?';                    %消息
    dlgtitle = 'Confirm Open';                             %标题
    app.dia = uiconfirm(app.fig,msg,dlgtitle,Icon='warning');   %创建确认对话框，显示警告图标
end
```

3．运行程序

（1）单击功能区的"运行"按钮▶，在运行界面显示如图 10.30 所示的图窗。

（2）单击 Display 按钮，弹出影片播放器播放视频，如图 10.31 所示。

图 10.30　运行结果 1

图 10.31　运行结果 2

（3）单击 Record 按钮，弹出消息对话框，对话框标题指定为 Success，并显示指定的图标和消息文本，结果如图 10.32 所示。

（4）单击 Search 按钮，弹出进度条文件，以动画形式显示进度，如图 10.33 所示。进度结束后自动关闭对话框。

图 10.32　运行结果 3

图 10.33　运行结果 4

（5）单击 Network 按钮，弹出错误对话框显示错误信息，结果如图 10.34 所示。

（6）单击 Device 按钮，弹出警告对话框，结果如图 10.35 所示。

图 10.34　运行结果 5

图 10.35　运行结果 6

（7）单击 System 按钮，弹出帮助文件，显示对话框信息与标题，结果如图 10.36 所示。

（8）单击 Advanced 按钮，弹出输入对话框，结果如图 10.37 所示。单击对话框中的任一个按钮都可以关闭对话框。

图 10.36　运行结果 7

图 10.37　运行结果 8

（9）单击 Information 按钮，弹出确认对话框，结果如图 10.38 所示。

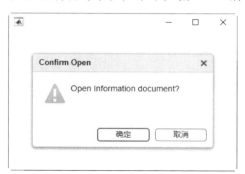

图 10.38　运行结果 9

第 11 章 数据计算在 GUI 中的应用

内容指南

数字与字符是数学运算中的基本组成部分，而作为可以解决大部分数学问题的科学计算软件 MATLAB，使用的语言也是由数字与字符组成的，不同的数字与字符组成了数值、符号、函数。

前面的章节已介绍了数据计算与显示的方法，本章通过几个实例介绍数据计算与显示在 GUI 中的应用，希望读者能够参考实例制作出更加精美的 GUI 应用程序。

内容要点

➢ 数据定义与转换
➢ 矩阵的数学运算
➢ 数据可视化

11.1 数据定义与转换

在 MATLAB 中，系统可以识别数字、字符及一些特殊常量，在程序运行中直接使用。但在大多数情况下，数据需要进行定义和转换后才能使用，否则不能被识别且显示警告信息，同时程序不能正常运行。下面通过两个简单的实例，介绍使用 GUI 定义和转换数据的操作。

实例——字符创建与转换

扫一扫，看视频

源文件：yuanwenjian\ch11\create_symbol.mlapp
本实例使用 App 设计工具创建一个 App，创建字符并对输入的字符进行转换。

【操作步骤】

1. 设计图形用户界面

（1）在命令行窗口中执行下面的命令，启动 App 设计工具，创建一个空白的 App。

```
>> appdesigner
```

（2）在设计画布中放置一个"面板"组件 app.Panel，调整面板的大小和位置后，在"组件浏览器"中设置组件的如下属性。

➢ 在"Title（标题）"文本框中输入"字符创建与转换"。
➢ 在"FontName（字体名称）"列表框中选择"黑体"。
➢ 在"FontSize（字体大小）"文本框中输入字体大小 30。
➢ 单击"FontWeight（字体粗细）"选项区中的"加粗"按钮 **B**。

➤ 在"BackgroundColor（背景色）"选项中单击颜色块 ■▼，选择黄色。

此时的面板效果如图 11.1 所示。

（3）在设计画布中放置一个"按钮"组件 app.Button，在"组件浏览器"中修改组件的如下属性。

➤ 在"Text（标签文本）"文本框中输入"创建字符"。

➤ 在"FontSize（字体大小）"文本框中输入 20。

➤ 单击"FontWeight（字体粗细）"选项区中的"加粗"按钮 B 。

设置后的按钮效果如图 11.2 所示。

图 11.1　面板效果

图 11.2　创建按钮

（4）在设计画布中放置"单选按钮组"组件 app.ButtonGroup，在"组件浏览器"中设置该组件的如下属性。

➤ 在"标签"文本框中输入单选按钮组的标签"字符转换"。

➤ 设置单选按钮组的"FontSize（字体大小）"为 20，单选按钮的字体大小为 15。

➤ 单击"FontWeight（字体粗细）"选项区中的"加粗"按钮 B 。

➤ 双击各个单选按钮，修改按钮标签。

设置属性后的单选按钮组如图 11.3 所示。

（5）在设计画布中放置"文本区域"组件 app.TextArea，在"组件浏览器"中设置该组件的如下属性。

➤ 在"标签"文本框中输入"字符串显示"。

➤ 设置文本区域标签的"FontSize（字体大小）"为 20。

➤ 单击"FontWeight（字体粗细）"选项区中的"加粗"按钮 B 。

➤ 设置文本区域内容的"FontSize（字体大小）"为 15。

（6）在功能区单击"保存"按钮 ▣，将 App 文件以 create_symbol.mlapp 为文件名保存在搜索路径下。此时的设计画布如图 11.4 所示。

图 11.3　单选按钮组

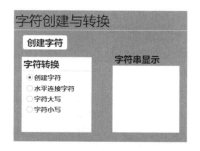

图 11.4　设计画布

2. 编辑代码

图形用户界面设计完成后，接下来切换到代码视图，为设计画布中的各个组件添加回调。

（1）"创建字符"按钮。在"组件浏览器"中右击"创建字符"按钮 app.Button，在弹出的快捷菜单中选择"回调"→"添加 ButtonPushedFcn 回调"命令，自动在代码编辑区添加回调函数模块 ButtonPushed。在函数体中编写代码，实现单击该按钮，在文本编辑区输出一个字符串。具体代码如下所示。

```
function ButtonPushed(app, event)
    app.TextArea.Value ='we are chinese';   %按下按钮时创建字符串
end
```

（2）"字符转换"按钮组。在"组件浏览器"中右击"字符转换"按钮组 app.ButtonGroup，在弹出的快捷菜单中选择"回调"→"添加 SelectionChangedFcn 回调"命令，自动在代码编辑区添加回调函数模块 ButtonGroupSelectionChanged。在函数体中编写代码，实现单击其中不同的按钮执行不同的字符转换操作，并在文本编辑区输出转换后的字符串。具体代码如下所示。

```
function ButtonGroupSelectionChanged(app, event)
        selectedButton = app.ButtonGroup.SelectedObject;   %获取当前选中的单选按钮
        %匹配单选按钮的标签，执行不同的转换操作
        switch selectedButton.Text
            case '创建字符'
                app.TextArea.Value = 'we are chinese';   %输入字符
            case '水平连接字符'
                app.TextArea.Value = strcat (app.TextArea.Value,app.TextArea.Value);
            case '字符大写'
                app.TextArea.Value = upper(app.TextArea.Value);
            otherwise
                app.TextArea.Value = lower(app.TextArea.Value);
        end
end
```

3. 运行程序

单击功能区中的"运行"按钮▶，运行界面如图 11.5 所示。

单击"创建字符"按钮，在文本区域组件中显示指定的字符，结果如图 11.6 所示。

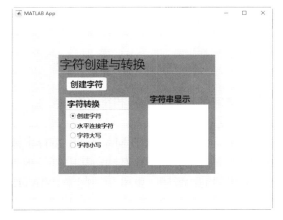

图 11.5 运行界面

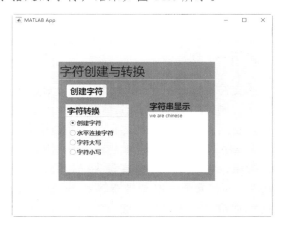

图 11.6 运行结果 1

单击"字符转换"按钮组下的"水平连接字符"按钮，将创建的字符进行水平串联，结果如图11.7所示。

单击"字符大写"按钮，将文本编辑区中的字符转换为大写，结果如图11.8所示。

图 11.7　运行结果 2

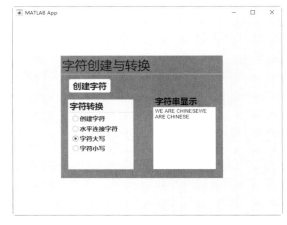

图 11.8　运行结果 3

单击"字符小写"按钮，将文本编辑区中的字符转换为小写，结果如图11.9所示。

图 11.9　运行结果 4

扫一扫，看视频

实例——创建数据

源文件：yuanwenjian\ch11\Data_creation.mlapp

本实例使用 App 设计工具设计一个 App 程序，用于创建向量、数值矩阵和符号数组。

在正式开始制作实例之前，读者有必要先了解一下符号变量的定义方法。

在 MATLAB 符号数学工具箱中，符号表达式是代表数字、函数和变量的 MATLAB 字符串或字符串数组，它不要求变量有预先确定的值。符号表达式包括符号函数和符号方程，其中符号函数没有等号，而符号方程必须带有等号，但是二者的创建方式是相同的，都是用单引号括起来。MATLAB 在内部把符号表达式表示成字符串，以与数字相区别。

【操作步骤】

1. 定义符号变量

定义符号变量的常用方法有两种：sym x 或者 syms x，二者有区别也有共同点。

（1）定义对象不同。sym 将字符或者数字转换为字符，而 syms 定义符号变量。例如，执行下面的程序。

```
>> sym x
ans =
       x
>> syms y
```

在工作区中可以看到定义的 x 是一个字符，被赋值给存储变量 ans，而 y 是一个符号变量，如图 11.10 所示。

（2）定义对象个数不同。syms 可以看作 sym 的复数形式，前者可定义多个变量，后者只能对一个字符进行赋值。例如，执行下面的程序。

```
>> sym x1 x2                          %定义两个符号
错误使用 sym/assume
输入应与以下值之一匹配：
'integer', 'rational', 'real', 'positive', 'clear'
输入'x2' 与任何有效值均不匹配。
出错 sym(第 419 行)
                  assume(S, n);
>> syms x1 x2                         %定义两个变量
```

在命令行窗口中可以看到，第一条命令出错，第二条命令创建了两个符号变量，如图 11.11 所示。

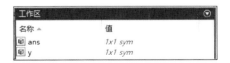

图 11.10　定义符号变量 1

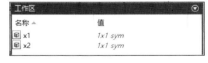

图 11.11　定义符号变量 2

（3）定义对象格式不同。syms 可以直接定义符号函数 d(t)，并且可以对函数的形式进行赋值改变，而 sym 不能。

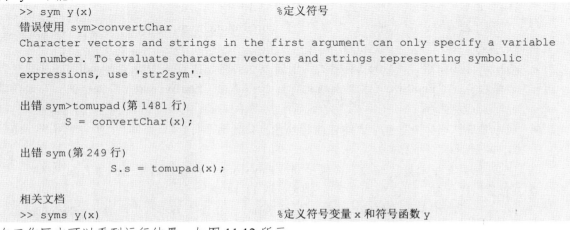

```
>> sym y(x)                           %定义符号
错误使用 sym>convertChar
Character vectors and strings in the first argument can only specify a variable
or number. To evaluate character vectors and strings representing symbolic
expressions, use 'str2sym'.

出错 sym>tomupad(第 1481 行)
        S = convertChar(x);

出错 sym(第 249 行)
                S.s = tomupad(x);

相关文档
>> syms y(x)                          %定义符号变量 x 和符号函数 y
```

在工作区中可以看到运行结果，如图 11.12 所示。

图 11.12　定义符号变量和函数

2. 生成符号表达式

（1）用 sym 命令将字符串转换成符号表达式。例如：
```
>> h = @(x)sin(x);          %创建符号函数句柄
>> f=sym(h)                 %根据句柄定义符号表达式
f = sin(x)
```
（2）用 syms 生成符号表达式。例如：
```
>> syms x y                 %定义两个符号变量
>> f=sin(x)+cos(y)          %符号表达式
f = cos(y) + sin(x)
```
（3）生成符号数组。例如：
```
>> a = sym('a',[1 4])       %用自动生成的以'a'为前缀的元素填充 1×4 的符号数组
a = [ a1, a2, a3, a4]
```
了解了符号变量和符号数组的创建方法后，接下来介绍实例步骤。

【操作步骤】

1. 设计图形用户界面

（1）在命令行窗口中执行下面的命令，启动 App 设计工具，创建一个空白的 App。
```
>> appdesigner
```
（2）在设计画布中放置并选中"面板"组件 app.Panel，在"组件浏览器"中修改组件的以下属性。

➢ 在"Title（标题）"文本框中输入"数据创建"。

➢ "BackgroundColor（背景色）"选择白色。

➢ "FontName（字体名称）"选择"等线 Light"。

➢ "FontSize（字体大小）"为 30。

➢ 单击"FontWeight（字体粗细）"选项区中的"加粗"按钮 Ⓑ。
手动调整面板组件的大小和位置，结果如图 11.13 所示。

（3）在设计画布中放置"单选按钮组"组件 app.ButtonGroup，设
置该组件的属性。

图 11.13　面板组件

➢ 选中单选按钮组，"Title（标题）"设置为"创建数据"；"BackgroundColor（背景色）"
选择白色；"FontSize（字体大小）"为 20；单击"FontWeight（字体粗细）"选项区中的
"加粗"按钮 Ⓑ。

➢ 双击单选按钮，将各个单选按钮的标签依次修改为"向量""矩阵""字符矩阵"；"FontSize
（字体大小）"为 15。

（4）在设计画布中放置"选项卡"组件 app.TabGroup，将各个选项卡的"Title（标题）"分别
修改为"向量""矩阵""字符矩阵"，效果如图 11.14 所示。

（5）在设计画布中单击"矩阵"选项卡 app.Tab_2，放置"下拉框"组件 app.DropDown，然后
在"组件浏览器"中设置该组件的属性。

➢ 选中下拉框组件的标签，在"标签"文本框中输入"特殊矩阵"；"FontSize（字体大小）"

为 15；单击"FontWeight（字体粗细）"选项区中的"加粗"按钮 **B**。

➢ 选中下拉框组件，"Value（初始值）"为"空矩阵"；"Items（列表项）"为"空矩阵""全
1 矩阵""全 0 矩阵""希尔伯特矩阵""帕斯卡矩阵"；"FontSize（字体大小）"为 12。
此时的面板如图 11.15 所示。

图 11.14　组件效果

图 11.15　面板效果

（6）单击功能区中的"保存"按钮 🖫，将 App 文件以 Data_creation.mlapp 为文件名保存在搜索路
径下。

2．编辑代码

（1）"创建数据"单选按钮组。在设计画布中右击"创建数据"单选按钮组，在弹出的快捷菜单
中选择"回调"→"添加 SelectionChangedFcn 回调"命令，自动转至代码视图，添加回调函数模块
ButtonGroupSelectionChanged。在函数体内编写代码，根据选择的单选按钮不同，执行不同的操作。
具体代码如下：

```
function ButtonGroupSelectionChanged(app, event)
    selectedButton = app.ButtonGroup.SelectedObject;   %获取当前选中的单选按钮
    switch selectedButton.Text                          %根据单选按钮的标签名称执行相应的操作
        case '向量'
            app.TabGroup.SelectedTab = app.Tab;         %切换到"向量"选项卡
            a=linspace(1,pi,5);                         %创建1到π的向量a，元素个数为5
            %在"向量"选项卡中创建表组件，将向量a写到表UI组件中，定义表格位置及大小
            app.uit = uitable(app.app.Tab,Data=a,Position=[10 100 300 100]);
            app.uit.ColumnWidth = {50,50,50,50,'auto'}; %设置表格列宽
        case '矩阵'
            app.TabGroup.SelectedTab = app.Tab_2;       %切换到"矩阵"选项卡
        case '字符矩阵'
            app.TabGroup.SelectedTab = app.Tab_3;       %切换到"字符矩阵"选项卡
            X = sym('X', [1 4]);                        %创建符号数组
            X = char(X);                                %将符号数组转换为字符数组
            %在"字符矩阵"选项卡中创建表组件，将字符数组X写到表UI组件中，定义表格位置及大小
            app.uit = uitextarea(app.Tab_3,Value=X,Position=[80 100 200 100]);
    end
end
```

（2）定义属性名。在"代码浏览器"中切换到"属性"选项卡，单击 ➕▾ 按钮，添加一个私有
属性，定义回调中使用的表组件名。具体代码如下：

```
properties (Access = private)
    uit                     %定义表组件属性名
end
```

（3）"特殊矩阵"下拉列表。在"组件浏览器"中右击"特殊矩阵"下拉列表组件 app.DropDown，在弹出的快捷菜单中选择"回调"→"添加 ValueChangedFcn 回调"命令，代码编辑区自动添加回调函数模块 DropDownValueChanged。在函数体中编写代码，选择不同的选项执行不同的行为。具体代码如下：

```
function DropDownValueChanged(app, event)
    value = app.DropDown.Value;      %获取当前选中的列表项
    switch value
        case '空矩阵'
            A = [];
            %将矩阵A写入表组件
            app.uit = uitable(app.Tab_2,Data=A,Position=[20 20 300 100]);
        case '全1矩阵'
            A = ones(3);
            app.uit = uitable(app.Tab_2,Data=A,Position=[20 20 300 100]);
        case '全0矩阵'
            A = zeros(3);
            app.uit = uitable(app.Tab_2,Data=A,Position=[20 20 300 100]);
        case '希尔伯特矩阵'
            A=hilb(3);
            app.uit = uitable(app.Tab_2,Data=A,Position=[20 20 300 100]);
        case '帕斯卡矩阵'
            A=pascal(3);
            app.uit = uitable(app.Tab_2,Data=A,Position=[20 20 300 100]);
    end
end
```

3. 运行程序

单击功能区中的"运行"按钮▶，弹出如图 11.16 所示的运行界面。

（1）单击"矩阵"按钮，自动切换到"矩阵"选项卡。在"特殊矩阵"下拉列表中选择一个选项，即可在选项卡中创建一个表组件，显示生成的特殊矩阵。例如，选择"帕斯卡矩阵"选项，结果如图 11.17 所示。

图 11.16　运行界面　　　　　　　　　　　　图 11.17　运行结果 1

（2）单击"字符矩阵"按钮，自动切换到"字符矩阵"选项卡，并在选项卡中创建文本区域，显示创建的字符矩阵，结果如图 11.18 所示。

（3）单击"向量"按钮，切换到"向量"选项卡，并在选项卡中创建表格，显示创建的向量数据，结果如图 11.19 所示。

图 11.18　运行结果 2

图 11.19　运行结果 3

11.2　矩阵的数学运算

向量是一种特殊的矩阵，是矢量运算的基础，除了基本的加、减、乘、除四则运算外，还有一些特殊的运算，主要包括向量的点积、叉积和混合积。

矩阵的基本运算包括加、减、乘、数乘、点乘、乘方、左除、右除、求逆等。其中加、减、乘与线性代数中的定义相同，相应的运算符为"+""–""*"，运算的维数要求与线性代数中的要求一致。

1. 矩阵的加、减法

矩阵的加、减法满足交换律 $A + B = B + A$ 和结合律 $(A + B) + C = A + (B + C)$。

2. 矩阵的乘法

矩阵的乘法包括数乘、点乘和叉乘。

（1）数乘满足下面的规律。

$$\lambda(\mu A) = (\lambda \mu) A$$
$$(\lambda + \mu) A = \lambda A + \mu A$$
$$\lambda(A + B) = \lambda A + \lambda B$$

式中，λ、μ 为数，A、B 为矩阵。

（2）矩阵的点乘。点乘运算是指将两个矩阵中相同位置的元素进行相乘运算，将积保存在原位置组成新矩阵。

矩阵的叉乘 $C = A * B$ 则需要满足以下 3 种条件。

➤ 矩阵 A 的行数与矩阵 B 的列数相同。

➤ 矩阵 C 的行数等于矩阵 A 的行数，矩阵 C 的列数等于矩阵 B 的列数。

➢ 矩阵 C 的第 m 行 n 列元素值等于矩阵 A 的 m 行元素与矩阵 B 的 n 行元素对应值相乘之积的和。

📢 注意：

$A*B \neq B*A$，即矩阵的叉乘不满足交换律。

3. 矩阵的除法

矩阵的除法运算是 MATLAB 所特有的，分为左除和右除。

对于线性方程组 $A*X=B$，如果 A 非奇异，即它的逆矩阵 $\mathrm{inv}(A)$存在，则其解为

$$X = \mathrm{inv}(A)*B = A\backslash B$$

式中，符号"\\"称为左除，分母放在右边。计算左除 $A\backslash B$ 时，B 的行数等于 A 的阶数（A 的行数和列数相同，简称阶数）。

如果线性方程组 $X*A=B$，A 非奇异，即它的逆阵 $\mathrm{inv}(A)$存在，则其解为

$$X = B*\mathrm{inv}(A) = B/A$$

式中，符号"/"称为右除，分母放在左边。计算右除 B/A 时，B 的列数应等于 A 的阶数。

4. 矩阵的幂运算

假设 A 是一个 n 阶矩阵，k 是一个正整数，则

$$A^k = \underbrace{AA\cdots A}_{k个}$$

称为矩阵的幂。

对角矩阵的幂运算是将矩阵中的每个元素进行乘方运算，即

$$\begin{pmatrix} \lambda_1 & 0 & \cdots & 0 \\ 0 & \lambda_2 & \cdots & 0 \\ \vdots & \vdots & \vdots & \vdots \\ 0 & 0 & \cdots & \lambda_n \end{pmatrix}^k = \begin{pmatrix} \lambda_1^k & 0 & \cdots & 0 \\ 0 & \lambda_2^k & \cdots & 0 \\ \vdots & \vdots & \vdots & \vdots \\ 0 & 0 & \cdots & \lambda_n^k \end{pmatrix}$$

对于单个 n 阶矩阵 A

$$A^k A^l = A^{k+l}, \quad (A^k)^l = A^{kl}$$

对于两个 n 阶矩阵 A 与 B

$$(AB)^k \neq A^k B^k$$

实例——向量运算

源文件：yuanwenjian\ch11\Vector_operations.mlapp

本实例设计一个图形用户界面，用于对两个指定的向量进行常见的四则运算和叉积、点积运算。

【操作步骤】

1. 设计图形用户界面

（1）在命令行窗口中执行下面的命令启动 App 设计工具，创建一个空白的 App。

```
>> appdesigner
```

（2）在设计画布中放置"面板"组件 app.Panel，调整大小和位置后，在"组件浏览器"中修改组件的以下属性。

➢ 在"Title（标题）"文本框中输入"向量运算"。

➢ "BackgroundColor（背景色）"选择绿色。

➢ "FontName（字体名称）"选择"幼圆"。

➢ "FontSize（字体大小）"设置为 25。

（3）在设计画布中放置"列表框"组件 app.ListBox，设置该组件的以下属性。

➢ 选中组件标签，在"Text（文本）"文本框中输入"运算类型"；"FontSize（字体大小）"为 20。

➢ 选中列表框，"Items（选项）"设置为"四则运算""点积""叉积"；"FontSize（字体大小）"为 15；在"FontWeight（字体粗细）"选项区中单击"加粗"按钮 Ⓑ。

➢ 单击选项右侧的 ⊟ 按钮，删除多余选项。

至此，图形用户界面设计完成，结果如图 11.20 所示。

（4）单击"保存"按钮 🖫，将 App 文件以 Vector_operations.mlapp 为文件名保存在搜索路径下。

图 11.20　界面设计结果

2. 编辑代码

（1）"运算类型"列表框。在设计画布中右击"运算类型"列表框 app.ListBox，在弹出的快捷菜单中选择"回调"→"添加 ValueChangedFcn 回调"命令，自动转至代码视图，添加回调函数模块 ListBoxValueChanged。在函数体内编写代码，根据选择的选项不同，执行不同的命令。具体代码如下：

```
function ListBoxValueChanged(app, event)
    %创建两个长度为 3 的向量
    a=linspace(1,10,3);
    b=[10 11 12];
    value = app.ListBox.Value;        %获取列表框中当前选中的列表项
    %根据列表项名称执行相应的操作
    if value == "四则运算"
        c=b-a*3+a/4;
        %创建表 UI 组件，显示计算结果
        app.uit = uitable(app.Panel,Data=c,Position=[20 20 400 100]);
    elseif value == "点积"
        c=dot(a,b);                   %计算点积
        app.uit = uitable(app.Panel,Data=c,Position=[20 20 400 100]);
        elseif value == "叉积"
```

```
        c=cross(a,b);           %计算叉积
        app.uit = uitable(app.Panel,Data=c,Position=[20 20 400 100]);
    end
end
```

（2）定义属性名。在"代码浏览器"中切换到"属性"选项卡，单击 按钮，添加一个私有属性，自动在代码编辑区添加相应的属性块。修改属性名称，代码如下所示。

```
properties (Access = private)
    uit                          %定义表组件属性名
end
```

3. 运行程序

单击功能区中的"运行"按钮▶，打开图窗，显示如图 11.21 所示的运行界面。

（1）单击"点积"选项，在面板底部创建一个表组件，显示向量点积运算的结果，如图 11.22 所示。

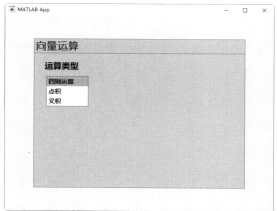

图 11.21　运行界面

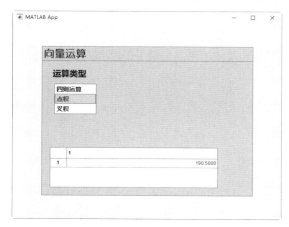

图 11.22　运行结果 1

（2）单击"叉积"选项，在面板底部创建一个表组件，显示向量叉积运算的结果，如图 11.23 所示。

（3）单击"四则运算"选项，在面板底部创建一个表组件，显示两个向量四则运算的结果，如图 11.24 所示。

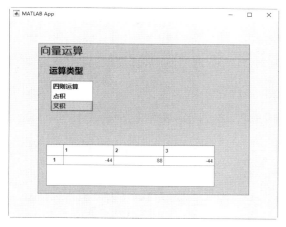

图 11.23　运行结果 2

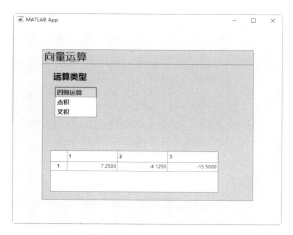

图 11.24　运行结果 3

实例——矩阵运算

源文件：yuanwenjian\ch11\Matrix_Operations.mlapp

本实例设计一个 App 程序，用于生成特殊的矩阵，并对矩阵进行常用的运算。

【操作步骤】

1. 设计图形用户界面

（1）在命令行窗口中执行下面的命令启动 App 设计工具，创建一个空白的 App。

```
>> appdesigner
```

（2）在设计画布中放置一个"面板"组件 app.Panel，手动调整面板组件的位置和大小，然后在"组件浏览器"中修改组件的基本属性。

- ➤ 在"Title（标题）"文本框中输入"矩阵运算"。
- ➤ "BackgroundColor（背景色）"选择白色。
- ➤ "FontName（字体名称）"选择"华文彩云"。
- ➤ "FontSize（字体大小）"设置为 25。
- ➤ 在"FontWeight（字体粗细）"选项区中单击"加粗"按钮 Ⓑ。

（3）在设计画布中放置一个"列表框"组件 app.ListBox，设置该组件的属性。

- ➤ 选中组件标签，"Text（文本）"设置为"特殊矩阵"；"FontSize（字体大小）"设置为 20。
- ➤ 选中列表框组件，"Items（选项）"设置为"柯西矩阵""循环矩阵""托普利茨矩阵"；"FontSize（字体大小）"设置为 15；在"FontWeight（字体粗细）"选项区中单击"加粗"按钮 Ⓑ。
- ➤ 单击选项右侧的 ⊟ 按钮，删除多余选项。

（4）在设计画布中放置一个"按钮"组件 app.Button，调整大小和位置后，在"组件浏览器"中修改组件的属性。

- ➤ 在"Text"文本框中输入"四则运算"。
- ➤ "FontSize（字体大小）"设置为 15。
- ➤ 在"FontWeight（字体粗细）"选项区中单击"加粗"按钮 Ⓑ。

然后按住 Ctrl 键拖动复制三个按钮，依次修改按钮标签为"转置运算""求逆运算""最值运算"。

（5）按住 Shift 键选中所有按钮，利用"画布"选项卡中的"对齐"命令和"分布"命令排列按钮。设计完成的画布效果如图 11.25 所示。

图 11.25　界面设计结果

（6）单击功能区中的"保存"按钮🖫，将 App 文件以 Matrix_Operations.mlapp 为文件名保存在搜索路径下。

2．编辑代码

（1）定义辅助函数。由于计算、显示矩阵运算结果中都涉及创建矩阵的操作，可以将这一操作定义为一个辅助函数，在其他回调中直接调用。

在"代码浏览器"中切换到"函数"选项卡，单击🔲▾按钮，添加一个私有函数模块。修改函数的名称和输出参数，并在函数体内编写代码，根据列表项创建不同的矩阵。具体代码如下：

```
function results = updateMatrix(app)
    value = app.ListBox.Value;          %获取下拉列表的值
    if value == "柯西矩阵"
        C = gallery('cauchy',5);        %创建一个 5 阶柯西矩阵
    elseif value == "循环矩阵"
        C = gallery('circul',5);        %创建一个 5 阶循环矩阵
    elseif value == "托普利茨矩阵"
        C = gallery('grcar',5);         %创建一个 5 阶非对称的托普利茨矩阵
    end
    app.uit.Data = C;                   %设置表格数据
end
```

（2）定义属性名。在"代码浏览器"中切换到"属性"选项卡，单击🔲▾按钮，添加一个私有属性，自动在代码编辑区添加一个属性模块。修改默认属性名称，定义回调函数中添加的属性 uit，代码如下所示。

```
properties (Access = private)
    uit %定义表组件属性名
end
```

（3）"特殊矩阵"列表框。在设计画布中右击"特殊矩阵"列表框，在弹出的快捷菜单中选择"回调"→"添加 ValueChangedFcn 回调"命令，自动转至代码视图，添加回调函数模块 ListBoxValueChanged。在函数体内编写程序。

```
function ListBoxValueChanged(app, event)
    app.uit = uitable(app.Panel); %创建表 UI 组件
    %设置表格位置与大小
    app.uit.Position = [170 100 300 200];
    %设置表格列宽
    app.uit.ColumnWidth = {50,50,50,50,50};
    %调用辅助函数，显示特殊矩阵值
    updateMatrix(app);
end
```

（4）"四则运算"按钮。在"组件浏览器"中右击"四则运算"按钮 app.Button，在弹出的快捷菜单中选择"回调"→"添加 ButtonPushedFcn 回调"命令，在代码视图中添加一个回调函数模块 ButtonPushed。

在函数体中编写代码，实现单击该按钮，对矩阵进行四则运算，并在表组件中显示计算结果，代码如下所示。

```
function ButtonPushed(app, event)
    %调用辅助函数，设置表格初值为特殊矩阵的值
    updateMatrix(app)
    %获取表格中的值
```

```
        C = app.uit.Data;
        A=C*5-C*3+18;                  %定义矩阵四则运算表达式
        app.uit.Data = A;             %将计算结果显示到表格中
    end
```

（5）"转置运算"按钮。在"组件浏览器"中右击"转置运算"按钮 app.Button_2，在弹出的快捷菜单中选择"回调"→"添加 ButtonPushedFcn 回调"命令，在代码视图中添加一个回调函数模块 Button_2Pushed。

在函数体中编写代码，实现单击该按钮，计算矩阵的转置矩阵，并在表组件中显示计算结果，代码如下所示。

```
function Button_2Pushed(app, event)
    %调用辅助函数，设置表格初值为特殊矩阵的值
    updateMatrix(app)
    %获取表格中的值
    C = app.uit.Data;
    A = transpose(C);                         %计算转置矩阵
    app.uit.Data = A;                         %将计算结果显示到表格中
    %app.uit.ColumnWidth = {50,50,50,50,50};  %设置表格列宽
end
```

（6）"求逆运算"按钮。在"组件浏览器"中右击"求逆运算"按钮 app.Button_3，在弹出的快捷菜单中选择"回调"→"添加 ButtonPushedFcn 回调"命令，在代码视图中添加一个回调函数模块 Button_3Pushed。

在函数体中编写代码，实现单击该按钮，计算矩阵的逆矩阵，并在表组件中显示计算结果，代码如下所示。

```
function Button_3Pushed(app, event)
    %调用辅助函数，设置表格初值为特殊矩阵的值
    updateMatrix(app)
    %获取表格中的值
    C = app.uit.Data;
    A=inv(C);                                 %矩阵求逆
    app.uit.Data = A;                         %将计算结果显示到表格中
    %app.uit.ColumnWidth = {50,50,50,50,50};  %设置表格列宽
end
```

（7）"最值运算"按钮。在"组件浏览器"中右击"最值运算"按钮 app.Button_4，在弹出的快捷菜单中选择"回调"→"添加 ButtonPushedFcn 回调"命令，在代码视图中添加一个回调函数模块 Button_4Pushed。

在函数体中编写代码，实现单击该按钮，计算矩阵的最小元素，并在表组件中显示计算结果，代码如下所示。

```
function Button_4Pushed(app, event)
    %调用辅助函数，设置表格初值为特殊矩阵的值
    updateMatrix(app)
    %获取表格中的值
    C = app.uit.Data;
    A= bounds(C);                             %计算矩阵的最小元素
    app.uit.Data = A;                         %将计算结果显示到表格中
    %app.uit.ColumnWidth = {50,50,50,50,50};  %设置表格列宽
end
```

3. 运行程序

单击功能区中的"运行"按钮▶，打开图窗，显示如图 11.26 所示的运行界面。

（1）单击"特殊矩阵"列表框中的"托普利茨矩阵"选项，在表格中显示 5 阶托普利茨矩阵，结果如图 11.27 所示。

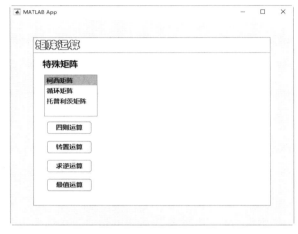

图 11.26　运行界面

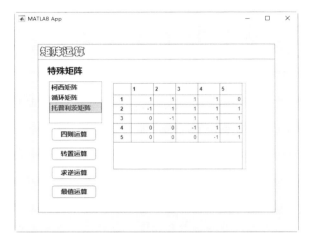

图 11.27　运行结果 1

（2）单击"四则运算"按钮，在表格中显示矩阵运算结果，结果如图 11.28 所示。

（3）单击"转置运算"按钮，在表格中显示指定矩阵的转置矩阵，结果如图 11.29 所示。

图 11.28　运行结果 2

图 11.29　运行结果 3

（4）单击"求逆运算"按钮，在表格中显示矩阵求逆运算结果，结果如图 11.30 所示。

（5）单击"最值运算"按钮，计算矩阵每列的最小值，结果如图 11.31 所示。

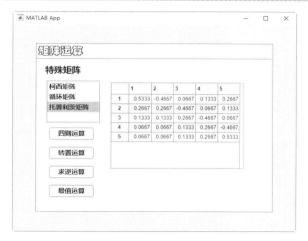

图 11.30 运行结果 4

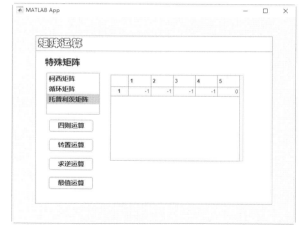

图 11.31 运行结果 5

11.3 数据可视化

为满足用户数据统计分析的需求，MATLAB 还提供了绘制条形图、面积图、饼图、阶梯图、火柴图等统计图形的命令，以及绘制带方向的向量图的命令。本节通过几个简单的实例，介绍使用 GUI 进行数据可视化的一般方法。

实例——绘制统计图

源文件：yuanwenjian\ch11\Wirelife.mlapp

本实例利用 App 设计工具创建一个图形用户界面，根据指定的矩阵数据和统计图类型绘制数据统计图。

【操作步骤】

1. 设计图形用户界面

（1）在命令行窗口中执行下面的命令启动 App 设计工具，利用模板创建一个可自动调整布局的三栏式 App。

```
>> appdesigner
```

（2）在设计画布的左侧栏中放置一个"标签"组件 Label_3，在"组件浏览器"中修改组件的属性。

> 在"Text（文本）"文本框中输入"创建矩阵"。
> 在"FontSize（字体大小）"文本框中输入字体大小 22。
> 在"FontWeight（字体粗细）"选项区中单击"加粗"按钮 Ⓑ。

（3）在"组件库"中拖放两个"编辑字段（数值）"组件 EditField、EditField_2，到设计画布的左侧栏中，然后在"组件浏览器"中设置组件的属性。

> "标签"分别为"行数"和"列数"，初始值分别为 5 和 6。
> "FontSize（字体大小）"设置为 18。
> 在"FontWeight（字体粗细）"选项区中单击"加粗"按钮 Ⓑ。

（4）在设计画布的中间栏中放置"坐标区"组件 UIAxes，调整组件的大小和位置。

（5）在设计画布的右侧栏中放置一个"下拉框"组件 DropDown，在"组件浏览器"中设置组件的属性。

➢ 选中标签，在"标签"文本框中输入"统计图"；"FontSize（字体大小）"设置为 22。

➢ 选中下拉框组件，"Items（选择项）"设置为"条形图""面积图""饼形图""柱状图"。"FontSize（字体大小）"设置为 18。

➢ 选中整个下拉框组件，在"FontWeight（字体粗细）"选项区中单击"加粗"按钮 **B**。

（6）选中设计画布的左侧栏和右侧栏，"BackgroundColor（背景色）"设置为[0.69,0.88,0.92]。

（7）选择对象，单击"水平应用"按钮 或"垂直应用"按钮 ，控制相邻组件之间的水平、垂直间距。此时的界面设计结果如图 11.32 所示。

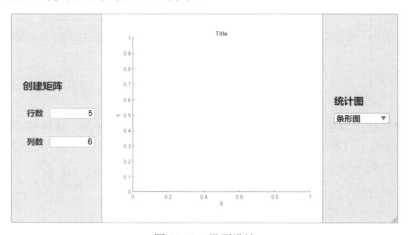

图 11.32　界面设计

（8）单击"保存"按钮 ，系统生成以.mlapp 为后缀的文件，在弹出的对话框中输入文件名 Wirelife.mlapp，完成文件的保存。

2．编辑代码

（1）添加"统计图"下拉框回调函数。在"组件浏览器"中右击"统计图"下拉框组件 app DropDown，在弹出的快捷菜单中选择"回调"→"添加 ValueChangedFcn 回调"命令，自动在代码编辑区中添加回调函数模块 DropDownValueChanged。

在函数体内编写代码，实现选择不同的列表项，在坐标区中绘制不同的统计图。具体代码如下所示。

```
function DropDownValueChanged(app, event)
    value = app.DropDown.Value;        %获取当前选中的列表项
    switch value                       %匹配列表项的值，执行不同的操作
        case '条形图'
          Graph1(app)                  %调用自定义函数绘制条形图
        case '面积图'
          Graph2(app)                  %调用自定义函数绘制面积图
        case '饼形图'
          Graph3(app)                  %调用自定义函数绘制饼形图
        otherwise
          Graph4(app)                  %调用自定义函数绘制柱状图
```

```
        end
    end
```

（2）定义辅助函数。在"代码浏览器"中切换到"函数"选项卡，单击⊞▾按钮，添加一个私有函数。修改函数名称和输出参数，在函数体内编写代码，根据数值编辑框中的数值创建随机矩阵作为绘图数据。具体代码如下所示。

```
function Y = CreatMa(app)
    %获取编辑框的值
    a = app.EditField.Value;
    b = app.EditField_2.Value;
    Y = rand(a,b);                %创建指定行列数的随机矩阵
end
```

按照与上一步同样的方法添加一个私有函数 Graph1，用于绘制条形图，代码如下所示。

```
function Graph1(app)
    %调用自定义函数，获取绘图数据
    Y = CreatMa(app);
    %绘制数据条形图，轮廓颜色为红色，线宽为 2，设置条形填充颜色
    bar(app.UIAxes,Y,EdgeColor='r',LineWidth=2,FaceColor=[.5 0 .3]);
end
```

在"函数"选项卡中添加一个私有函数 Graph2，用于绘制面积图，代码如下所示。

```
function Graph2(app)
    Y = CreatMa(app);              %调用自定义函数，获取绘图数据
    %将 FaceColor 属性设置为'flat'，创建一个使用颜色图颜色的面积图
    area(app.UIAxes,Y,FaceColor='flat');
end
```

在"函数"选项卡中添加一个私有函数 Graph3，用于绘制饼形图，代码如下所示。

```
function Graph3(app)
    Y = CreatMa(app);
    pie(app.UIAxes,Y);             %绘制饼形图
end
```

在"函数"选项卡中添加一个私有函数 Graph4，用于绘制柱状图，代码如下所示。

```
function Graph4(app)
    Y = CreatMa(app);
    %绘制柱状图，归一化类型是'probability'，轮廓颜色为红色
    histogram(app.UIAxes,Y,Normalization='probability',EdgeColor='r');
end
```

（3）添加初始参数。在"组件浏览器"中右击 app.UIFigure，在弹出的快捷菜单中选择"回调"→"添加 startupFcn 回调"命令，在代码编辑区自动添加回调函数模块 startupFcn。

在函数体内编写代码，实现 App 启动时在指定位置显示坐标区，并创建绘图数据，显示数据的条形图，代码如下所示。

```
function startupFcn(app)
    %定义坐标区位置和大小
    app.UIAxes.Position = [10 100 400 300];
    Graph1(app)                    %调用辅助函数
end
```

3. 运行程序

（1）单击功能区中的"运行"按钮▷，显示使用默认行数和列数生成的绘图数据的条形图，如

图 11.33 所示。

由于创建的矩阵是随机矩阵，因此，每次运行的结果会有所不同。

（2）在下拉框中选择"面积图"，坐标区显示随机矩阵的面积图，结果如图 11.34 所示。

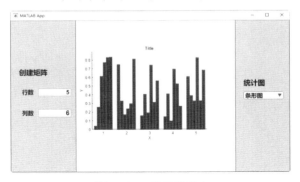

图 11.33　运行结果 1　　　　　　　　　　图 11.34　运行结果 2

（3）在下拉框中选择"饼形图"，坐标区显示随机矩阵的饼形图，结果如图 11.35 所示。

（4）在下拉框中选择"柱状图"，坐标区显示随机矩阵的柱状图，结果如图 11.36 所示。

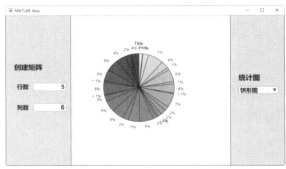
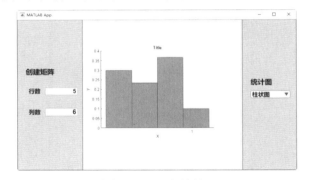

图 11.35　运行结果 3　　　　　　　　　　图 11.36　运行结果 4

工程应用中常用的向量图有罗盘图、羽毛图和箭头图。在介绍实例之前，读者有必要先了解一下这几种向量图的绘制命令。

1. 罗盘图

罗盘图是以在圆形网格上绘制的起点为坐标原点的二维或三维向量图。在 MATLAB 中，使用 compass 命令绘制罗盘图，并在坐标区对象中添加 theta 轴和 r 轴刻度标签。compass 命令的语法格式及说明见表 11.1。

表 11.1　compass 命令的语法格式及说明

语 法 格 式	说　　明
compass(U,V)	绘制以(0, 0)为起点、笛卡儿坐标(U,V)指定方向的箭头。箭头数量与 U 中的元素数相匹配
compass(Z)	使用由 Z 指定的复数值的实部和虚部绘制箭头，实部表示 x 坐标，虚部表示 y 坐标。此语法等效于 compass(real(Z), imag(Z))
compass(…,LineSpec)	在以上任意一种语法格式的基础上，使用参数 LineSpec 指定箭头的线型、标记符号和颜色
compass(axes_handle,…)	在 axes_handle 指定的坐标区，而不是当前坐标区（gca）绘图
h = compass(…)	在以上任意一种语法格式的基础上，返回由线条对象组成的向量 h，用于控制箭头的外观

2．羽毛图

羽毛图是以 x 轴为起点，等距地显示向量的箭头图形，看起来就像鸟的羽毛一样。在 MATLAB 中，使用 feather 命令绘制羽毛图。feather 命令的语法格式及说明见表 11.2。

表 11.2 feather 命令的语法格式及说明

语 法 格 式	说　　明
feather(U,V)	绘制以 x 轴为起点、笛卡儿分量(U,V)指定方向的箭头。第 n 个箭头的起始点位于 x 轴上的 n。箭头的数量与 U 和 V 中的元素数相匹配
feather(Z)	使用 Z 指定的复数值绘制箭头，实部表示 x 分量，虚部表示 y 分量。此语法等效于 feather(real(Z),imag(Z))
feather(…,LineSpec)	在以上任意一种语法格式的基础上，使用参数 LineSpec 指定箭头的线型、标记符号和颜色
feather(ax,…)	在 ax 指定的坐标区，而不是当前坐标区（gca）绘图
f = feather(…)	在以上任意一种语法格式的基础上，返回由线条对象组成的向量 f，用于控制箭头的外观

3．箭头图

尽管用上面两个命令绘制的图也可以称为箭头图，但下面要讲的箭头图比上面两个箭头图更像数学中的向量，即它的箭头方向表示向量方向，箭头的长短表示向量的大小。

在 MATLAB 中，使用 quiver 命令绘制二维箭头图。quiver 命令的语法格式及说明见表 11.3。

表 11.3 quiver 命令的语法格式及说明

语 法 格 式	说　　明
quiver(U,V)	在等距点上绘制箭头，箭头的定向分量由 U 和 V 指定。 如果 U 和 V 是向量，则箭头的 x 坐标范围是从 1 到 U 和 V 中的元素数，并且 y 坐标均为 1；如果 U 和 V 是矩阵，则箭头的 x 坐标范围是从 1 到 U 和 V 中的列数，箭头的 y 坐标范围是从 1 到 U 和 V 中的行数
quiver(X,Y,U,V)	在由 X 和 Y 指定的笛卡儿坐标上绘制具有定向分量 U 和 V 的箭头。默认情况下，缩放箭头长度，以避免重叠
quiver(…,scale)	在以上任意一种语法格式的基础上，使用参数 scale 调整箭头的长度。如果 scale 为正数，则自动将箭头长度拉伸 scale 倍。如果 scale 为'off '或 0，则禁用自动缩放
quiver(…,LineSpec)	在以上任意一种语法格式的基础上，使用参数 LineSpec 指定箭头的线型、标记和颜色
quiver(…,LineSpec,'filled')	在上一种语法格式的基础上填充标记
quiver(…,Name,Value)	在以上任意一种语法格式的基础上，使用一个或多个名称-值对组参数设置箭头图的属性
quiver(ax,…)	将图形绘制到 ax 指定的坐标区中，而不是当前坐标区（gca）中
h = quiver(…)	在以上任意一种语法格式的基础上，返回箭头图对象 h

实例——绘制向量图

源文件：yuanwenjian\ch11\linspaceplot.mlapp

本实例使用 App 设计工具创建一个 App，用于根据指定的数据范围和取值点绘制数据的离散图和向量图。

【操作步骤】

1．设计图形用户界面

（1）在命令行窗口中执行下面的命令，启动 App 设计工具，创建一个可自动调整布局的三栏式 App。

```
>> appdesigner
```

（2）在设计画布的左侧栏中放置一个"标签"组件 Label，调整位置后，在"组件浏览器"中修改组件的属性。

➤ 在"Text（文本）"文本框中输入"创建向量"。

➤ "FontSize（字体大小）"设置为 30。

➤ 在"FontWeight（字体粗细）"选项区中单击"加粗"按钮 B 。

（3）在设计画布的左侧栏中添加三个"编辑字段（数值）"组件 aEditField、bEditField、nEditField，分别用于指定取值点的下界、上界和个数。在"组件浏览器"中修改组件的属性。

➤ 在"标签"文本框中分别输入 a、b、n。

➤ 选中三个编辑字段组件，设置"FontSize（字体大小）"为 20；在"FontWeight（字体粗细）"选项区中单击"加粗"按钮 B 。

（4）在设计画布的中间栏中添加一个"编辑字段（文本）"组件 yEditField，调整位置后，在"组件浏览器"中修改组件的属性。

➤ 在"标签"文本框中输入 y。

➤ 在"Value（值）"文本框中输入 cos(x)。

➤ "FontSize（字体大小）"设置为 20。

➤ 在"FontWeight（字体粗细）"选项区中单击"加粗"按钮 B 。

（5）在设计画布的中间栏中放置一个"坐标区"组件 UIAxes，调整组件的大小和位置。

（6）在设计画布的右侧栏中放置一个"列表框"组件 ListBox，在"组件浏览器"中设置组件的属性。

➤ 在"标签"文本框中输入"离散图形"。

➤ "Items（选项）"设置为"误差棒图""火柴杆图""阶梯图"。

➤ "FontSize（字体大小）"设置为 20。

➤ 在"FontWeight（字体粗细）"选项区中单击"加粗"按钮 B 。

（7）在设计画布的右侧栏中放置一个"单选按钮组"组件 ButtonGroup，在"组件浏览器"中设置该组件的属性。

➤ 在"Title（标题）"文本框中输入"向量图"。

➤ 双击单选按钮，将标签分别修改为"羽毛图"和"箭头图"。

➤ "FontSize（字体大小）"设置为 20。

➤ 在"FontWeight（字体粗细）"选项区中单击"加粗"按钮 B 。

（8）选择设计画布上的组件，利用"画布"选项卡中的"对齐"命令、"水平应用"按钮 和"垂直应用"按钮 ，控制相邻组件之间的对齐方式，以及水平间距和垂直间距。此时的界面设计结果如图 11.37 所示。

（9）在功能区中单击"保存"按钮 ，将 App 文件以 linspaceplot.mlapp 为文件名保存在搜索路径下。

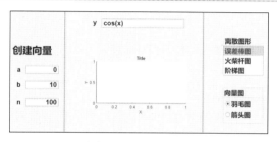

图 11.37　界面设计

2. 编辑代码

（1）添加初始参数。在"组件浏览器"中右击 app.UIFigure，在弹出的快捷菜单中选择"回调"→"添加 startupFcn 回调"命令，自动转至"代码视图"，添加回调函数模块 startupFcn。

在函数体内编写如下代码，启动 App 后，在坐标区中显示指定数据的二维填充图。

```
function startupFcn(app)
    [x,y] = Creatlin(app);              %调用辅助函数，生成绘图数据
    fill(app.UIAxes,x,y,'r')            %绘制数据的二维填充图
end
```

（2）定义辅助函数。在"代码浏览器"中切换到"函数"选项卡，单击 ⊞▾ 按钮，添加一个私有函数，自动在代码编辑区添加一个函数模块。

修改函数的名称和输出参数，在函数体内编写如下代码，获取 GUI 组件的初始值，生成绘图数据。

```
function [x,y] = Creatlin(app)
    clear x
    %获取编辑字段的值，得到数据范围和取值点个数
    a = app.aEditField.Value;
    b = app.bEditField.Value;
    n = app.nEditField.Value;
    %创建一个从 a 开始，到 b 结束，包含 n 个数据元素的向量 x
    x = linspace(a,b,n);
    %获取编辑字段的值
    y = app.yEditField.Value;
    %将符号表达式转换为字符串
    y = str2sym(y);
    %计算 MATLAB 表达式的值
    y = eval(y);
end
```

接下来，定义 5 个辅助函数，分别用于绘制数据的离散图和向量图。

在辅助函数列表中添加一个私有函数 Graph1，编写如下代码绘制误差棒图。

```
function Graph1(app)
    %调用函数获取绘图数据
    [x,y] = Creatlin(app);
    %定义长度相等的垂直误差条，实际的误差条长度为该值的 2 倍
    err = 0.1*ones(size(y));
    %绘制误差棒图
    errorbar(app.UIAxes,x,y,err)
end
```

在辅助函数列表中添加一个私有函数 Graph2，编写如下代码绘制火柴杆图。

```
function Graph2(app)
```

```
    %调用函数获取绘图数据
    [x,y] = Creatlin(app);
    %绘制火柴杆图，设置线型、标记轮廓颜色和填充颜色
    stem(app.UIAxes,x,y, LineStyle='-.',...
    MarkerFaceColor='red',MarkerEdgeColor='yellow')
end
```

在辅助函数列表中添加一个私有函数 Graph3，编写如下代码绘制阶梯图。

```
function Graph3(app)
    [x,y] = Creatlin(app);
    %绘制阶梯图
    stairs(app.UIAxes,x,y)
end
```

在辅助函数列表中添加一个私有函数 Graph22，编写如下代码绘制羽毛图。

```
function Graph22(app)
    [x,y] = Creatlin(app);
    %绘制羽毛图
    feather(app.UIAxes,x,y)
end
```

在辅助函数列表中添加一个私有函数 Graph33，编写如下代码绘制箭头图。

```
function Graph33(app)
    [x,y] = Creatlin(app);
    %u 和 v 用于定义箭头方向和长度
    u = cos(x).*x;
    v = sin(x).*x;
    %绘制箭头图
    quiver(app.UIAxes,x,y,u,v)
end
```

（3）添加属性。在"代码浏览器"中切换到"属性"选项卡，单击 ⊞▾ 按钮，添加一个私有属性，自动在代码编辑区添加一个属性模块。修改属性名称，代码如下所示。

```
properties (Access = private)
    fig   %定义图窗属性名
end
```

（4）添加"离散图形"列表框回调函数。在"组件浏览器"中右击"离散图形"列表框组件 app.ListBox，在弹出的快捷菜单中选择"回调"→"添加 ValueChangedFcn 回调"命令，自动添加回调函数模块 ListBoxValueChanged。

在函数体内添加如下代码，选择不同的列表项，调用不同的绘图函数。

```
function ListBoxValueChanged(app, event)
    value = app.ListBox.Value;      %获取当前选中的列表项
    switch value
        case '误差棒图'
            Graph1(app)
        case '火柴杆图'
            Graph2(app)
        otherwise
            Graph3(app)
    end
end
```

（5）添加"向量图"按钮组回调函数。在"组件浏览器"中右击"向量图"按钮组 app.ButtonGroup，

在弹出的快捷菜单中选择"回调"→"添加 SelectionChangedFcn 回调"命令，自动添加回调函数模块 ButtonGroupSelectionChanged。

在函数体内添加如下代码，选择不同的单选按钮，调用不同的绘图函数。

```
function ButtonGroupSelectionChanged(app, event)
    selectedButton = app.ButtonGroup.SelectedObject;  %获取当前选中的单选按钮
    switch selectedButton.Text
        case '羽毛图'
            Graph22(app)
        otherwise
            Graph33(app)
    end
end
```

3. 运行程序

（1）单击功能区中的"运行"按钮▶，在坐标区中默认显示指定数据的二维填充图，如图 11.38 所示。

（2）在"离散图形"列表框中选择"火柴杆图"，在坐标区绘制向量的火柴杆图，如图 11.39 所示。

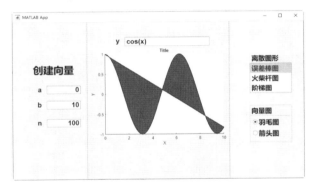

图 11.38　运行结果 1

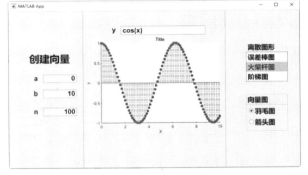

图 11.39　运行结果 2

（3）在"离散图形"列表框中选择"阶梯图"，在坐标区绘制向量的阶梯图，如图 11.40 所示。

（4）在"离散图形"列表框中选择"误差棒图"，在坐标区绘制向量的误差棒图，如图 11.41 所示。

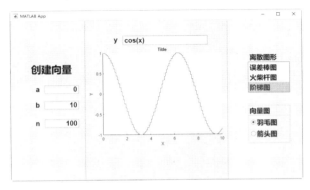

图 11.40　运行结果 3

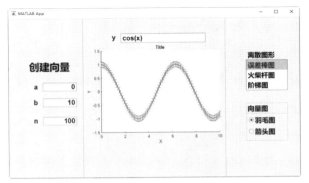

图 11.41　运行结果 4

（5）在"向量图"单选按钮组中单击"箭头图"按钮，在坐标区绘制向量的箭头图，如图 11.42 所示。

（6）在"向量图"单选按钮组中单击"羽毛图"按钮，在坐标区绘制向量的羽毛图，如图 11.43 所示。

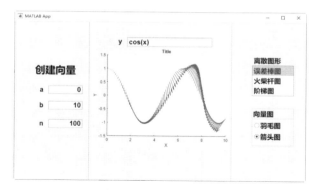

图 11.42　运行结果 5

图 11.43　运行结果 6

（7）调整 n 为 10，在"离散图形"列表框中选择"阶梯图"，在坐标系中显示阶梯图，如图 11.44 所示。

（8）调整 y 中的公式，在"离散图形"列表框中选择"火柴杆图"，在坐标系中显示火柴杆图，如图 11.45 所示。

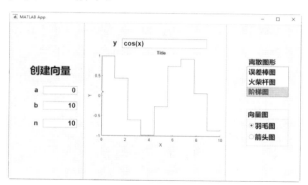

图 11.44　运行结果 7

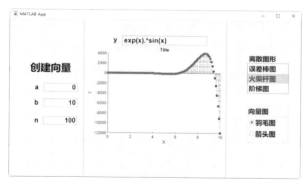

图 11.45　运行结果 8

第 12 章　图像显示在 GUI 中的应用

内容指南

在 MATLAB 中，对图像的操作实质上是对图像矩阵的操作。图像显示包括色阶的显示、颜色图的设置、亮度的设置、图像的排列与图像的纹理显示。

本章通过几个简单的 GUI 实例，介绍 MATLAB 中图像显示的基本操作命令和利用 GUI 显示图像的方法。

内容要点

➢ 图像的显示
➢ 图像剪辑

12.1　图像的显示

图像的显示是将数字图像转换为适合人们使用的形式，便于人们观察和理解。早期的图像处理设备一般都有专门的图像监视器供显示专用，目前一般直接用计算机的图形终端显示图像，图像窗口只是图形用户界面的一个普通的窗口。为方便处理，通常图像都表现为一种矩形区域的位图形式（Bitmap Format）。

12.1.1　读/写图像

要显示图像，首先要读取图像，可以直接读取图像文件，也可以将图形图像写入图像文件后读取。MATLAB 支持的图像格式有 *.bmp、*.cur、*.gif、*.hdf、*.ico、*.jpg、*.pbm、*.pcx、*.pgm、*.png、*.ppm、*.ras、*.tiff 以及 *.xwd。对于这些格式的图像文件，MATLAB 提供了相应的读/写命令，本小节介绍两个常用的图像读/写命令。

1．读取不同格式的文件

在 MATLAB 中，使用 imread 命令读入各种图像文件，将图像数据以矩阵的形式存储。imread 命令的语法格式及说明见表 12.1。

表 12.1　imread 命令的语法格式及说明

语 法 格 式	说　　明
A=imread(filename)	从 filename 指定的文件中读取图像，如果 filename 为多图像文件，则读取该文件中的第一个图像
A=imread(filename, fmt)	在上一种语法格式的基础上，使用参数 fmt 指定图像文件的格式

续表

语 法 格 式	说 明
A=imread(…, idx)	读取多帧图像文件中的一帧，idx 为帧号。这种语法格式仅适用于 GIF、PGM、PBM、PPM、CUR、ICO、TIF 和 HDF4 文件
A=imread(…, Name,Value)	在以上任意一种语法格式的基础上，使用一个或多个名称-值对组参数指定其他选项。常用的名称-值对组参数见表 12.2
[A, map]=imread(…)	在以上任意一种语法格式的基础上，返回读取的索引图像 A，以及关联的颜色图 map。图像文件中的颜色图值会自动重新调整到范围[0,1]中
[A, map, alpha]=imread(…)	在上一种语法格式的基础上还返回图像透明度。这种语法格式仅适用于 PNG、CUR 和 ICO 文件。对于 PNG 文件，返回 alpha 通道（如果存在）

表 12.2　常用的名称-值对组参数

属 性 名	说 明	参 数 值
Frames	要读取的帧（GIF 文件）	一个正整数、整数向量或 'all'。如果指定值 3，将读取文件中的第三个帧。如果指定 'all'，则读取所有帧并按其在文件中显示的顺序返回这些帧
PixelRegion	要读取的子图像（JPEG 2000 文件）	指定为包含'PixelRegion'和 {rows,cols}形式的元胞数组的逗号分隔对组
ReductionLevel	降低图像分辨率（JPEG 2000 文件）	0（默认）和 非负整数
BackgroundColor	背景色（PNG 文件）	none、整数或三元素整数向量，如果输入图像为索引图像，BackgroundColor 的值必须为[1,P]范围内的一个整数，其中 P 是颜色图长度。如果输入图像为灰度，则 BackgroundColor 的值必须为[0,1]范围内的整数；如果输入图像为 RGB，则 BackgroundColor 的值必须为三元素向量，其中的值介于[0,1]范围内
Index	要读取的图像（TIFF 文件）	包含 Index 和正整数的逗号分隔对组
Info	图像的相关信息（TIFF 文件）	包含 Info 和 imfinfo 命令返回的结构体数组的逗号分隔对组
PixelRegion	区域边界（TIFF 文件）	{rows,cols}形式的元胞数组

◁》 提示：

> 在 MATLAB 中，系统内存中的特定路径下包含一些图像，读取、显示这些图像不需要设置工作路径，也不需要输入完整的文件路径，直接输入文件名称即可。除此之外的图像，则必须位于当前工作路径或搜索路径下，或者指定完整的文件路径，否则系统无法找到并显示错误信息。

这里需要说明的是，图像数据 A 以数组的形式返回。

➤ 如果文件包含灰度图像，则 A 为 m×n 数组。
➤ 如果文件包含索引图像，则 A 为 m×n 数组，其中的索引值对应于 map 中该索引处的颜色。
➤ 如果文件包含真彩色图像，则 A 为 m×n×3 数组。
➤ 如果文件是一个包含使用 CMYK 颜色空间的彩色图像的 TIFF 文件，则 A 为 m×n×4 数组。

2. 写入不同格式的文件

在 MATLAB 中，imwrite 命令用于将各种图像写入文件。imwrite 命令的语法格式及说明见表 12.3。

表 12.3　imwrite 命令的语法格式及说明

语 法 格 式	说 明
imwrite(A, filename)	将图像数据 A 写入文件 filename，从扩展名推断文件格式
imwrite(A,map,filename)	将索引图像 A 以及关联的颜色图 map 写入文件 filename

续表

语 法 格 式	说 明
imwrite(…, fmt)	在以上任意一种语法格式的基础上，将图像数据以 fmt 的格式写入文件中，无论 filename 中的文件扩展名如何。按照输入参数指定 fmt
imwrite(…, Name,Value)	在以上任意一种语法格式的基础上，使用名称-值对组参数指定输出图像的参数

利用 imwrite 命令保存图像时，读者应注意以下几点。

➢ 如果 A 的数据类型为 uint8，则输出 8 位值。

➢ 如果 A 为 uint16 且输出文件格式支持 16 位数据（JPEG、PNG 和 TIFF），则输出 16 位的值。如果输出文件格式不支持 16 位数据，则 imwrite 返回错误。

➢ 如果 A 是灰度图像或者 double 或 single 的 RGB 彩色图像，则 imwrite 假设动态范围是[0,1]，并在将其作为 8 位值写入文件之前自动按 255 缩放数据。如果 A 中的数据是 single，则在将其写入 GIF 或 TIFF 文件之前将 A 转换为 double。

➢ 如果 A 为 logical 类型，则 imwrite 会假定数据为二值图像并将数据写入位深度为 1 的文件（如果格式允许）。

12.1.2　显示图像

在 MATLAB 中，常使用 imshow 命令显示图像，该命令不限制图像的格式。例如，可以显示真彩色图像、灰度图像、二值图像和索引图像等。imshow 命令的语法格式及说明见表 12.4。

表 12.4　imshow 命令的语法格式及说明

语 法 格 式	说 明
imshow(I)	优化图窗、坐标区和图像对象属性，使用图像数据类型的默认显示范围，在图窗中显示灰度图像 I
imshow(I,[low high])	在上一种语法格式的基础上，用二元素向量[low high]指定灰度图像的灰度范围。高于 high 的范围显示为白色，低于 low 显示为黑色，范围内的像素按比例拉伸显示为不同等级的灰色
imshow(I,[])	根据 I 中的像素值范围对显示进行转换，显示灰度图像 I。I 中的最小值显示为黑色，最大值显示为白色
imshow(RGB)	在图窗中显示真彩色图像 RGB
imshow(BW)	在图窗中显示二值图像 BW。对于二值图像，imshow 将值为 0（零）的像素显示为黑色，将值为 1 的像素显示为白色
imshow(X,map)	显示带有颜色图 map 的索引图像 X
imshow(filename)	显示存储在由 filename 指定的图形文件中的图像
imshow(…,Name,Value)	在以上任意一种语法格式的基础上，使用一个或多个名称-值对组参数图像的显示。常用的属性如下。 ➢ Border：图窗窗口边框空间。 ➢ Colormap：颜色图。 ➢ DisplayRange：灰度图像显示范围。 ➢ InitialMagnification：图像显示的初始放大倍率。 ➢ Parent：图像对象的父级坐标区。 ➢ XData：非默认坐标系的 x 轴范围。 ➢ YData：非默认坐标系的 y 轴范围
himage = imshow(…)	在以上任意一种语法格式的基础上，返回创建的图像对象

实例——显示不同格式的图像文件

源文件：yuanwenjian\ch12\Image_style.mlapp

本实例使用 App 设计工具创建一个 App 程序，使用图形用户界面显示不同格式的图像文件。

扫一扫，看视频

【操作步骤】

1. 设计图形用户界面

（1）在命令行窗口中执行下面的命令，启动 App 设计工具，创建一个空白的 App。

```
>> appdesigner
```

（2）在设计画布中放置一个"下拉框"组件 app.DropDown，调整组件大小和位置，在"组件浏览器"中设置该组件的属性。

➤ 选中标签，在"标签"文本框中输入"图像类型"，"FontSize（字体大小）"设置为 20。
➤ 选中下拉框，"Items（列表项）"和"ItemsData（选择项数据）"均设置为"png,jpg,gif,bmp"，如图 12.1 所示；"FontSize（字体大小）"设置为 15。
➤ 选中下拉框组件，在"FontWeight（字体粗细）"选项区中单击"加粗"按钮 **B**。

（3）在设计画布中放置一个"坐标区"组件 app.UIAxes，调整组件大小和位置，然后在"组件浏览器"中设置该组件的属性。

➤ 在"Title. String（标题字符）"文本框中输入"图像显示"。
➤ "FontSize（字体大小）"设置为 20。
➤ 在"FontWeight（字体粗细）"选项区中单击"加粗"按钮 **B**。
➤ XLabel.String、YLabel.String、XTick、XTickLabel、YTick、YTickLabel 属性均设置为空。

（4）在设计画布中放置一个"按钮"组件 app.Button，调整大小和位置，在"组件浏览器"中设置组件的属性。

➤ 在"Text（文本）"文本框中输入"颜色图"。
➤ "FontSize（字体大小）"设置为 20。
➤ 在"FontWeight（字体粗细）"选项区中单击"加粗"按钮 **B**。

至此，图形用户界面设计完成，界面设计结果如图 12.2 所示。

图 12.1　下拉框属性

图 12.2　界面设计

（5）单击"保存"按钮 🖫，将 App 文件以 Image_style.mlapp 为文件名保存在搜索路径下。

2. 编辑代码

（1）定义辅助函数。切换到代码视图，在"代码浏览器"中切换到"函数"选项卡，单击 🕂▾ 按钮，添加一个私有函数，自动在代码编辑区添加一个函数模块。

修改函数名称和输出参数，在函数体内编写如下代码，根据下拉框中选定的选项显示相应的图像。

```
function updateimage(app)
    value = app.DropDown.Value;          %获取当前选中的列表项
    %匹配列表项，执行相应的操作
    switch value
```

```
            case 'png'
                %显示.png 图片
                imshow('squirrel.png',Parent=app.UIAxes);
            case 'jpg'
                %显示.jpg 图片
                imshow('animals.jpg',Parent=app.UIAxes);
            case 'gif'
                %读取路径下的.gif 文件的第 1 帧图像
                [A,map]=imread('animals.gif',1);
                %显示.gif 图片
                imshow(A,map,Parent=app.UIAxes);
            otherwise
                %显示路径下的 bmp 图片
                imshow('Bonnet.bmp',Parent=app.UIAxes);
        end
    end
```

（2）添加初始参数。在"组件浏览器"中右击 app.UIFigure，在弹出的快捷菜单中选择"回调"
→"添加 startupFcn 回调"命令，自动添加回调函数模块 startupFcn。

在函数体内调用辅助函数，App 启动后，在坐标区内显示默认图像，代码如下所示。

```
function startupFcn(app)
    updateimage(app)
end
```

（3）定义回调函数。

1）下拉框。在"代码浏览器"中切换到"回调"选项卡，单击 ⊞▾ 按钮，在"添加回调函数"
对话框中为"图像类型"下拉框 app.DropDown 添加回调函数 ValueChanged，自动在代码编辑区添
加相应的函数模块。

在函数体内调用辅助函数，显示相应格式的图像，代码如下所示。

```
function DropDownValueChanged(app, event)
    updateimage(app);
end
```

2）按钮。选中"颜色图"按钮，使用与上一步同样的方法添加 ButtonPushedFcn 回调。在函数
体内编写代码，单击该按钮时，为坐标区指定颜色图，代码如下所示。

```
function ButtonPushed(app, event)
    app.UIAxes.Colormap = gray(256);   %将 256 色的灰度颜色图设置为当前坐标区的颜色图
end
```

3. 运行程序

（1）单击功能区中的"运行"按钮 ▶，打开运行界面，在坐标区显示默认的 png 图像，如图 12.3
所示。

（2）在"图像类型"下拉框中选择 jpg、gif、bmp，显示不同格式的图像，如图 12.4～图 12.6
所示。

（3）单击"颜色图"按钮，显示图像的灰度图，结果如图 12.7 所示。

图 12.3　运行结果 1

图 12.4　运行结果 2

图 12.5　运行结果 3

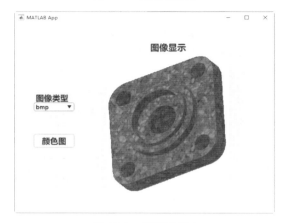

图 12.6　运行结果 4

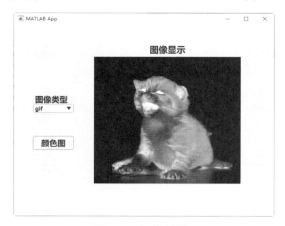

图 12.7　运行结果 5

扫一扫，看视频

实例——将图形转换为图像

源文件： yuanwenjian\ch12\image_write.mlapp

本实例利用 App 设计工具创建一个 App，使用图形用户界面绘制如下参数化函数的图形，并将图形保存为图像文件进行显示。

$$\begin{cases} x = \mathrm{e}^{\cos t} \\ y = \mathrm{e}^{\sin t}, \qquad t \in (-2\pi, 2\pi) \\ z = \mathrm{e}^{-t} \end{cases}$$

【操作步骤】

1. 设计图形用户界面

（1）在命令行窗口中执行下面的命令，启动 App 设计工具，创建一个可自动调整布局的两栏式 App。

```
>> appdesigner
```

（2）在设计画布的左侧栏中添加一个"按钮"组件 Button，在"组件浏览器"中设置"Text（文本）"为"火柴杆图"。

（3）按住 Ctrl 键拖动按钮组件，复制 3 个按钮组件，将按钮文本分别修改为"箭头图""柱形图""散点图"。

（4）在设计画布的左侧栏中放置一个"下拉框"组件 DropDown，在"组件浏览器"中设置该组件的属性。

➢ 在"标签"文本框中输入"显示图像"。

➢ "Items（选择项）"设置为"火柴杆图""箭头图""柱形图""散点图"，如图 12.8 所示。

（5）选中左侧栏中的所有组件，在"组件浏览器"中设置"FontSize（字体大小）"为 18；在"FontWeight（字体粗细）"选项区中单击"加粗"按钮 Ⓑ。

（6）调整组件的大小和位置，然后利用"画布"选项卡中的"对齐"命令和"分布"命令，使组件在左侧栏中对齐且均匀分布。

至此，图形用户界面设计完成，界面设计结果如图 12.9 所示。

图 12.8　"下拉框"设置

图 12.9　界面设计结果

（7）单击"保存"按钮 🖫，将 App 文件以 image_write.mlapp 为文件名保存在搜索路径下。

2. 编辑代码

（1）定义辅助函数。切换到代码视图，在"代码浏览器"中切换到"函数"选项卡，单击 ➕▾ 按钮，添加一个私有函数。将函数名称修改为 updateimage1，指定输出参数，然后在函数体内编写程序，定义火柴杆图的绘图数据。具体代码如下所示。

```
function [x,y,z] = updateimage1(app)
```

```
        t =-2*pi:pi/20:2*pi;      %定义参数范围和取值点
        %定义函数表达式
        x=exp(cos(t));
        y=exp(sin(t));
        z=exp(-t);
    end
```

使用同样的方法，定义辅助函数 updateimage2，创建箭头图和柱形图的绘图数据。具体代码如下所示。

```
    function [X,Y,Z] = updateimage2(app)
        %定义柱面参数
        t =-2*pi:pi/20:2*pi;
        [X,Y,Z]=cylinder(2*sin(t),30);
    end
```

定义辅助函数 updateimage3，创建散点图的绘图数据。具体代码如下所示。

```
    function [x1,y1,z1] = updateimage3(app)
        %创建球面数据
        [X1,Y1,Z1] = sphere(50);
        x1 = [0.5*X1(:);0.75*X1(:);X1(:)];
        y1 = [Y1(:);Y1(:);Y1(:)];
        z1 = [0.5*Z1(:);0.75*Z1(:);2.5*Z1(:)];
    end
```

（2）添加初始参数。在"代码浏览器"中切换到"回调"选项卡，单击 ⊞▾ 按钮，在"添加回调函数"对话框中为 app.UIFigure 添加 startupFcn 回调。

在函数体内编写代码，创建分块图布局，并添加坐标区。具体代码如下所示。

```
    function startupFcn(app)
        app.Image = uiaxes(app.RightPanel);        %在设计画布的右侧栏中创建 UI 坐标区
        app.Image.Position = [50 100 300 300];     %指定坐标区的位置和大小
        %关闭视图坐标区的显示
        axis(app.Image,'off')
        %关闭创建的 Figure，创建新的 Figure
        close all
        app.fig = figure(Name='4 plot');
        %在当前图窗中创建分块图布局
        t = tiledlayout(app.fig,'flow');
        %在分块图中创建坐标区
        app.ax1 = nexttile(t);
        app.ax2 = nexttile(t);
        app.ax3 = nexttile(t);
        app.ax4 = nexttile(t);
        %隐藏但不删除坐标区
        app.ax1.Visible = 0;
        app.ax2.Visible = 0;
        app.ax3.Visible = 0;
        app.ax4.Visible = 0;
    end
```

（3）定义回调函数。

1）下拉框。在"代码浏览器"中切换到"回调"选项卡，单击 ⊞▾ 按钮，在"添加回调函数"对话框中为"图像类型"下拉框 app.DropDown 添加回调函数 ValueChanged。

在函数体内编写代码，根据选中的列表项执行相应的操作。具体代码如下所示。

```
function DropDownValueChanged(app, event)
    value = app.DropDown.Value;          %获取当前选中的列表项
    %匹配列表项，显示相应的图像
    switch value
        case '火柴杆图'
            imshow('write1.bmp',Parent=app.Image)
        case '箭头图'
            imshow('write2.bmp',Parent=app.Image)
        case '柱形图'
            imshow('write3.bmp',Parent=app.Image)
        otherwise
            imshow('write4.bmp',Parent=app.Image)
    end
end
```

2）按钮。使用与上一步同样的方法，为"火柴杆图"按钮添加 ButtonPushedFcn 回调，编写如下代码。

```
function ButtonPushed(app, event)
    [x,y,z] = updateimage1(app);          %调用辅助函数，获取绘图数据
    stem3(app.ax1,x,y,z,'fill','r')       %绘制三维火柴杆图，设置图形填充颜色为红色
    title(app.ax1,'火柴杆图')
    F1 = getframe(app.ax1);               %捕获坐标区中的图形
    %将图形写入到图形文件中
    imwrite(F1.cdata,'write1.bmp','bmp');
end
```

为"箭头图"按钮添加 ButtonPushedFcn 回调，编写如下代码。

```
function Button_2Pushed(app, event)
    [X,Y,Z] = updateimage2(app);          %获取绘图数据
    %计算曲面的三维曲面法向量的分量 u、v、w
    [u,v,w]= surfnorm(X,Y,Z);
    %绘制三维箭头图
    quiver3(app.ax2,X,Y,Z,u,v,w)
    F2 = getframe(app.ax2);               %捕获坐标区中的图形
    title(app.ax2,'箭头图')
    %将图形写入到图形文件中
    imwrite(F2.cdata,'write2.bmp','bmp');
end
```

为"柱形图"按钮添加 ButtonPushedFcn 回调，编写如下代码。

```
function Button_3Pushed(app, event)
    [~,~,Z] = updateimage2(app);
    histogram(app.ax3,Z)                  %绘制柱形图
    title(app.ax3,'柱形图')
    F3 = getframe(app.ax3);               %捕获坐标区中的图形
    %将图形写入到图形文件中
    imwrite(F3.cdata,'write3.bmp','bmp');
end
```

为"散点图"按钮添加 ButtonPushedFcn 回调，编写如下代码。

```
function Button_4Pushed(app, event)
    [x1,y1,z1] = updateimage3(app);
    % 绘制球面散点图
    scatter3(app.ax4,x1,y1,z1);
```

```
        axis square                %使用相同长度的坐标轴线
        title(app.ax4,'散点图')
        F4 = getframe(app.ax4);        %捕获坐标区的图形
        %将图形写入到图形文件中
        imwrite(F4.cdata,'write4.bmp','bmp');
    end
```

（4）添加属性。在"代码浏览器"中切换到"属性"选项卡，单击 ⊞▾ 按钮，添加私有属性。在自动添加的属性模块中修改属性名称，代码如下所示。

```
    properties (Access = private)
        Image
        fig
        ax1
        ax2
        ax3
        ax4
    end
```

3. 运行程序

（1）单击功能区中的"运行"按钮 ▶，弹出运行界面与 Figure 图窗，如图 12.10 和图 12.11 所示。

图 12.10　运行结果 1

图 12.11　运行结果 2

（2）单击"火柴杆图"按钮，在坐标区 1 中显示火柴杆图，然后捕获坐标区中的图形，保存为图像文件，结果如图 12.12 所示。

（3）单击"箭头图"按钮，在坐标区 2 中显示箭头图，然后捕获坐标区中的图形，保存为图像文件，结果如图 12.13 所示。

（4）单击"柱形图"按钮，在坐标区 3 中显示柱形图，然后捕获坐标区中的图形，保存为图像文件，结果如图 12.14 所示。

（5）单击"散点图"按钮，在坐标区 4 中显示散点图，然后捕获坐标区中的图形，保存为图像文件，结果如图 12.15 所示。

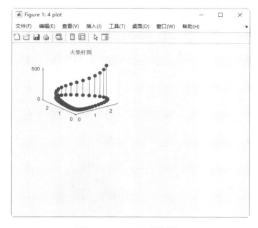

图 12.12　运行结果 3

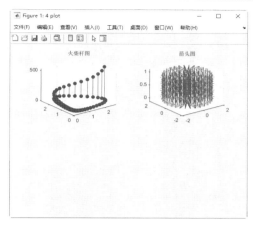

图 12.13　运行结果 4

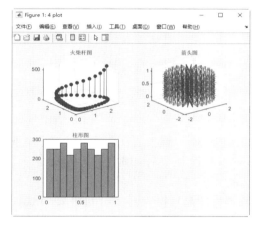

图 12.14　运行结果 5

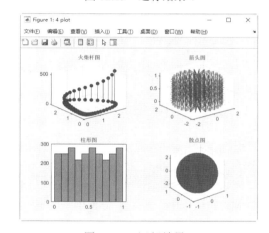

图 12.15　运行结果 6

（6）在"显示图像"下拉框中选择"箭头图"，在右侧面板中显示坐标区中的箭头图像，结果如图 12.16 所示。

（7）在"显示图像"下拉框中选择"火柴杆图"，在右侧面板中显示坐标区中的火柴杆图像，结果如图 12.17 所示。

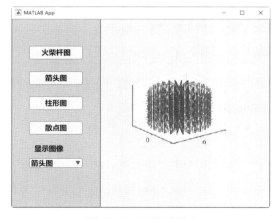

图 12.16　运行结果 7

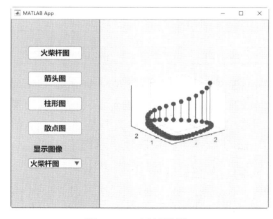

图 12.17　运行结果 8

（8）在"显示图像"下拉框中选择"柱形图"，在右侧面板中显示坐标区中的柱形图像，结果如图 12.18 所示。

（9）在"显示图像"下拉框中选择"散点图"，在右侧面板中显示坐标区中的散点图像，如图 12.19 所示。

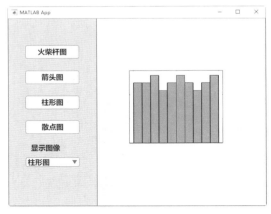

图 12.18　运行结果 9

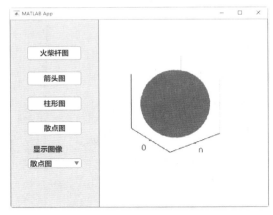

图 12.19　运行结果 10

12.1.3　显示索引图像

索引图像是一种把像素值直接作为 RGB 颜色图下标的图像。一幅索引图包含一个数据矩阵 data 和一个颜色图矩阵 map，数据矩阵可以是 uint8、uint16 或双精度类型，而颜色图矩阵则是一个 m×3 的双精度矩阵。颜色图通常与索引图像存储在一起，装载图像时，颜色图将与图像一同自动装载。

在 MATLAB 中，image 命令用于显示索引图像，或者将图像数据矩阵显示为图像。image 命令的语法格式及说明见表 12.5。

表 12.5　image 命令的语法格式及说明

语 法 格 式	说　　明
image(C)	将矩阵 C 中的值显示为图像，C 的每个元素指定图像的 1 像素的颜色
image(x,y,C)	在上一种语法格式的基础上，使用 x 和 y 指定图像位置。如果 x、y 为二元素向量，则分别定义 x 轴与 y 轴的范围；如果 x 和 y 设为标量值，则为第一个边角的坐标，然后根据坐标对图像进行拉伸和定向，确定一个边角的位置
image(...,Name,Value)	在上述任意一种语法格式的基础上，使用名称-值对组参数设置图像的属性
image(ax,...)	在 ax 指定的坐标区中显示图像
handle = image(...)	在上述任意一种语法格式的基础上，返回图像对象

image 命令生成的图像是一个 m×n 像素网格，其中 m 和 n 分别是矩阵 C 中的行数和列数。这些元素的行索引和列索引确定了对应像素的中心。

不管 RGB 数字图像的类型是 double 浮点型，还是 uint8 或 uint16 无符号整型，MATLAB 都能通过 image 命令将其正确地显示出来。

实例——图像转换

源文件：yuanwenjian\ch12\Image_rgb.mlapp

本实例利用 App 设计工具创建一个 App，使用图形用户界面显示函数曲面、索引图像，以及将

扫一扫，看视频

索引图像作为纹理对曲面进行贴图。

【操作步骤】

1. 设计图形用户界面

（1）在命令行窗口中执行下面的命令，启动 App 设计工具，创建一个空白的 App。

```
>> appdesigner
```

（2）选中设计画布，在"组件浏览器"中设置画布的"Color（背景色）"为[0.86,0.93,0.82]；"Position（位置大小）"为[100,100,600,400]。

（3）在设计画布中放置 4 个"按钮"组件，在"组件浏览器"中修改组件的属性。

➢ "Text（文本）"分别为"曲面""图像""贴图""颜色图"。

➢ "FontSize（字体大小）"设置为 20。

➢ 在"FontWeight（字体粗细）"选项区中单击"加粗"按钮 B。

（4）选中所有按钮组件，利用"画布"选项卡中的"对齐"命令和"垂直应用"命令，使按钮组件对齐且在垂直方向均匀分布。

（5）在设计画布中放置一个"坐标区"组件 UIAxes，调整大小和位置后，在"组件浏览器"中设置组件属性。

➢ 在"Title. String（标题字符）"文本框中输入"图像显示"。

➢ 在"FontSize（字体大小）"文本框中输入字体大小 20。

➢ 在"FontWeight（字体粗细）"选项区中单击"加粗"按钮 B。

➢ XLabel.String、YLabel.String、XTick、XTickLabel、YTick、YTickLabel 文本框中均为空。

（6）单击"保存"按钮 🖫，将 App 文件以 Image_rgb.mlapp 为文件名保存在搜索路径下。此时的界面设计结果如图 12.20 所示。

图 12.20　界面设计

2. 编辑代码

（1）定义辅助函数。在"代码浏览器"中切换到"函数"选项卡，单击 ➕▾ 按钮，添加一个私有函数。修改函数的名称和输出参数，并在函数体内编写代码，加载系统内存中的图像数据集，定义曲面绘图数据，具体代码如下所示。

```
function [x,y,z,X,map] = updateimage(app)
    %清除坐标区数据
    cla(app.UIAxes);
    %读取系统内存中的图像，获取图像数据矩阵 X 和关联的颜色图 map
    %图像数据矩阵 X 与颜色图 map 为 uint8 二维矩阵
```

```
    load clown
    %定义曲面数据
    [x,y]=meshgrid(-7.5:0.5:7.5);
    z=sin(sqrt(x.^2+y.^2))./sqrt(x.^2+y.^2);
end
```

（2）添加初始参数。在"代码浏览器"中切换到"回调"选项卡，单击 ⊞▾ 按钮，在"添加回调函数"对话框中为 app.UIFigure 添加 startupFcn 回调。在函数体内编写代码，实现启动 App 时，在设计画布中显示一幅图像，具体代码如下所示。

```
function startupFcn(app)
%关闭坐标轴
    app.UIAxes.Visible = 'off';              %隐藏坐标区
    app.Image = uiimage(app.UIFigure);       %添加图像组件
    app.Image.Position = [229 57 351 293];   %指定图像组件的位置和大小
    app.Image.ImageSource = 'mifeng.jpg';    %指定图像源
end
```

（3）添加属性。在"代码浏览器"中切换到"属性"选项卡，单击 ⊞▾ 按钮，添加一个私有属性 Image，具体代码如下所示。

```
properties (Access = private)
    Image %图像组件名称
end
```

（4）定义回调函数。在"代码浏览器"的"回调"选项卡中单击 ⊞▾ 按钮，为按钮"曲面"添加 ButtonPushedFcn 回调，具体代码如下所示。

```
function ButtonPushed(app,event)
    [x,y,z,~,~] = updateimage(app);          %调用辅助函数，返回曲面绘图数据
      if app.Image.Visible=='on'
        app.Image.Visible = 'off';           %隐藏图像组件
      end
    app.UIAxes.Visible = 'on';               %显示坐标区组件
    surf(app.UIAxes,x,y,z)                    %绘制曲面
      %添加灯光与颜色渲染
      lighting(app.UIAxes,'flat')            %光源均匀地应用于每个面
      shading(app.UIAxes,'interp')           %插值颜色渲染
      light(app.UIAxes,position=[-1 -1 -2],color='y')   %添加指定方向的黄色平行光
      %指定位置添加白色点光源
      light(app.UIAxes,position=[-1,0.5,1],style='local',color='w')
    end
```

为按钮"图像"添加 ButtonPushedFcn 回调，具体代码如下所示。

```
function Button_2Pushed(app,event)
    [~,~,~,X,map] = updateimage(app);        %返回图像数据和颜色图
    if app.Image.Visible=='on'
        app.Image.Visible = 'off';
    end
    app.UIAxes.Visible = 'on';
    %显示索引图像 X
    image(app.UIAxes,X);
    %设置坐标区的颜色图
    app.UIAxes.Colormap = map;
    axis(app.UIAxes,'off')                   %关闭坐标系
    %切换到二维视图
```

```
        view(app.UIAxes,2)
    end
```

为按钮"贴图"添加 ButtonPushedFcn 回调，具体代码如下所示。

```
function Button_3Pushed(app, event)
    [x,y,z,X,map] = updateimage(app);    %返回曲面数据和图像数据、颜色图
    if app.Image.Visible=='on'
        app.Image.Visible = 'off';
    end
    app.UIAxes.Visible = 'on';
    %创建一个曲面图并沿该曲面图显示图像
    %轮廓颜色设置为 texturemap，表示变换 CData 中的颜色数据，以便其符合曲面
  surface(app.UIAxes,x,y,z,X,FaceColor='texturemap', ...
  EdgeColor='none')
        %设置坐标区的颜色图
    app.UIAxes.Colormap = map;
    %设置视图角度
    view(app.UIAxes,3)
end
```

为按钮"颜色图"添加 ButtonPushedFcn 回调，具体代码如下所示。

```
%Button pushed function: Button_4
function Button_4Pushed(app, event)
    [~,~,z,~,~] = updateimage(app);
    if app.Image.Visible=='on'
        app.Image.Visible = 'off';
    end
    app.UIAxes.Visible = 'on';
    %绘制曲面
    surf(app.UIAxes,z+2)
    hold(app.UIAxes,'on')        %保留当前坐标区中的绘图
    imagesc(app.UIAxes,z+2)      %使用颜色图中的全部颜色将数据显示为图像
end
```

3. 运行程序

（1）单击功能区中的"运行"按钮▶，启动 App，在坐标区显示指定的图像，如图 12.21 所示。

（2）单击"曲面"按钮，在右侧坐标区域显示曲面，如图 12.22 所示。

图 12.21　运行结果 1

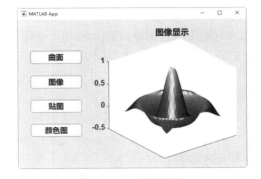

图 12.22　运行结果 2

（3）单击"图像"按钮，在右侧坐标区域显示图像，如图 12.23 所示。

315

（4）单击"贴图"按钮，在右侧坐标区域显示图像覆盖到曲面的图形，如图 12.24 所示。

（5）单击"颜色图"按钮，在右侧坐标区域显示曲面，在 x-y 平面中显示颜色图图像，如图 12.25 所示。

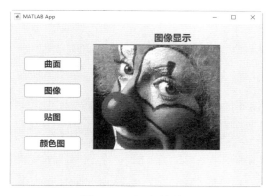

图 12.23　运行结果 3

图 12.24　运行结果 4

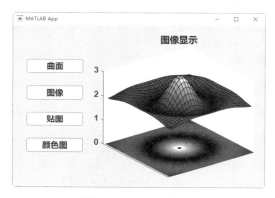

图 12.25　运行结果 5

12.2　图　像　剪　辑

12.2.1　图像拼贴

Montage 法语音译蒙太奇，在电影中是指通过镜头的拼贴，使之产生连贯性以及镜头组合起来所产生的新的意境效果的剪辑手法。多个镜头通过不同的组合可以产生不同的意境，产生不同的结果，所以运用蒙太奇的手段可以表达不同的故事内容，使故事更有逻辑性、思想性和节奏性，而不是简单地排列组合。

蒙太奇一般包括画面合成和画面剪辑两方面。画面合成是由许多画面或图样并列或叠化而成的一个统一图画作品。画面剪辑是将电影在不同地点，从不同距离和角度，以不同方法拍摄的一系列镜头排列组合起来，叙述情节，刻画人物。

在 MATLAB 中，montage 命令用来在矩形框中同时显示多幅图像，将多个图像帧显示为矩形蒙太奇，重新进行拼贴。montage 命令的语法格式及说明见表 12.6。

表 12.6　montage 命令的语法格式及说明

语 法 格 式	说　　明
montage(I)	显示多帧图像数组 I 的所有帧。默认情况下，将图像排列成大致的正方形
montage(imagelist)	显示元胞数组 imagelist 中指定的图像，组合图像可以有不同类型和大小
montage(filenames)	显示文件名 filenames 指定的图像的蒙太奇
montage(imds)	显示在图像数据存储 imds 中指定的图像的矩形蒙太奇
montage(…,map)	在以上任意一种语法格式的基础上，将所有灰度图像和二值图像视为索引图像，并使用指定的颜色图显示
montage(…,Name,Value)	在以上任意一种语法格式的基础上，使用名称-值对组参数自定义图像矩形蒙太奇
img = montage(…)	在以上任意一种语法格式的基础上，返回包含所有显示帧的单个图像对象的句柄 img

montage 命令常用的名称-值对组参数见表 12.7。

表 12.7　montage 命令常用的名称-值对组参数

属　性　名	说　　明	参　数　值
'BackgroundColor'	背景颜色，指定为 MATLAB 颜色规范蒙太奇函数用这种颜色填充所有空格	'black'（默认）| RGB 三元组| 颜色名称或短名称
'BorderSize'	每个缩略图周围的填充量	[0 0]（默认）|非负整数| 1×2 非负整数向量
'DisplayRange'	显示范围	1×2 向量
'Indices'	要显示的帧	正整数数组
'Interpolation'	插值方法	'nearest'（默认）| 'bilinear'
'Parent'	图像对象的父级	坐标区对象
'Size'	图像的行数和列数	二元素向量
'ThumbnailSize'	缩略图的大小	正整数二元素向量| []

12.2.2　图像组合成块

在 MATLAB 中，imtile 命令用来将多个图像帧组合为一个矩形分块图。imtile 命令的语法格式及说明见表 12.8。

表 12.8　imtile 命令的语法格式及说明

语 法 格 式	说　　明
out = imtile(filenames)	返回包含文件名 filenames 中指定的图像的分块图。默认情况下，该命令将图像大致排成一个方阵。使用可选的名称-值对组参数可以更改排列
out = imtile(I)	返回包含多帧图像数组 I 的所有帧的分块图。多帧图像数组 I 可以是二值图像序列、灰度图像序列或真彩色图像序列
out = imtile(images)	返回包含元胞数组 images 中指定的图像的分块图
out = imtile(imds)	返回图像数据存储对象 imds 中指定的图像的分块图
out = imtile(…,map)	在以上任意一种语法格式的基础上，使用颜色图 map 将指定图像中的灰度图像、索引图像和二值图像转换为 RGB
out = imtile(…,Name,Value)	在以上任意一种语法格式的基础上，使用一个或多个名称-值对组参数自定义分块图

分块图中的图像可以具有不同大小和数据类型。如果输入空数组元素，则显示空白图块。如果图像之间的数据类型不匹配，需要使用 im2double 命令将所有图像转换为 double 类型。

imtile 命令常用的名称-值对组参数见表 12.9。

表 12.9 imtile 命令常用的名称-值对组参数

属 性 名	说 明	参数值
'BackgroundColor'	背景颜色	'black'（默认）|RGB 三元组|颜色名称|短颜色名称
'BorderSize'	每个缩略图周围的填充量	[0 0]（默认）|数值标量|1×2 数值向量
'Frames'	要包含的帧	图像总数（默认）|数值数组|逻辑值
'GridSize'	缩略图的行数和列数	二元素向量
'ThumbnailSize'	缩略图的大小	第一个图像的完整大小（默认）|二元素向量

12.2.3 图像成对显示

在 MATLAB 中，imshowpair 命令用来创建一个合成的 RGB 图像，成对显示图像，比较图像之间的差异。imshowpair 命令的语法格式及说明见表 12.10。

表 12.10 imshowpair 命令的语法格式及说明

语 法 格 式	说 明
obj = imshowpair(A,B)	创建一个合成的 RGB 图像，以不同色带叠加显示 A 和 B。如果 A 和 B 具有不同大小，imshowpair 会在下边缘和右边缘用 0 填充较小的维度，使两个图像的大小相同
obj = imshowpair(A,RA,B,RB)	使用 RA 和 RB 中提供的空间参照信息，显示图像 A 和 B 之间的差异。RA 和 RB 是空间参照对象
obj = imshowpair(…,method)	在以上任意一种语法格式的基础上，使用 method 指定的可视化方法创建一个复合 RGB 图像。参数 method 可取值为 falsecolor(default)、blend、diff、montage，见表 12.11
obj = imshowpair(…,Name,Value)	在以上任意一种语法格式的基础上，使用一个或多个名称-值对组参数设置合成图像的附加选项

表 12.11 参数 method 的值及说明

值	说 明
'falsecolor'	这是默认方法。创建一个复合 RGB 图像，以不同色带叠加显示 A 和 B。合成图像中的灰色区域表示两个图像具有相同强度的地方。品红色和绿色区域表示强度不同的地方
'blend'	使用 alpha 混合叠加 A 和 B，是一种混合透明处理类型
'checkerboard'	使用来自 A 和 B 的交替矩形区域创建图像
'diff'	用灰度信息创建 A 和 B 的差异图像
'montage'	将 A 和 B 在同一图像中并排放置

扫一扫，看视频

实例——图像排列

源文件：yuanwenjian\ch12\Image_array.mlapp
本实例利用 App 设计工具创建一个 App，使用图形用户界面按不同方式拼贴图像。

【操作步骤】

1. 设计图形用户界面

（1）在命令行窗口中执行下面的命令，启动 App 设计工具，创建一个空白的 App。
```
>> appdesigner
```
（2）选中设计画布，在"组件浏览器"中设置画布的"Color（背景色）"为[0.86,0.93,0.82]。
（3）在设计画布中放置一个"坐标区"组件 UIAxes，调整大小和位置后，在"组件浏览器"中设置该组件的如下属性。
➤ 在"Title. String（标题字符）"文本框中输入"原图"。

➢ 在"FontSize（字体大小）"文本框中设置字体大小 20。

➢ 在"FontWeight（字体粗细）"选项区中单击"加粗"按钮ⓑ。

➢ XLabel.String、YLabel.String、XTick、XTickLabel、YTick、YTickLabel 文本框中均为空。

（4）按住 Ctrl 键拖动坐标区组件，复制一个坐标区组件 UIAxes_2，调整位置后，在"组件浏览器"中将"Title. String（标题字符）"修改为"图像排列"。

（5）在设计画布中放置一个"按钮"组件 Button，调整大小和位置后，在"组件浏览器"中设置组件的如下属性。

➢ 在"Text（文本）"文本框中输入"矩形蒙太奇"。

➢ 在"FontSize（字体大小）"文本框中输入字体大小 20。

➢ 在"FontWeight（字体粗细）"选项区中单击"加粗"按钮ⓑ。

（6）按住 Ctrl 键拖动按钮组件，复制 3 个按钮组件 Button_2、Button_3、Button_4。在"组件浏览器"中将"Text（文本）"分别修改为"分块图""缩放图""阈值图"。

（7）选中所有按钮组件，利用"画布"选项卡中的"对齐"命令和"分布"命令排列组件，使按钮组件在垂直方向上对齐并均匀分布。

（8）单击"保存"按钮🖫，将 App 文件以 Image_array.mlapp 为文件名保存在搜索路径下。此时的界面设计结果如图 12.26 所示。

图 12.26　界面设计

2．编辑代码

（1）定义辅助函数。切换到代码视图，在"代码浏览器"中选择"函数"选项卡，单击🞧▾按钮，添加一个私有函数。修改自动添加的函数模块名称和输出参数，在函数体内编写代码，读取指定的图像。具体代码如下所示。

```
function im1 = updateimage(app)
    %将图像读取到工作区中
    im1 = imread('haizeiwang.jpg');
end
```

（2）添加初始参数。在"代码浏览器"中选择"回调"选项卡，单击🞧▾按钮，在"添加回调函数"对话框中为 app.UIFigure 添加 startupFcn 回调。在自动添加的回调函数模块 startupFcn 中编写代码，实现启动 App 时，在第一个坐标区组件中显示指定的图像。具体代码如下所示。

```
function startupFcn(app)
    %关闭坐标轴
    app.UIAxes.Visible = 'off';
    app.UIAxes_2.Visible = 'off';          %隐藏坐标区
```

```
        %沿每个坐标轴使用相同的数据单位长度，并且坐标区框紧密围绕数据
        axis(app.UIAxes_2,'image')
        im1 = updateimage(app);          %调用辅助函数，返回读取的图像数据
        %在上方的坐标区显示读取的原始图像
        imshow(im1,Parent=app.UIAxes)
    end
```

（3）定义按钮回调函数。在"代码浏览器"中选择"回调"选项卡，单击 ⊞▾ 按钮，在"添加回调函数"对话框中为按钮"矩形蒙太奇"添加 ButtonPushedFcn 回调。单击该按钮，以蒙太奇方式在下方的坐标区显示 1 行 2 列的图像。具体代码如下所示。

```
    function ButtonPushed(app, event)
        im1 = updateimage(app);   %返回图像数据
        %在矩形框中显示 1 行 2 列的图像
        montage(im1,size=[1 2],Parent=app.UIAxes_2)
    end
```

在"代码浏览器"中选择"回调"选项卡，单击 ⊞▾ 按钮，在"添加回调函数"对话框中为按钮"分块图"添加 ButtonPushedFcn 回调。单击该按钮创建分块图，在下方的坐标区将前 3 个图像帧显示在 2 行 2 列的网格中。具体代码如下所示。

```
    function Button_2Pushed(app, event)
        im1 = updateimage(app);
        %创建一个图块图像
        out = imtile(im1);
        %创建包含前 3 个图像帧的分块图，排列在 2 行 2 列的网格中
        %out1 = imtile(out,Frames=1:3,GridSize=[2 2]);
        %显示排列图像
        imshow(out,Parent=app.UIAxes_2)
    end
```

在"代码浏览器"中选择"回调"选项卡，单击 ⊞▾ 按钮，在"添加回调函数"对话框中为按钮"缩放图"添加 ButtonPushedFcn 回调。单击该按钮，以蒙太奇方式对比显示缩放前后的图像。具体代码如下所示。

```
    function Button_3Pushed(app, event)
        im1 = updateimage(app);
        %缩放图像，新图像 im2 的行列数为原图像 im1 的一半
        im2 = imresize(im1,0.5);
        %以蒙太奇方式对比显示缩放前、后的图像
        imshowpair(im1,im2,'montage',Parent=app.UIAxes_2)
    end
```

在"代码浏览器"中选择"回调"选项卡，单击 ⊞▾ 按钮，在"添加回调函数"对话框中为按钮"阈值图"添加 ButtonPushedFcn 回调。具体代码如下所示。

```
    function Button_4Pushed(app, event)
        im1 = updateimage(app);
        %使用阈值化将图像转化为二值图像 im2
        im2=imbinarize(im1);
        %以蒙太奇方式对比显示原图和二值图
        imshowpair(im1,im2,'montage', Parent=app.UIAxes_2)
    end
```

3．运行程序

（1）单击功能区中的"运行"按钮▶，启动 App，在上方的坐标区显示图像原图，如图 12.27 所示。

（2）单击"矩形蒙太奇"按钮，在下方坐标区利用矩形框同时显示 1 行 2 列图像，如图 12.28 所示。

（3）单击"分块图"按钮，在下方坐标区的 2 行 2 列分块图布局中显示前 3 帧图像，如图 12.29 所示。

（4）单击"缩放图"按钮，在下方坐标区对比显示原图和缩小一半后的图像，如图 12.30 所示。

（5）单击"阈值图"按钮，在下方坐标区对比显示原图和二值图像，如图 12.31 所示。

图 12.27　运行结果 1

图 12.28　运行结果 2

图 12.29　运行结果 3

图 12.30　运行结果 4

图 12.31　运行结果 5

第 13 章　图像滤波在 GUI 中的应用

内容指南

图像滤波是为了达到图像增强的目的，图像增强不考虑图像降质的原因，突出图像中所感兴趣的部分。例如，强化图像高频分量，可使图像中的物体轮廓清晰、细节明显；又如，强化低频分量可减少图像中的噪声影响。本章将简要介绍在 MATLAB 中设计 GUI 对图像滤波的常用操作。

内容要点

- ➢ 图像滤波器的基本原理
- ➢ 去噪滤波
- ➢ 平滑滤波
- ➢ 中值滤波
- ➢ 锐化滤波
- ➢ 卷积滤波

13.1　图像滤波器的基本原理

常见的图像滤波器从空域和频域角度可以分为空域滤波和频域滤波。

空域滤波是指在图像空间中应用模板卷积对图像邻域进行操作，对图像的每个像素进行局部处理，处理图像的每个像素的取值都是根据模板对输入像素领域内的像素值进行加权叠加得到的。空域滤波算法简单，处理速度快，在锐化方面效果明显，线条突出。

频域滤波是图像经傅里叶变换后，边缘和其他尖锐信息在图像中处于高频部分，通过衰减图像傅里叶变换中的高频成分的范围处理图像。典型的频域滤波器有理想滤波器、高斯滤波器和巴特沃斯滤波器。频域滤波算法复杂，计算速度慢，有微量振铃效果，图像平缓。本章主要介绍图像的空域滤波。

空域滤波的类型可分为低通和高通，低通可实现平滑，高通可实现锐化。其中，低通包括平滑空间滤波器（线性，如均值滤波、加权均值滤波）和统计排序滤波器（非线性，如中值滤波）；高通包括二阶微分锐化（拉普拉斯算子）和一阶微分锐化（Sobel 算子）。

（1）均值滤波。使用均值滤波模板对图像进行滤除，使掩模中心逐个滑过图像的每个像素，输出为模板限定的相应领域像素与滤波器系数乘积结果的累加和。均值滤波器的效果使每个点的像素都平均到领域，噪声明显减少，效果较好。

（2）中值滤波。中值滤波是一种非线性平滑技术，它将每个像素点的灰度值设置为该点某邻域窗口内的所有像素点灰度值的中值。中值滤波是一种基于排序统计理论、能有效抑制噪声的非线性信号处理技术，中值滤波的基本原理是把数字图像或数字序列中一点的值用该点的一个邻域中各点值的中值代替，让周围的像素值接近真实值，从而消除孤立的噪声点。方法是用某种结构的二维滑动模板，将板内像素按照像素值的大小进行排序，生成单调上升（或下降）的二维数据序列。

（3）Sobel 滤波。近似计算垂直梯度，在图像的任何一点使用此算子，将会产生对应的梯度矢量或是其法矢量。用 Sobel 算子近似计算导数的缺点是精度比较低，这种不精确性在试图估计图像的方向导数（使用 y/x 滤波器响应的反正切得到的图像梯度的方向）。由滤波效果可见到图像的边缘凸显了出来，Sobel 算子主要用于边缘检测。

（4）高斯滤波。高斯滤波器是平滑线性滤波器的一种，线性滤波器很适合去除高斯噪声。而非线性滤波器则很适合去除脉冲噪声，中值滤波就是非线性滤波的一种。高斯滤波就是对整幅图像进行加权平均的过程，每个像素点的值都由其本身和邻域内的其他像素值经过加权平均后得到。高斯滤波器是带有权重的平均值，即加权平均，中心的权重比邻近像素的权重更大，这样就可以克服边界效应。

（5）拉普拉斯滤波。拉普拉斯算子是 n 维欧氏空间的一个二阶微分算子。拉普拉斯算子会突出像素值快速变化的区域，因此常用于边缘检测。由效果可见图像的边界得到了增强。

各种滤波器各有优劣，适用情况也不尽相同。例如，线性滤波器很适合去除高斯噪声，而非线性滤波则很适合去除脉冲噪声，中值滤波很适合去除椒盐噪声。因此，滤波器的选用，在实际应用中要视具体实际情况而定。

13.2　去 噪 滤 波

滤波是信号处理的一个概念，将信号中特定波段频率过滤去除。数字信号处理中常采用傅里叶变换及其逆变换实现，这种变换下的滤波是等效的。空域滤波恢复是在已知噪声模型的基础上对噪声的空域滤波。

13.2.1　添加噪声

为了完成多种图像处理的操作和试验，可以对图像添加噪声。

在 MATLAB 中，imnoise 命令用来在图像中添加噪声，包括 5 种噪声参数，分别为 gaussian（高斯白噪声）、localvar（与图像灰度值有关的零均值高斯白噪声）、poisson（泊松噪声）、salt & pepper（椒盐噪声）和 speckle（乘性噪声）。imnoise 命令的语法格式及说明见表 13.1。

表 13.1　imnoise 命令的语法格式及说明

语 法 格 式	说　　明
J = imnoise(I,'gaussian')	将方差为 0.01 的高斯白噪声添加到灰度图像 I 中
J = imnoise(I,'gaussian',m)	添加均值为 m，方差为 0.01 的高斯白噪声
J = imnoise(I,'gaussian',m,var_gauss)	添加均值为 m，方差为 var_gauss 的高斯白噪声
J = imnoise(I,'localvar',var_local)	添加局部方差为 var_local 的零均值高斯白噪声
J = imnoise(I,'localvar',intensity_map,var_local)	添加零均值高斯白噪声。噪声的局部方差 var_local 是 I 中图像强度值的函数。图像强度值到噪声方差的映射由向量 intensity_map 指定
J = imnoise(I,'poisson')	从数据中生成泊松噪声，添加到图像中

续表

语法格式	说　　明
J = imnoise(I,'salt & pepper')	添加椒盐噪声，默认噪声密度为 0.05，影响大约 5%的像素
J = imnoise(I,'salt & pepper',d)	添加噪声密度为 d 的椒盐噪声
J = imnoise(I,'speckle')	使用方程 J = I+n*I 添加乘性噪声，其中 n 是均值为 0、方差为 0.05 的均匀分布随机噪声
J = imnoise(I,'speckle',var_speckle)	添加方差为 var_speckle 的乘性噪声

扫一扫，看视频

实例——图像噪声

源文件：yuanwenjian\ch13\image_noise.mlapp
本实例创建一个图形用户界面，对指定的图像添加不同的噪声。

【操作步骤】

1．设计图形用户界面

（1）在命令行窗口中执行下面的命令，启动 App 设计工具，创建一个可自动调整布局的两栏式 App。

```
>> appdesigner
```

（2）选中设计画布的左侧栏，在"组件浏览器"中设置"BackgroundColor（背景颜色）"为 [0.79,0.95,0.94]。

（3）在设计画布的左侧栏中放置一个"坐标区"组件 UIAxes，调整大小和位置后，在"组件浏览器"中设置该组件的如下属性。

➢ 在"Title. String（标题字符）"文本框中输入"原始图像"。
➢ 在"FontSize（字体大小）"文本框中输入字体大小 20。
➢ 在"FontWeight（字体粗细）"选项区中单击"加粗"按钮 Ⓑ。
➢ XLabel.String、YLabel.String、XTick、XTickLabel、YTick、YTickLabel 文本框中均为空。

（4）在设计画布的左侧栏中放置一个"按钮"组件 Button，调整大小和位置后，在"组件浏览器"中设置该组件的如下属性。

➢ 在"Text（文本）"文本框中输入"高斯噪声"。
➢ 在"FontSize（字体大小）"文本框中输入字体大小 20。
➢ 在"FontWeight（字体粗细）"选项区中单击"加粗"按钮 Ⓑ。

（5）复制 3 个按钮组件，在"组件浏览器"中将组件的"Text（文本）"属性分别修改为"椒盐噪声""泊松噪声""乘性噪声"。

（6）选择按钮组件，利用"画布"选项卡中的"对齐"命令和"垂直分布"命令排列组件，控制相邻组件之间的垂直间距。

（7）在"组件浏览器"中选中 app.UIFigure，设置"Name（标题）"为"图像噪声"。

（8）单击"保存"按钮 🖫，将 App 文件以 image_noise.mlapp 为文件名保存在搜索路径下。此时的界面设计结果如图 13.1 所示。

图 13.1　界面设计

2. 编辑代码

（1）定义辅助函数。切换到代码视图，在"代码浏览器"中选择"函数"选项卡，单击 按钮，添加一个私有函数。修改函数名和输出参数，在函数体内编写代码，读取指定的图像文件。具体代码如下所示。

```
function I = updateimage(app)
        %将图像读取到工作区中
        I = imread('feather.bmp');
end
```

（2）添加初始参数。在"代码浏览器"中选择"回调"选项卡，单击 按钮，在"添加回调函数"对话框中为 App 添加 startupFcn 回调。在函数体内编写代码，在设计画布的右侧栏中创建 2 行 2 列的分块图布局，并添加坐标区。具体代码如下所示。

```
function startupFcn(app)
    %关闭坐标系
    app.UIAxes.Visible = 'off';
    %在右侧栏创建分块图布局
    t = tiledlayout(app.RightPanel,2,2);
    %创建坐标区
    app.ax1 = nexttile(t);
    app.ax2 = nexttile(t);
    app.ax3 = nexttile(t);
    app.ax4 = nexttile(t);
    %取消显示坐标区
    app.ax1.Visible = 0;
    app.ax2.Visible = 0;
    app.ax3.Visible = 0;
    app.ax4.Visible = 0;
    I = updateimage(app);              %获取图像数据
    %在左侧坐标区显示原图
    imshow(I,Parent=app.UIAxes)
end
```

（3）添加按钮回调函数。在"代码浏览器"的"回调"选项卡中单击 按钮，在"添加回调函数"对话框中为"高斯噪声"按钮添加 ButtonPushedFcn 回调。在函数体内编写代码，单击该按钮，在第一个分块图的坐标区中显示添加了高斯噪声的图像。具体代码如下所示。

```
function ButtonPushed(app, event)
    I = updateimage(app);                   %获取图像数据
```

```
%添加模拟高斯噪声
I1 =imnoise(I,'gaussian',0,0.02);
imshow(I1,Parent=app.ax1)                    %显示图像
app.lbl = uilabel(app.RightPanel);           %创建标签组件
%设置标签文本、字体大小和位置大小
app.lbl.Text = '高斯噪声图像';
app.lbl.FontSize = 20;
app.lbl.Position = [60 380 200 40];
end
```

在"代码浏览器"的"回调"选项卡中单击 按钮，在"添加回调函数"对话框中为"椒盐噪声"按钮添加 ButtonPushedFcn 回调。在函数体内编写代码，单击该按钮，在第二个分块图的坐标区中显示添加了椒盐噪声的图像。具体代码如下所示。

```
function Button_2Pushed(app, event)
    I = updateimage(app);
    %添加模拟椒盐噪声
    I2 =imnoise(I,'salt & pepper');
    imshow(I2,Parent=app.ax2)
    app.lbl = uilabel(app.RightPanel);           %创建标签组件
    %设置标签文本、字体大小和位置大小
    app.lbl.Text = '椒盐噪声图像';
    app.lbl.FontSize = 20;
    app.lbl.Position = [250 380 200 40];
end
```

在"代码浏览器"的"回调"选项卡中单击 按钮，在"添加回调函数"对话框中为"泊松噪声"按钮添加 ButtonPushedFcn 回调。在函数体内编写代码，单击该按钮，在第三个分块图的坐标区中显示添加了泊松噪声的图像。具体代码如下所示。

```
function Button_3Pushed(app, event)
    I = updateimage(app);
    %添加模拟泊松噪声
    I3 =imnoise(I,'poisson');
    imshow(I3,Parent=app.ax3)
    app.lbl = uilabel(app.RightPanel);           %创建标签组件
    %设置标签文本、字体大小和位置大小
    app.lbl.Text = '泊松噪声图像';
    app.lbl.FontSize = 20;
    app.lbl.Position = [60 175 200 40];
end
```

在"代码浏览器"的"回调"选项卡中单击 按钮，在"添加回调函数"对话框中为"乘性噪声"按钮添加 ButtonPushedFcn 回调。在函数体内编写代码，单击该按钮，在第四个分块图的坐标区中显示添加了乘性噪声的图像。具体代码如下所示。

```
function Button_4Pushed(app, event)
    I = updateimage(app);
    %添加模拟乘性噪声
    I4 =imnoise(I,'speckle');
    imshow(I4,Parent=app.ax4)
    app.lbl = uilabel(app.RightPanel);           %创建标签组件
    %设置标签文本、字体大小和位置大小
    app.lbl.Text = '乘性噪声图像';
```

```
      app.lbl.FontSize = 20;
      app.lbl.Position = [250 175 200 40];
   end
```

（4）添加属性。在"代码浏览器"中选择"属性"选项卡，单击 ⊞▾ 按钮，添加私有属性。在自动添加的属性模块中修改属性名称。具体代码如下所示。

```
properties (Access = private)
   lbl
   ax1
   ax2
   ax3
   ax4
end
```

3．运行程序

（1）单击功能区中的"运行"按钮 ▶，启动 App，在左侧的坐标区中显示读取的图像原图，如图 13.2 所示。

（2）单击"高斯噪声"按钮，在第一个分块图的坐标区中显示添加高斯噪声的图像，结果如图 13.3 所示。

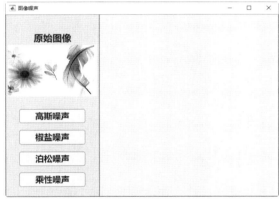

图 13.2　运行结果 1

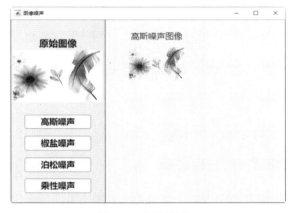

图 13.3　运行结果 2

（3）单击"椒盐噪声"按钮，在第二个分块图的坐标区中显示添加椒盐噪声的图像，结果如图 13.4 所示。

（4）单击"泊松噪声"按钮，在第三个分块图的坐标区中显示添加泊松噪声的图像，结果如图 13.5 所示。

（5）单击"乘性噪声"按钮，在第四个分块图的坐标区中显示添加乘性噪声的图像，结果如图 13.6 所示。

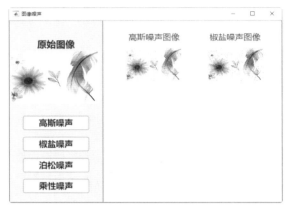

图 13.4　运行结果 3

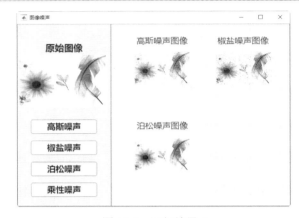

图 13.5　运行结果 4

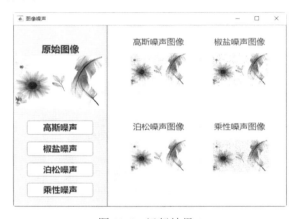

图 13.6　运行结果 5

13.2.2　自适应去噪

信号或图像的能量通常大部分集中在幅度谱的低频段和中频段，而在较高频段，感兴趣的信息经常被噪声淹没。因此，一个能降低高频成分幅度的滤波器就能够减弱噪声的影响。消除图像中的噪声成分称为图像的平滑化或滤波操作。

图像滤波的目的有两个：一个是抽出对象的特征作为图像识别的特征模式；另一个是为适应图像处理的要求，消除图像数字化时所混入的噪声。

在 MATLAB 中，wiener2 命令用来在图像中进行二维自适应去噪过滤处理。wiener2 命令的语法格式及说明见表 13.2。这种方法通常比线性滤波产生的结果更好。自适应滤波器比类似的线性滤波器更具选择性，它能保留图像的边缘和其他高频部分。

表 13.2　wiener2 命令的语法格式及说明

语 法 格 式	说　　明
J = wiener2(I,[m n],noise)	使用像素级自适应低通 Wiener 滤波器对灰度图像 I 进行滤波。[m n] 指定用于估计局部图像均值和标准差的邻域的大小（m×n）。加性噪声（高斯白噪声）的功率假定为 noise
[J,noise_out] = wiener2(I,[m n])	返回在进行滤波之前，计算的加性噪声功率的估计值 noise_out

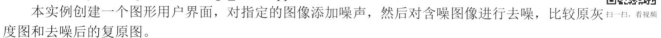

实例——含噪图像自适应滤波去噪

源文件：yuanwenjian\ch13\Image_nw.mlapp

本实例创建一个图形用户界面，对指定的图像添加噪声，然后对含噪图像进行去噪，比较原灰度图和去噪后的复原图。

【操作步骤】

1. 设计图形用户界面

（1）在命令行窗口中执行下面的命令，启动 App 设计工具，创建一个空白的 App。

```
>> appdesigner
```

（2）调整设计画布的高度，在"组件浏览器"中设置 App 的"Name（标题）"为"图像去噪"。

（3）在设计画布中放置一个"按钮"组件 Button，调整大小后，在"组件浏览器"中设置该组件的如下属性。

➤ 在"Text（文本）"文本框中输入"原图"。

➤ 在"FontSize（字体大小）"文本框中输入字体大小 20。

➤ 在"FontWeight（字体粗细）"选项区中单击"加粗"按钮 B 。

（4）复制 3 个按钮组件，在"组件浏览器"中分别将"Text（文本）"属性修改为"噪声""滤波""对比"。然后利用"对齐"命令和"垂直"分布命令排列按钮组件。

（5）在设计画布中放置一个"坐标区"组件 UIAxes，调整大小和位置后，在"组件浏览器"中设置该组件的如下属性。

➤ 在"Title. String（标题字符）"文本框中输入"图像显示"。

➤ 在"FontSize（字体大小）"文本框中输入字体大小 20。

➤ 在"FontWeight（字体粗细）"选项区中单击"加粗"按钮 B 。

➤ Xlabel. String、YLabel.String、XTick、XTickLabel、YTick、YTickLabel 文本框中均为空。

（6）单击"保存"按钮 💾 ，将 App 以 Image_nw.mlapp 为文件名保存在搜索路径下。此时的界面设计结果如图 13.7 所示。

图 13.7　界面设计

2. 编辑代码

（1）定义辅助函数。切换到代码视图，在"代码浏览器"中选择"函数"选项卡，单击 ➕▾ 按钮，添加一个私有函数。修改函数名称和输出参数，在函数体内编写代码，在读取的图像中添加椒盐噪声，并使用像素级自适应低通 Wiener 滤波器对灰度图像进行滤波。具体代码如下所示。

```
function [I,J1,J2]= updateimage(app)
    %将图像读取到工作区中
    I = imread('yejing.jpg');
```

```
%转换为灰度图
I = rgb2gray(I);
%将图像数据转换为双精度格式
I = im2double(I);
%添加椒盐噪声
J1 = imnoise(I,'salt & pepper',0.02);
%使用 5×5 的邻域窗的二维自适应性低通 Wiener 滤波器对灰度图进行去噪处理
J2 = wiener2(J1,[5 5]);
end
```

（2）添加初始参数。切换到"代码浏览器"中的"回调"选项卡，单击 ⊞▼ 按钮，在"添加回调函数"对话框中为 App 添加 startupFcn 回调。编写如下代码，启动 App 时，不显示坐标系。

```
function startupFcn(app)
    %关闭坐标系
    app.UIAxes.Visible = 'off';
end
```

（3）定义回调函数。在"代码浏览器"的"回调"选项卡中单击 ⊞▼ 按钮，在"添加回调函数"对话框中为"原图"按钮添加 ButtonPushedFcn 回调。编写如下代码，单击该按钮时，在坐标区中显示读取的图像。

```
function ButtonPushed(app, event)
    [I,~,~]= updateimage(app);    %获取图像数据
    %在坐标区显示原图
    imshow(I,Parent=app.UIAxes)
    %在右侧坐标区显示标题
    title(app.UIAxes,'原图')
end
```

在"代码浏览器"的"回调"选项卡中单击 ⊞▼ 按钮，在"添加回调函数"对话框中为"噪声"按钮添加 ButtonPushedFcn 回调。编写如下代码，单击该按钮时，在坐标区中显示添加了噪声的图像。

```
function Button_2Pushed(app, event)
    [~,J1,~]= updateimage(app);    %获取噪声图像
    %在坐标区显示添加噪声的图像
    imshow(J1,Parent=app.UIAxes)
    %在右侧坐标区显示标题
    title(app.UIAxes,'噪声')
end
```

在"代码浏览器"的"回调"选项卡中单击 ⊞▼ 按钮，在"添加回调函数"对话框中为"滤波"按钮添加 ButtonPushedFcn 回调。编写如下代码，单击该按钮时，在坐标区中显示使用 5×5 的邻域窗的二维自适应性低通 Wiener 滤波器对含噪图像进行去噪处理的滤波图像。

```
function Button_3Pushed(app, event)
    [~,~,J2]= updateimage(app);    %获取滤波后的图像
    %在坐标区显示滤波后的图像
    imshow(J2,Parent=app.UIAxes)
    %在右侧坐标区显示标题
    title(app.UIAxes,'滤波')
end
```

在"代码浏览器"的"回调"选项卡中单击 ⊞▼ 按钮，在"添加回调函数"对话框中为"对比"按钮添加 ButtonPushedFcn 回调。编写如下代码，单击该按钮时，在坐标区中以蒙太奇剪辑方式对比显示原始灰度图和滤波后的图像。

```
function Button_4Pushed(app, event)
    [I,~,J2]= updateimage(app);  %获取灰度图和滤波后的图像
    %蒙太奇对比显示灰度图和滤波图
    imshowpair(I,J2,'montage',Parent=app.UIAxes);
    %在右侧坐标区显示标题
    title(app.UIAxes,'灰度图（左）和去噪图（右）')
end
```

3. 运行程序

（1）单击功能区中的"运行"按钮▶，启动 App 程序，如图 13.8 所示。

（2）单击"原图"按钮，在右侧坐标区域显示图像，如图 13.9 所示。

（3）单击"噪声"按钮，在右侧坐标区域显示噪声图像，如图 13.10 所示。

（4）单击"滤波"按钮，在右侧坐标区域显示滤波图像，如图 13.11 所示。

（5）单击"对比"按钮，在右侧坐标区域显示滤波前后对比的图像，如图 13.12 所示。

图 13.8　运行结果 1

图 13.9　运行结果 2

图 13.10　运行结果 3

图 13.11　运行结果 4

图 13.12　运行结果 5

13.3 平滑滤波

平滑滤波是低频增强的空域滤波技术，是一项简单且使用频率很高的图像处理方法。它的目的有两类：一类是模糊；另一类是去噪。平滑处理是降低图像分辨率的有效工具。

1. 设计 Savitzky-Golay 滤波器

Savitzky-Golay 滤波器（通常简称为 S-G 滤波器）是一种在时域内基于局域多项式最小二乘法拟合的滤波方法，用于数据流平滑去噪，最大的特点在于在滤除噪声的同时可以确保信号的形状、宽度不变。

在 MATLAB 中，sgolay 命令用来定义 Savitzky-Golay 滤波器。sgolay 命令的语法格式及说明见表 13.3。

表 13.3　sgolay 命令的语法格式及说明

语 法 格 式	说　　明
b = sgolay (order,framelen)	指定多项式的阶 order 和帧长 framelen 设计多项 Savitzky-Golay FIR 平滑滤波器 b
b = sgolay (order,framelen,weights)	在上一种语法格式的基础上，指定权重向量 weights，其中包含最小二乘最小化期间要使用的实正值权重
[b,g] = sgolay(…)	在以上任意一种语法格式的基础上，返回微分滤波器的矩阵 g

2. 平滑处理

在 MATLAB 中，sgolayfilt 命令用来在图像中使用 Savitzky-Golay 滤波器进行平滑滤波。sgolayfilt 命令的语法格式及说明见表 13.4。

表 13.4　sgolayfilt 命令的语法格式及说明

语 法 格 式	说　　明
y = sgolayfilt(x,order,framelen)	将多项式 Savitzky-Golay 有限脉冲响应平滑滤波器应用于向量 x 中的数据
y = sgolayfilt(x,order,framelen,weights)	在上一种语法格式的基础上，指定最小二乘最小化期间要使用的加权向量
y = sgolayfilt(x,order,framelen,weights,dim)	在上一种语法格式的基础上，指定滤波的维度

扫一扫，看视频

实例——对图像进行平滑滤波

源文件：yuanwenjian\ch13\Image_filter.mlapp
本实例创建一个图形用户界面，对指定的图像进行平滑滤波。

【操作步骤】

1. 设计图形用户界面

（1）在命令行窗口中执行下面的命令，启动 App 设计工具，新建一个空白的 App。
```
>> appdesigner
```
（2）选中设计画布，在"组件浏览器"中设置"Position（位置大小）"为[100,100,640,400]；"Name（标题）"为"图像平滑滤波"。

（3）在设计画布中放置一个"坐标区"组件 UIAxes，调整组件的大小和位置后，在"组件浏览器"中设置该组件的如下属性。

> 在"Title. String（标题字符）"文本框中输入"原图"。

> 在"FontSize（字体大小）"文本框中输入字体大小 20。

> 在"FontWeight（字体粗细）"选项区中单击"加粗"按钮 **B**。

> XLabel.String、YLabel.String、XTick、XTickLabel、YTick、YTickLabel 文本框中均为空。

（4）按住 Ctrl 键拖动坐标区组件，复制一个坐标区组件，调整组件的大小和位置后，在"组件浏览器"中将"Title. String（标题字符）"修改为"平滑滤波"。

（5）在设计画布中放置一个"按钮"组件 Button，调整按钮大小和位置后，在"组件浏览器"中设置该组件的如下属性。

> 在"Text（文本）"文本框中输入"噪声图像"。

> 在"FontSize（字体大小）"文本框中输入字体大小 20。

> 在"FontWeight（字体粗细）"选项区中单击"加粗"按钮 **B**。

（6）按住 Ctrl 键拖动按钮组件，复制两个按钮组件，然后在"组件浏览器"中将"Text（文本）"分别修改为"4 阶平滑滤波图像"和"2 阶平滑滤波图像"。

（7）调整按钮组件的大小和位置后，利用"画布"选项卡中的"对齐"命令和"水平分布"命令排列组件。

（8）单击"保存"按钮 🖫，将 App 以 Image_filter.mlapp 为文件名保存在搜索路径下。此时的界面设计结果如图 13.13 所示。

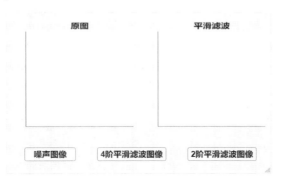

图 13.13　界面设计

2．编辑代码

（1）定义辅助函数。切换到代码视图，在"代码浏览器"中选择"函数"选项卡，单击 🖽 按钮，添加一个私有函数 updateimage。在函数体内编写代码，读取搜索路径下的一张图片。具体代码如下所示。

```
function X = updateimage(app)
    %将图像读取到工作区中
    X = imread('fruit.jpg');
end
```

使用同样的方法再添加一个私有函数 updateimage1 函数。在函数体内编写代码，在读取的图像中添加椒盐噪声。具体代码如下所示。

```
function J= updateimage1(app)
    X = updateimage(app);    %调用函数，返回图像数据矩阵 X
```

```
%将RGB图像转换为灰度图
I = rgb2gray(X);
%将图像数据类型转换为双精度
I = im2double(I);
%添加椒盐噪声，噪声密度为0.05
J=imnoise(I,'salt & pepper',0.05);
end
```

（2）添加初始参数。在"代码浏览器"中选择"回调"选项卡，单击 按钮，在"添加回调函数"对话框中为App添加startupFcn回调。在函数体内编写代码，启动App时在左侧坐标区显示读取的图像。具体代码如下所示。

```
function startupFcn(app)
    %隐藏两个坐标区
    app.UIAxes.Visible = 'off';
    app.UIAxes_2.Visible = 'off';
    X = updateimage(app);                   %返回读取的图像数据
    %在左侧坐标区显示原图
    imshow(X,Parent=app.UIAxes)
end
```

（3）定义回调函数。在"代码浏览器"的"回调"选项卡中单击 按钮，在"添加回调函数"对话框中为按钮"噪声图像"添加ButtonPushedFcn回调，单击该按钮，在右侧的坐标区显示噪声图像。具体代码如下所示。

```
function ButtonPushed(app, event)
    J = updateimage1(app);                  %获取噪声图像
    imshow(J,Parent=app.UIAxes_2)           %显示噪声图像
end
```

使用同样的方法，为按钮"4阶平滑滤波图像"添加ButtonPushedFcn回调。单击该按钮，在右侧的坐标区显示平滑滤波图像。具体代码如下所示。

```
function Button_2Pushed(app, event)
    J = updateimage1(app);                  %获取噪声图像
    %对噪声图像进行平滑滤波，指定多项式阶数为4，帧长度为11
    K1= sgolayfilt(J,4,11);
    imshow(K1,Parent=app.UIAxes_2)          %显示滤波图像
end
```

为按钮"2阶平滑滤波图像"添加ButtonPushedFcn回调。单击该按钮，在右侧的坐标区显示平滑滤波图像。具体代码如下所示。

```
function Button_3Pushed(app, event)
    J = updateimage1(app);                  %获取噪声图像
    %对噪声图像进行平滑滤波，指定多项式阶数为2，帧长度为5
    K2= sgolayfilt(J,2,5);
    imshow(K2,Parent=app.UIAxes_2)          %显示滤波图像
end
```

3. 运行程序

（1）单击功能区中的"运行"按钮▶启动App，在左侧坐标区显示读取的图像原图，如图13.14所示。

（2）单击"噪声图像"按钮，在右侧坐标区显示噪声图像，如图13.15所示。

图 13.14　运行结果 1　　　　　　　　　　　图 13.15　运行结果 2

（3）单击"4 阶平滑滤波图像"按钮，在右侧坐标区域显示 4 阶平滑滤波图像，如图 13.16 所示。

（4）单击"2 阶平滑滤波图像"按钮，在右侧坐标区域显示 2 阶平滑滤波图像，如图 13.17 所示。

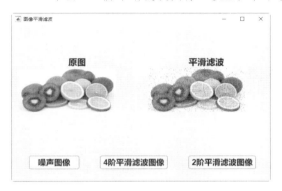

图 13.16　运行结果 3　　　　　　　　　　　图 13.17　运行结果 4

13.4　中　值　滤　波

中值滤波是一种统计排序滤波器，排序队列中位于中间位置的元素的值。中值滤波器是非线性滤波器，对于某些类型的随机噪声具有降噪能力，主要用于消除椒盐噪声。

对于彩色图像，如果用彩色的中值作为标准判断每个分量，由于可能出现蓝色分量改变而红色不变的情况，或其他类似现象，从而很容易出现过多的噪点。因此，中值滤波采用亮度值而不是彩色图的中值作为唯一的判断标准。

在 MATLAB 中，medfilt2 命令用于对图像进行二维中值滤波。medfilt2 命令的语法格式及说明见表 13.5。

表 13.5　medfilt2 命令的语法格式及说明

语 法 格 式	说　　　明
J = medfilt2(I)	对图像 I 进行二维中值滤波。每个输出像素包含输入图像中相应像素周围 3×3 邻域的中值
J = medfilt2(I,[m n])	在上一种语法格式的基础上，指定邻域大小为 m×n
J = medfilt2(…,padopt)	在以上任意一种语法格式的基础上，使用参数 padopt 指定填充图像边界的模式。默认用 0 填充图像；指定为 symmetric，表示在边界处对称地扩展图像；指定为 indexed 时，如果图像数据 I 是双精度类型，则用 1 填充图像；否则用 0 填充

在 MATLAB 中，medfilt3 命令用于对图像进行三维中值滤波，语法格式与 medfilt2 类似，不同的是，如果要指定邻域大小，应使用三元素向量[m n p]的形式。具体语法格式这里不再赘述。

中值滤波的一种推广是二维统计顺序滤波，对于给定的 n 个数值{a1 ,a2,…,an}，先将它们按大小顺序排列，然后将处于第 k 个位置的元素作为图像滤波输出。在 MATLAB 中，ordfilt2 命令用于对图像进行二维统计顺序滤波。ordfilt2 命令的语法格式及说明见表 13.6。

表 13.6　ordfilt2 命令的语法格式及说明

语 法 格 式	说　　明
B=ordfilt2(A,order,domain)	将 A 中的每个元素替换为由 domain 中的非零元素指定的相邻元素的有序集中的第 order 个元素。order 为滤波器输出的顺序值，domain 为滤波窗口
B=ordfilt2(A,order,domain,S)	使用与域 domain 的非零值相对应的 S 的值作为加性偏移量，对 A 进行滤波。S 是与 domain 大小相同的矩阵，对应 domain 中非零值位置的输出偏置，这在图形形态学中是很有用的
B = ordfilt2(…,padopt)	在以上任意一种语法格式的基础上，使用参数 padopt 指定填充图像边界的模式

扫一扫，看视频

实例——对图像进行中值滤波

源文件：yuanwenjian\ch13\Image_mean.mlapp

本实例创建一个图形用户界面，对指定的图像分别进行二维中值滤波、三维中值滤波，以及二维统计顺序滤波。

【操作步骤】

1．设计图形用户界面

（1）在命令行窗口中执行下面的命令，启动 App 设计工具，创建一个可自动调整布局的两栏式 App。

```
>> appdesigner
```

（2）调整设计画布高度，然后选中左侧栏，在"组件浏览器"中设置"BackgroundColor（背景色）"为[0.75,0.93,0.91]。

（3）在"组件浏览器"中选中 app.UIFigure，设置"Name（标题）"为"中值滤波"。

（4）在设计画布的左侧栏中放置一个"坐标区"组件 UIAxes，调整组件大小和位置后，在"组件浏览器"中设置该组件的如下属性。

➤ 在"Title.String（标题字符）"文本框中输入"原 RGB 图像"。

➤ 在"FontSize（字体大小）"文本框中输入字体大小 16。

➤ XLabel.String、YLabel.String、XTick、XTickLabel、YTick、YTickLabel 文本框中均为空。

（5）在设计画布的右侧栏中放置一个"坐标区"组件，调整组件大小和位置后，在"组件浏览器"中设置组件的"Title.String（标题字符）"为"含噪图像"，"FontSize（字体大小）"为 16。然后复制一个坐标区组件，将"Title.String（标题字符）"修改为"滤波图像"。

（6）在设计画布的左侧栏中放置一个"按钮"组件 Button，调整大小和位置后，在"组件浏览器"中设置该组件的如下属性。

➤ 在"Text（文本）"文本框中输入"二维中值滤波"。

➤ 在"FontSize（字体大小）"文本框中输入字体大小 18。

➤ 在"FontWeight（字体粗细）"选项区中单击"加粗"按钮 Ⓑ。

（7）复制一个按钮组件，在"组件浏览器"中修改"Text（文本）"为"三维中值滤波"。

（8）在设计画布的左侧栏中放置一个下拉框组件。调整组件大小和位置后，在"组件浏览器"中设置该组件的如下属性。

> "标签"为"二维顺序统计量滤波"。
> "Items（列表项）"为"中值滤波、最小值滤波、最大值滤波、相邻灰度滤波"。
> 标签的"FontSize（字体大小）"为 18；下拉框的字体大小为 16。
> 在"FontWeight（字体粗细）"选项区中单击"加粗"按钮 Ⓑ。

（9）调整各个组件的位置和间距，完成界面设计，如图 13.18 所示。

（10）单击"保存"按钮 🖫，将 App 以 Image_mean.mlapp 为文件名保存在搜索路径下。

图 13.18　界面设计

2．编辑代码

（1）定义辅助函数。切换到代码视图，在"代码浏览器"中选择"函数"选项卡，单击 ➕▾ 按钮，添加一个私有函数。修改函数名称和输出参数，在函数体内编写如下代码，将读取的 RGB 图像转换为灰度图，在图中添加椒盐噪声。

```
function [I,J] = loadimg(app)
    I = imread('daliao.jpg');              %读取图像
    I1 = rgb2gray(I);                      %转换为灰度图
    I1 = im2double(I1);                    %将图像数据类型转换为double
    J = imnoise(I1,'salt & pepper',0.02);  %在图像中添加噪声
end
```

（2）添加初始参数。在"代码浏览器"中切换到"回调"选项卡，单击 ➕▾ 按钮，在"添加回调函数"对话框中为 App 添加 startupFcn 回调。编写如下代码，显示原始 RGB 图像、含噪图像以及中值滤波后的图像。

```
function startupFcn(app)
    [I,J]= loadimg(app);                   %获取原始 RGB 图像和含噪图像
    imshow(I,Parent=app.UIAxes);           %显示 RGB 图像
    app.UIAxes.Visible = 'off';            %关闭坐标系
    imshow(J,Parent=app.UIAxes_1);         %显示含噪图像
    app.UIAxes_1.Visible = 'off';
    Y = ordfilt2(J,5,ones(3,3));           %二维顺序中值滤波
    imshow(Y,Parent=app.UIAxes_2);         %显示滤波图像
    app.UIAxes_2.Title.String='中值滤波';
    app.UIAxes_2.Visible = 'off';
end
```

（3）定义按钮回调函数。在"代码浏览器"的"回调"选项卡中单击 ➕▾ 按钮，在"添加回调

函数"对话框中为"二维中值滤波"按钮添加 ButtonPushedFcn 回调。编写如下代码，单击该按钮，在右下坐标区显示二维中值滤波图像。

```
function ButtonPushed(app,event)
    [~,J] = loadimg(app);                    %返回含噪图像
    K = medfilt2(J);                         %灰度图二维中值滤波
    imshow(K,Parent=app.UIAxes_2);           %显示图像
    title(app.UIAxes_2,'二维中值滤波后图像')
end
```

在"代码浏览器"的"回调"选项卡中单击 ⊞▾ 按钮，在"添加回调函数"对话框中为"三维中值滤波"按钮添加 ButtonPushedFcn 回调。编写如下代码，单击该按钮，在右下坐标区显示三维中值滤波图像。

```
function Button_2Pushed(app,event)
    [~,J] = loadimg(app);
    K = medfilt3(J);                         %三维中值滤波
    imshow(K,Parent=app.UIAxes_2);           %显示图像
    title(app.UIAxes_2,'三维中值滤波后图像')
end
```

（4）定义下拉框回调函数。在"代码浏览器"的"回调"选项卡中单击 ⊞▾ 按钮，在"添加回调函数"对话框中为下拉框添加 ValueChangedFcn 回调。编写如下代码，选择不同的列表项，在右下坐标区显示相应的滤波图像。

```
function DropDownValueChanged(app,event)
    [~,J] = loadimg(app);                    %返回含噪图像
    value = app.DropDown.Value;              %获取选择的列表项
    switch value
        case '中值滤波'
            Y = ordfilt2(J,5,ones(3,3));
            imshow(Y,Parent=app.UIAxes_2);
            app.UIAxes_2.Title.String='中值滤波';
        case '最小值滤波'
            Y = ordfilt2(J,1,ones(3,3));
            imshow(Y,Parent=app.UIAxes_2);
            app.UIAxes_2.Title.String='最小值滤波';
        case '最大值滤波'
            Y = ordfilt2(J,9,ones(3,3));
            imshow(Y,Parent=app.UIAxes_2);
            app.UIAxes_2.Title.String='最大值滤波';
        case '相邻灰度滤波'
            Y = ordfilt2(J,1,[0 1 0;1 0 1;0 1 0]);
            imshow(Y,Parent=app.UIAxes_2);
            app.UIAxes_2.Title.String='相邻灰度滤波';
    end
end
```

3．运行程序

（1）单击功能区中的"运行"按钮 ▶，启动 App，左上角显示读取的 RGB 图像，右上坐标区显示添加噪声的图像。由于下拉框的初始值为"中值滤波"，因此右下坐标区默认显示中值滤波后的图像，如图 13.19 所示。

（2）单击"二维中值滤波"按钮，在右下坐标区显示二维中值滤波后的图像，如图 13.20 所示。

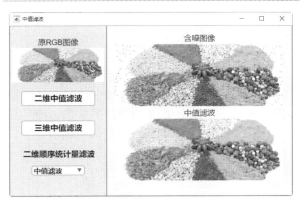

图 13.19 运行结果 1

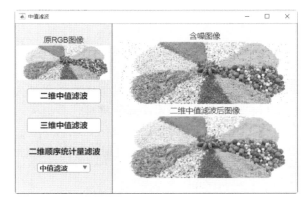

图 13.20 运行结果 2

（3）单击"三维中值滤波"按钮，在右下坐标区显示三维中值滤波后的图像，如图 13.21 所示。

（4）在下拉框中选择"最小值滤波"选项，在右下坐标区显示相应的滤波图像，如图 13.22 所示。

（5）在下拉框中分别选择"最大值滤波"选项、"相邻灰度滤波"选项和"中值滤波"选项，在右下坐标区将分别显示相应的滤波图像，如图 13.23、图 13.24 和图 13.19 所示。

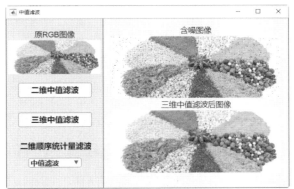

图 13.21 运行结果 3

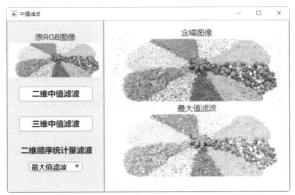

图 13.23 运行结果 5

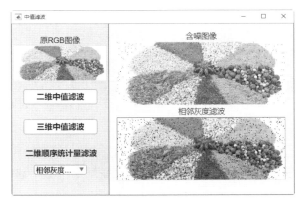

图 13.22 运行结果 4

图 13.24 运行结果 6

13.5 锐化滤波

由于图像中的主要能量通常集中在低频部分，噪声和边缘则往往集中在高频部分，因此平滑滤波不仅使噪声减少，图像的边缘信息也会损失，从而变得模糊。为了降低这种不利的效果，通常利用图像锐化使边缘变得清晰。锐化处理的主要目的是突出图像中的细节或增强被模糊的细节。

下面简要介绍 MATLAB 中用于对图像进行锐化滤波的命令。

13.5.1 线性空间滤波

在 MATLAB 中，fspecial 命令用于创建预定义的二维滤波器，对图像进行二维滤波。fspecial 命令的语法格式及说明见表 13.7。

表 13.7 fspecial 命令的语法格式及说明

语 法 格 式	说　　明
h = fspecial(type)	创建 type 指定类型的二维滤波器 h
h = fspecial('average',hsize)	返回大小为 hsize 的平均值滤波器 h，参数 hsize 代表模板尺寸，默认值为[3, 3]
h = fspecial('disk',radius)	在大小为 2*radius+1 的方阵中返回圆形均值滤波器。参数 radius 代表区域半径，默认值为 5
h = fspecial('laplacian',alpha)	返回逼近二维拉普拉斯算子形状的 3×3 滤波器。参数 alpha 用于控制拉普拉斯算子的形状，取值范围为[0,1]，默认值为 0.2
h = fspecial('log',hsize,sigma)	返回大小为 hsize 的旋转对称高斯拉普拉斯滤波器 h。参数 sigma 为滤波器的标准差，单位为像素，默认值为 0.5
h = fspecial('motion',len,theta)	返回与图像卷积后逼近相机线性运动的滤波器。参数 len 指定运动的长度（默认为9），参数 theta 表示逆时针方向运动的角度（默认为 0）
h = fspecial('prewitt')	返回一个 3×3 滤波器，该滤波器通过逼近垂直梯度来强调水平边缘。如果要强调垂直边缘，可转置滤波器 h'
h = fspecial('sobel')	返回一个 3×3 滤波器，该滤波器通过逼近垂直梯度来使用平滑效应强调水平边缘。如果要强调垂直边缘，可转置滤波器 h'

在 MATLAB 中，imfilter 命令用于对图像进行线性空间滤波。imfilter 命令的语法格式及说明见表13.8。

表 13.8 imfilter 命令的语法格式及说明

语 法 格 式	说　　明
B = imfilter(A,h)	使用多维滤波器 h 对输入图像矩阵 A 进行滤波，返回滤波图像 B
B = imfilter(A,h,options,...)	在上一种语法格式的基础上，使用一个或多个指定选项 options 执行多维过滤。控制滤波运算的选项参数见表 13.9

控制滤波运算的选项参数有三类：相关性和卷积选项用于指定在滤波过程中使用"相关"还是"卷积"；填充选项用于处理边界充零问题；输出大小选项确定输出图像的大小。

表 13.9 选项 options 参数表

选　　项	参　　数	说　　明
相关性和卷积选项	corr	使用相关性执行多维滤波，该值为默认
	conv	使用卷积执行多维滤波

续表

选　　项	参　　数	说　　明
填充选项	数值标量 X	将数组边界之外的输入数组值赋值为 X。如果未指定，默认值为 0
	replicate	通过复制外边界的值来扩展图像大小
	symmetric	通过镜像反射其边界来扩展图像大小
	circular	通过将图像看成是一个二维周期函数的一个周期来扩展图像大小
输出大小选项	same	输出图像的大小与输入图像的大小相同。这是未指定输出大小选项时的默认行为
	full	输出图像是完全滤波后的结果，因此比输入图像大

实例——图像线性空间滤波

扫一扫，看视频

源文件：yuanwenjian/ch13/ image_rh.mlapp

本实例创建一个图形用户界面，对指定的图像进行线性空间滤波。

【操作步骤】

1. 设计图形用户界面

（1）在命令行窗口中执行下面的命令，启动 App 设计工具，创建一个可自动调整布局的两栏式 App。

```
>> appdesigner
```

（2）选中左侧栏，在"组件浏览器"中设置"BackgroundColor（背景色）为[0.62,0.92,0.86]"；设置右侧栏的背景颜色为白色。

（3）在设计画布的左侧栏中放置一个"坐标区"组件 UIAxes，调整组件大小和位置后，在"组件浏览器"中设置该组件的如下属性。

➤ 在"Title.String（标题字符）"文本框中输入"原图"。

➤ 在"FontSize（字体大小）"文本框中设置字体大小 20。

➤ 在"FontWeight（字体粗细）"选项区中单击"加粗"按钮 B。

➤ XLabel.String、YLabel.String、XTick、XTickLabel、YTick、YTickLabel 文本框中均为空。

（4）在设计画布的左侧栏中放置一个"按钮"组件 Button，调整大小和位置后，在"组件浏览器"中设置该组件的如下属性。

➤ 在"Text（文本）"文本框中输入"滤波器滤波"。

➤ 在"FontSize（字体大小）"文本框中输入字体大小 20。

➤ 在"FontWeight（字体粗细）"选项区中单击"加粗"按钮 B。

（5）复制 3 个按钮组件，在"组件浏览器"中将"Text（文本）"分别修改为"均值滤波器""算子滤波器""矩阵滤波器"。

（6）选择所有按钮组件，利用"画布"选项卡中的"对齐"命令和"垂直分布"命令，控制按钮组件的排列方式和间距。

（7）在"组件浏览器"中选中 app.UIFigure，设置"Name（标题）"为"线性空间滤波"；然后根据需要调整设计画布的高度。

（8）单击"保存"按钮 🖫，将 App 以 image_rh.mlapp 为文件名保存在搜索路径下。此时的界面设计结果如图 13.25 所示。

图 13.25　界面设计

2. 编辑代码

（1）定义辅助函数。切换到代码视图，在"代码浏览器"中选择"函数"选项卡，单击 ⊞▾ 按钮，添加一个私有函数 updateimage。在函数体内编写代码，读取搜索路径下的一张图片，具体代码如下所示。

```
function I = updateimage(app)
    %将图像读取到工作区中
    I = imread('0033.jpg');
end
```

（2）添加初始参数。在"代码浏览器"中切换到"回调"选项卡，单击 ⊞▾ 按钮，在"添加回调函数"对话框中为 App 添加 startupFcn 回调。在函数体内编写代码，具体代码如下所示。

```
function startupFcn(app)
%关闭坐标系
app.UIAxes.Visible = 'off';
%创建分块图布局
t = tiledlayout(app.RightPanel,2,2);
%在分块图布局中创建坐标区
    app.ax1 = nexttile(t);
    app.ax2 = nexttile(t);
    app.ax3 = nexttile(t);
    app.ax4 = nexttile(t);
    %取消显示坐标区
    app.ax1.Visible = 0;
    app.ax2.Visible = 0;
    app.ax3.Visible = 0;
    app.ax4.Visible = 0;
    I = updateimage(app);   %获取图像数据
    %在左侧坐标区显示原图
    imshow(I,Parent=app.UIAxes)
end
```

（3）添加按钮回调函数。在"代码浏览器"的"回调"选项卡中单击 ⊞▾ 按钮，在"添加回调函数"对话框中为"滤波器滤波"按钮添加 ButtonPushedFcn 回调，单击该按钮，使用运动模糊滤波器对图像进行滤波。具体代码如下所示。

```
function ButtonPushed(app, event)
```

```
    I = updateimage(app);     %获取图像
    %创建运动模糊滤波器
    H1 = fspecial('motion',50,45);
    %使用滤波器滤波，模糊图像，通过复制外边界的值来扩展图像大小
    I1 = imfilter(I,H1,'replicate');
    %在第一个分块图中显示滤波后的模糊图像
    imshow(I1,Parent=app.ax1)
    title(app.ax1,'运动模糊滤波')    %添加标题
end
```

使用同样的方法为"均值滤波器"按钮添加 ButtonPushedFcn 回调，单击该按钮，使用均值滤波器对图像进行滤波。具体代码如下所示。

```
function Button_2Pushed(app, event)
    I = updateimage(app);
    %创建均值滤波器
    H2 = fspecial('disk',20);
    %使用均值滤波器滤波
    I2 = imfilter(I,H2,'replicate');
    %在第二个分块图中显示滤波图像
    imshow(I2,Parent=app.ax2)
    title(app.ax2,'圆形均值滤波')
end
```

为"算子滤波器"按钮添加 ButtonPushedFcn 回调，单击该按钮，使用 Sobel 算子滤波器对图像进行滤波。具体代码如下所示。

```
function Button_3Pushed(app, event)
    I = updateimage(app);
    %创建 Sobel 算子滤波器
    H3 = fspecial('sobel');
    %使用滤波器滤波
    I3 = imfilter(I,H3);
    imshow(I3,Parent=app.ax3)
    title(app.ax3,'Sobel 算子滤波')
end
```

为"矩阵滤波器"按钮添加 ButtonPushedFcn 回调，单击该按钮，使用矩阵创建一个滤波器对图像进行滤波。具体代码如下所示。

```
function Button_4Pushed(app, event)
    I = updateimage(app);
    %创建过滤器
    h = [-1 0.5 1];
    %对图像滤波
    I4 = imfilter(I,h);
    imshow(I4,Parent=app.ax4)     %显示滤波图像
    title(app.ax4,'线性滤波')
end
```

（4）添加属性。在"代码浏览器"中切换到"属性"选项卡，单击 按钮，添加 4 个私有属性，定义 4 个分块图中坐标区的名称。具体代码如下所示。

```
properties (Access = private)
    ax1    %定义属性
    ax2
    ax3
```

```
    ax4
  end
```

3. 运行程序

（1）单击功能区中的"运行"按钮▶，启动 App，在左侧栏的坐标区显示指定的图像，如图 13.26 所示。

（2）单击"滤波器滤波"按钮，在第一个分块图的坐标区中显示滤波器滤波图像，结果如图 13.27 所示。

图 13.26　运行结果 1

图 13.27　运行结果 2

（3）单击"均值滤波器"按钮，在第二个分块图的坐标区中显示均值滤波器滤波图像，结果如图 13.28 所示。

（4）单击"算子滤波器"按钮，在第三个分块图的坐标区中显示算子滤波器滤波图像，结果如图 13.29 所示。

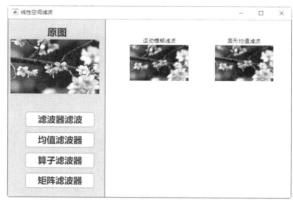

图 13.28　运行结果 3

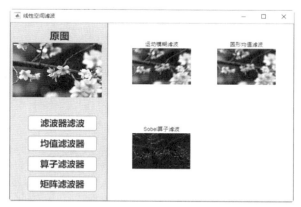

图 13.29　运行结果 4

（5）单击"矩阵滤波器"按钮，在第四个分块图的坐标区中显示利用矩阵自定义滤波器滤波图像，结果如图 13.30 所示。

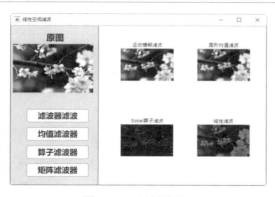

图 13.30　运行结果 5

13.5.2　微分锐化

图像的锐化主要用于增强图像的灰度跳变部分，主要通过梯度或有限差分来实现，主要方法有 Robert 交叉梯度、Sobel 交叉梯度、拉普拉斯算子、高提升滤波、高斯-拉普拉斯变换。下面重点介绍前 3 种方法。

（1）Robert 交叉梯度

$$w_1 = \begin{bmatrix} -1 & 0 \\ 0 & 1 \end{bmatrix} \qquad w_2 = \begin{bmatrix} 0 & -1 \\ 1 & 0 \end{bmatrix}$$

式中，w_1 对接近正 45°边缘有较强响应；w_2 对接近负 45°边缘有较强响应。

（2）Sobel 交叉梯度

$$w_1 = \begin{bmatrix} -1 & -2 & -1 \\ 0 & 0 & 0 \\ 1 & 2 & 1 \end{bmatrix} \qquad w_2 = \begin{bmatrix} -1 & 0 & 1 \\ -2 & 0 & 2 \\ -1 & 0 & 1 \end{bmatrix}$$

式中，w_1 对水平边缘有较大响应；w_2 对垂直边缘有较大响应。

（3）拉普拉斯算子

$$w_1 = \begin{bmatrix} 0 & 1 & 0 \\ 1 & -4 & 1 \\ 0 & 1 & 0 \end{bmatrix} \qquad w_2 = \begin{bmatrix} 1 & 1 & 1 \\ 1 & -8 & 1 \\ 1 & 1 & 1 \end{bmatrix} \qquad w_3 = \begin{bmatrix} 1 & 4 & 1 \\ 4 & -20 & 4 \\ 1 & 4 & 1 \end{bmatrix}$$

图像微分增强了边缘和其他突变（如噪声）并削弱了灰度变化缓慢的区域。在进行锐度变化增强处理中，一阶微分对于二阶微分处理的响应，细线要比阶梯强，点比细线强。

一阶微分主要是指梯度模运算，图像的梯度模值包含了边界及细节信息。MATLAB 也有专门用于求解图像矩阵梯度的命令 gradient。gradient 命令的语法格式及说明见表 13.10。

表 13.10　gradient 命令的语法格式及说明

语 法 格 式	说　　明
FX=gradient(F)	计算对水平方向的梯度 FX
[FX,FY]=gradient(F)	计算图像矩阵 F 的数值梯度，其中 FX 为水平方向梯度，FY 为垂直方向梯度，各个方向的间隔默认为 1
[FX,FY,FZ,…,FN] = gradient(F)	返回 F 的数值梯度的 N 个分量，其中 F 是一个 N 维数组

续表

语 法 格 式	说　明
[...]=gradient(F,h)	指定各个方向的间距 h，计算矩阵 F 的数值梯度
[...] = gradient(F,hx,hy,...,hN)	分别指定 F 每个维度上的间距，计算矩阵 F 的数值梯度

扫一扫，看视频

实例——图像梯度滤波

源文件：yuanwenjian\ch13\Image_td.mlapp
本实例创建一个图形用户界面，对指定的图像进行锐化滤波处理。

【操作步骤】

1. 设计图形用户界面

（1）在命令行窗口中执行下面的命令启动 App 设计工具，创建一个空白的 App。

```
>> appdesigner
```

（2）在"组件浏览器"中选中 app.UIFigure，设置"Name（标题）"为"梯度滤波"，然后调整设计画布的高度。

（3）在设计画布中放置一个"坐标区"组件 UIAxes，调整组件大小和位置后，在"组件浏览器"中设置该组件的如下属性。

➤ 在"Title.String（标题字符）"文本框中输入"原始图像"。
➤ 在"FontSize（字体大小）"文本框中输入字体大小 20。
➤ 在"FontWeight（字体粗细）"选项区中单击"加粗"按钮 B 。
➤ XLabel.String、YLabel.String、XTick、XTickLabel、YTick、YTickLabel 文本框中均为空。

（4）复制一个坐标区组件，调整大小和位置后，在"组件浏览器"中将"Title.String（标题字符）"修改为"梯度滤波图像"。

（5）在设计画布中放置一个"按钮"组件 Button，调整大小和位置后，在"组件浏览器"中设置该组件的如下属性。

➤ 在"Text（文本）"文本框中输入"正 45°滤波"。
➤ 在"FontSize（字体大小）"文本框中输入字体大小 20。
➤ 在"FontWeight（字体粗细）"选项区中单击"加粗"按钮 B 。

（6）复制 3 个按钮组件，在"组件浏览器"中将"Title.String（标题字符）"分别修改为"负 45°滤波""卷积滤波""梯度运算"。

（7）选中按钮组件，利用"画布"选项卡中的"对齐"命令和"分布"命令排列按钮组件。此时的界面设计结果如图 13.31 所示。

（8）单击"保存"按钮 ，将 App 文件以 Image_td.mlapp 为文件名保存在搜索路径下。

图 13.31　界面设计

2．编辑代码

（1）定义辅助函数。切换到代码视图，在"代码浏览器"的"函数"选项卡中单击🔾▼按钮，添加一个私有函数。修改函数名称和输出参数，然后在函数体内编写代码，读取图像，并将图像转换为灰度图。具体代码如下所示。

```
function I = updateimage(app)
    %将图像读取到工作区中
    I = imread('mifeng.jpg');
    %压缩像素，将图像转换为灰度图
    I = mat2gray(I);
end
```

使用同样的方法再添加一个私有函数。修改函数名称和输出参数，然后在函数体内编写代码，对图像进行正 45°和负 45°梯度运算。具体代码如下所示。

```
function [J1,J2] = updateimage1(app)
    I = updateimage(app);        %获取图像数据
    %定义交叉梯度矩阵
    i1=[-1 0;0 1];
    i2 = [0 -1;1 0];
    %正 45°梯度运算，复制边界扩展图像
    J1 = imfilter(I,i1,'corr','replicate');
    %负 45°梯度运算
    J2 = imfilter(I,i2,'corr','replicate');
end
```

（2）添加初始参数。在"代码浏览器"中切换到"回调"选项卡，单击🔾▼按钮，在"添加回调函数"对话框中为 App 添加 startupFcn 回调。在函数体内编写代码，具体代码如下所示。

```
function startupFcn(app)
    %不显示坐标系
    app.UIAxes.Visible = 'off';
    app.UIAxes_2.Visible = 'off';
    I = updateimage(app);                %获取图像数据
    %在左侧坐标区显示原图
    imshow(I,Parent=app.UIAxes)
end
```

（3）定义回调函数。在"代码浏览器"的"回调"选项卡中单击🔾▼按钮，在"添加回调函数"对话框中为"正 45°滤波"按钮添加 ButtonPushedFcn 回调。单击该按钮，在右侧坐标区显示正 45°滤波后的图像。具体代码如下所示。

```
function ButtonPushed(app, event)
    I = updateimage(app);              %获取图像数据
    [J1,~] = updateimage1(app);        %返回正 45°梯度运算后的图像
    imshow(J1,Parent=app.UIAxes_2)     %显示滤波图像
    app.UIAxes_2.Title.String='正 45° 滤波';
end
```

在"代码浏览器"的"回调"选项卡中单击🔾▼按钮，在"添加回调函数"对话框中为"负 45°滤波"按钮添加 ButtonPushedFcn 回调。单击该按钮，在右侧坐标区显示负 45°滤波后的图像。具体代码如下所示。

```
function Button_3Pushed(app, event)
    I = updateimage(app);
    [~,J2] = updateimage1(app)         %返回负 45°梯度运算后的图像
```

```
        imshow(J2,Parent=app.UIAxes_2)
        app.UIAxes_2.Title.String='负45°滤波';
    end
```

在"代码浏览器"的"回调"选项卡中单击 ⊞▾ 按钮，在"添加回调函数"对话框中为"卷积滤波"按钮添加 ButtonPushedFcn 回调。单击该按钮，在右侧坐标区显示卷积滤波后的图像。具体代码如下所示。

```
function Button_2Pushed(app, event)
    I = updateimage(app);
    [J1,J2] = updateimage1(app);          %返回正45°和负45°梯度运算后的图像
    %对图像进行 Robert 梯度运算
    J3 = abs(J1)+ abs(J2);
    imshow(J3,Parent=app.UIAxes_2)
    app.UIAxes_2.Title.String='卷积滤波';
end
```

在"代码浏览器"的"回调"选项卡中单击 ⊞▾ 按钮，在"添加回调函数"对话框中为"梯度运算"按钮添加 ButtonPushedFcn 回调。单击该按钮，在右侧坐标区显示梯度运算后的图像。具体代码如下所示。

```
function Button_4Pushed(app, event)
    I = updateimage(app);
    %对图像进行数值梯度运算，提取边缘
    J4 = gradient(I,0.02);
    imshow(J4,Parent=app.UIAxes_2)
    app.UIAxes_2.Title.String='梯度运算';
end
```

3. 运行程序

（1）单击功能区中的"运行"按钮 ▶，启动 App，在左侧坐标区显示图像原图，如图 13.32 所示。

（2）单击"正45°滤波"按钮，在右侧坐标区显示滤波图像，如图 13.33 所示。

图 13.32　运行结果 1

图 13.33　运行结果 2

（3）单击"负45°滤波"按钮，在右侧坐标区显示滤波图像，如图 13.34 所示。

（4）单击"卷积滤波"按钮，在右侧坐标区显示滤波图像，如图 13.35 所示。

（5）单击"梯度运算"按钮，在右侧坐标区显示滤波图像，如图 13.36 所示。

图 13.34 运行结果 3   图 13.35 运行结果 4

图 13.36 运行结果 5

13.5.3 反锐化掩蔽

图像的反锐化掩蔽是指将图像模糊形式从原始图像中去除，形式如下：

$$f_s(x,y) = f(x,y) - \bar{f}(x,y)$$

反锐化掩蔽进一步的普遍形式称为高频提升滤波，定义如下：

$$f_{hb}(x,y) = Af(x,y) - \bar{f}(x,y)$$
$$= (A-1)f(x,y) + f(x,y) - \bar{f}(x,y)$$
$$= (A-1)f(x,y) + f_s(x,y)$$

式中，$A \geqslant 1$。

当 $A=1$ 时，高频提升滤波处理就是标准的拉普拉斯变换，随着 A 值的增大，锐化处理的效果越来越小，但是平均灰度值变大，图像亮度增大。

在 MATLAB 中，imsharpen 命令用于对图像进行反锐化遮罩锐化图像。imsharpen 命令的语法格式及说明见表 13.11。

表 13.11 imsharpen 命令的语法格式及说明

语 法 格 式	说　　明
B = imsharpen(A)	使用反锐化掩蔽锐化灰度或真彩色输入图像 A
B = imsharpen(A,Name,Value)	在上一种语法格式的基础上，使用一个或多个名称-值对组参数控制反锐化遮罩，常用的名称-值对组参数见表 13.12

表 13.12　名称-值对组参数

属 性 名	说　明	参　数　值
Radius	半径，高斯低通滤波器的标准偏差	1（默认）|正数
Amount	锐化效果的强度	0.8（默认）|数值
Threshold	阈值，像素被视为边缘像素所需的最小对比度	0（默认）|[0 1]

在 MATLAB 中，filter2 命令用于对图像进行二维数字滤波。filter2 命令的语法格式及说明见表 13.13。

表 13.13　filter2 命令的语法格式及说明

语 法 格 式	说　明
Y = filter2(H,X)	根据滤波器矩阵 H，对图像数据矩阵 X 应用有限脉冲响应滤波器
Y = filter2(H,X,shape)	根据 shape 返回滤波数据的子区。参数 shape 取值为 same，表示返回滤波数据的中心部分，大小与 X 相同；full 表示返回完整的二维滤波数据；valid 仅返回计算的没有补零边缘的滤波数据部分

扫一扫，看视频

实例——对图像进行锐化

源文件：yuanwenjian\ch13\Image_fs.mlapp

本实例创建一个图形用户界面，分别使用反锐化遮罩、Sobel 算子和拉氏算子对指定的图像进行锐化处理。

【操作步骤】

1. 设计图形用户界面

（1）在命令行窗口中执行下面的命令启动 App 设计工具，创建一个空白的 App。

```
>> appdesigner
```

（2）在"组件浏览器"中选中 app.UIFigure，设置"Name（标题）"为"锐化图像"。然后调整设计画布的宽度和高度。

（3）在设计画布中放置一个"坐标区"组件 UIAxes，调整大小和位置后，在"组件浏览器"中设置该组件的如下属性。

➢ 在"Title.String（标题字符）"文本框中输入"原始图像"。

➢ 在"FontSize（字体大小）"文本框中输入字体大小 16。

➢ XLabel.String、YLabel.String、XTick、XTickLabel、YTick、YTickLabel 文本框中均为空。

（4）复制一个坐标区组件，调整位置后，在"组件浏览器"中将"Title.String（标题字符）"修改为"图像锐化"。

（5）在设计画布中放置一个"按钮"组件 Button，调整大小和位置后，在"组件浏览器"中设置组件的如下属性。

➢ 在"Text（文本）"文本框中输入"反锐化遮罩"。

➢ 在"FontSize（字体大小）"文本框中输入字体大小 20。

➢ 在"FontWeight（字体粗细）"选项区中单击"加粗"按钮 B 。

（6）复制 3 个按钮，在"组件浏览器"中将"Text（文本）"属性值分别修改为"Sobel 算子滤波锐化""拉氏算子滤波锐化""滤波对比"。

（7）选中按钮组件，利用"画布"选项卡中的"对齐"命令排列按钮。完成后的界面效果如图 13.37 所示。

图 13.37　界面设计

（8）单击"保存"按钮 图，将 App 文件以 Image_fs.mlapp 为文件名保存在搜索路径下。

2．编辑代码

（1）定义辅助函数。切换到代码视图，在"代码浏览器"中选择"函数"选项卡，单击 十 按钮，添加一个私有函数。修改函数名称和输出参数，在函数体内编写代码，将读取的 RGB 图像转换为灰度图，然后定义滤波器对图像滤波。具体代码如下所示。

```
function [I,J1,J2,J3] = updateimage(app)
    %将图像读取到工作区中
    I = imread('sanye.jpg');
    %将 RGB 图像转换为灰度图
    I = rgb2gray(I);
    %设置锐化遮罩的半径为 3，锐化强度为 1
    J1 = imsharpen(I,Radius=3,Amount=1);
    %定义 Sobel 算子滤波
    H1 = [1,2,1;0,0,0;-1,-2,-1];
    %对图像应用滤波器
    J2 = filter2(H1,I);
    %定义拉氏算子
    H2 = [0,1,0;1,1,0;0,1,0];
    %应用拉氏算子滤波，返回滤波数据的中心部分，大小与 I 相同
    %将图像数据转换为双精度，对图像应用滤波器
    J3= filter2(H2,im2double(I),'same');
end
```

（2）添加初始参数。在"代码浏览器"中选择"回调"选项卡，单击 十 按钮，在"添加回调函数"对话框中为 App 添加 startupFcn 回调。在函数体内编写代码，App 启动时，在左侧坐标区显示读取的原图。具体代码如下所示。

```
function startupFcn(app)
    %关闭坐标系
    app.UIAxes.Visible = 'off';
    app.UIAxes_2.Visible = 'off';
    [I, ~,~,~] = updateimage(app);    %获取图像数据
    %在左侧坐标区显示原图
    imshow(I,Parent=app.UIAxes)
end
```

（3）定义回调函数。在"代码浏览器"的"回调"选项卡中单击 十 按钮，在"添加回调函数"对话框中为"反锐化遮罩"按钮添加 ButtonPushedFcn 回调。编写代码，单击该按钮，在右侧坐标区

显示反锐化遮罩后的锐化图像。具体代码如下所示。

```
function ButtonPushed(app, event)
    [~,J1,~,~] = updateimage(app);          %获取反锐化遮罩图像
    imshow(J1,Parent=app.UIAxes_2)
    app.UIAxes_2.Title.String='反锐化遮罩';
end
```

在"代码浏览器"的"回调"选项卡中单击 ⊞▾ 按钮，在"添加回调函数"对话框中为"Sobel算子滤波锐化"按钮添加 ButtonPushedFcn 回调。编写代码，单击该按钮，在右侧坐标区显示 Sobel算子滤波后的图像。具体代码如下所示。

```
function SobelButtonPushed(app, event)
    [~,~,J2,~] = updateimage(app);   %返回 Sobel 算子滤波图像
    imshow(J2,Parent=app.UIAxes_2)
    app.UIAxes_2.Title.String='Sobel 算子滤波';
end
```

在"代码浏览器"的"回调"选项卡中单击 ⊞▾ 按钮，在"添加回调函数"对话框中为"拉氏算子滤波锐化"按钮添加 ButtonPushedFcn 回调。编写代码，单击该按钮，在右侧坐标区显示拉氏算子滤波后的锐化图像。具体代码如下所示。

```
function Button_3Pushed(app, event)
    [~,~,~,J3] = updateimage(app);          %返回拉氏算子滤波图像
    imshow(J3,Parent=app.UIAxes_2)
    app.UIAxes_2.Title.String='拉氏算子滤波';
end
```

在"代码浏览器"的"回调"选项卡中单击 ⊞▾ 按钮，在"添加回调函数"对话框中为"滤波对比"按钮添加 ButtonPushedFcn 回调。编写代码，单击该按钮，在右侧坐标区以蒙太奇剪辑方式对比显示 Sobel 算子滤波图像和拉氏算子滤波图像。具体代码如下所示。

```
function Button_4Pushed(app, event)
    [~,~,J2,J3] = updateimage(app);
    %以蒙太奇方式对比显示滤波图像
    imshowpair(J2,J3,'montage',Parent=app.UIAxes_2);
    app.UIAxes_2.Title.String='Sobel 算子和拉氏算子滤波';
end
```

3. 运行程序

（1）单击功能区中的"运行"按钮▶，启动 App，在左侧坐标区显示读取的原始图像，如图 13.38所示。

（2）单击"反锐化遮罩"按钮，在右侧坐标区域显示锐化图像，如图 13.39 所示。

图 13.38　运行结果 1

图 13.39　运行结果 2

（3）单击"Sobel 算子滤波锐化"按钮，在右侧坐标区域显示锐化图像，如图 13.40 所示。

（4）单击"拉氏算子滤波锐化"按钮，在右侧坐标区域显示锐化图像，如图 13.41 所示。

图 13.40　运行结果 3

图 13.41　运行结果 4

（5）单击"滤波对比"按钮，在右侧坐标区域显示锐化图像，如图 13.42 所示。

图 13.42　运行结果 5

13.6　卷　积　滤　波

频域增强一般通过傅里叶变换实现。在频域空间的滤波与空域滤波一样可以通过卷积实现，因此傅里叶变换和卷积理论是频域滤波技术的基础。卷积又称算子。用一个模板去和另一个图片对比，进行卷积运算，目的是使目标与目标之间的差距变得更大。卷积在数字图像处理中最常见的应用为锐化和边缘提取，最后得到以黑色为背景、白色线条作为边缘或形状的边缘提取效果图。

在 MATLAB 中，conv2 命令用于对图像进行二维卷积滤波。conv2 命令的语法格式及说明见表 13.14。

表 13.14　conv2 命令的语法格式及说明

语 法 格 式	说　　明
C = conv2(A,B)	计算图像 A 和 B 的二维卷积 C
C = conv2(u,v,A)	首先求 A 的各列与向量 u 的卷积，然后求每行结果与向量 v 的卷积
C = conv2(…,shape)	在以上任意一种语法格式的基础上，根据 shape 返回卷积的子区。其中，full 返回完整的二维卷积；same 返回卷积中大小与 A 相同的中心部分；valid 仅返回计算的没有补零边缘的卷积部分

在 MATLAB 中，convn 命令用于对图像进行 N 维卷积滤波。convn 命令的语法格式及说明见表 13.15。

表 13.15　convn 命令的语法格式及说明

语 法 格 式	说　　明
C = convn(A,B)	对图像 A 和 B 进行 N 维卷积
C = convn(A,B,shape)	在上一种语法格式的基础上，根据 shape 返回卷积的子区

扫一扫，看视频

实例——图像卷积滤波

源文件：yuanwenjian\ch13\Image_cov.mlapp

本实例设计一个图形用户界面，对一幅指定的图像分别执行二维卷积滤波和 N 维卷积滤波。

【操作步骤】

1．设计图形用户界面

（1）在命令行窗口中执行下面的命令，启动 App 设计工具，创建一个可自动调整布局的两栏式 App。

```
>> appdesigner
```

（2）选中左侧栏，在"组件浏览器"中设置"BackgroundColor（背景色）"为[0.70,0.92,0.91]。

（3）在"组件浏览器"中选中 app.UIFigure，设置"Name（标题）"为"卷积滤波"。

（4）在设计画布的左侧栏中放置一个"下拉框"组件 DropDown，调整大小和位置后，在"组件浏览器"中设置该组件的如下属性。

➤ 在"标签"文本框中输入"卷积分段"，在"FontSize（字体大小）"文本框中输入字体大小 18。

➤ "Items（选择项）"分别为 full、same、valid；在"FontSize（字体大小）"文本框中输入字体大小 16。

➤ 在"FontWeight（字体粗细）"选项区中单击"加粗"按钮 **B**。

（5）在设计画布的左侧栏中放置两个"按钮"组件 Button，调整大小和位置后，在"组件浏览器"中设置该组件的如下属性。

➤ 在"Text（文本）"文本框中分别输入"二维卷积滤波"和"N 维卷积滤波"。

➤ 在"FontSize（字体大小）"文本框中输入字体大小 18。

➤ 在"FontWeight（字体粗细）"选项区中单击"加粗"按钮 **B**。

（6）在设计画布的右侧栏中放置两个"坐标区"组件 UIAxes，调整大小和位置后，在"组件浏览器"中设置该组件的如下属性。

➤ 在"Title.String（标题字符）"文本框中分别输入"原 RGB 图像"和"滤波图像"。

➤ 在"FontSize（字体大小）"文本框中输入字体大小 14。

➤ XLabel.String、YLabel.String、XTick、XTickLabel、YTick、YTickLabel 文本框中均为空。

（7）单击"保存"按钮 ，将 App 文件以 Image_cov.mlapp 为文件名保存在搜索路径下。此时的界面设计结果如图 13.43 所示。

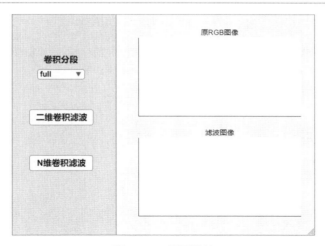

图 13.43　界面设计

2．编辑代码

（1）定义辅助函数。切换到代码视图。在"代码浏览器"中选择"函数"选项卡，单击按钮，添加一个私有函数。修改函数名称和输出参数，编写如下代码，将读取的 RGB 图像转换为灰度图，并添加椒盐噪声。

```matlab
function [I,I1,J] = loadimg(app)
    %将 RGB 三维图像读取到工作区中
    I = imread('paoche.jpg');
    %将 RGB 三维图像转换为灰度图
    I1 = rgb2gray(I);
    %将图像数据转换为双精度格式
    I1 = im2double(I1);
    %添加椒盐噪声
    J = imnoise(I1,'salt & pepper',0.02);
end
```

（2）添加初始参数。在"代码浏览器"中切换到"回调"选项卡，单击按钮，在"添加回调函数"对话框中为 App 添加 startupFcn 回调。在函数体内编写如下代码，启动 App 时，在右上的坐标区显示读取的 RGB 图像。

```matlab
function startupFcn(app)
    [I,~,~] = loadimg(app);              %返回含噪图像
    imshow(I,Parent=app.UIAxes)          %显示图像
    app.UIAxes.Visible = 'off';          %关闭坐标系
    axis(app.UIAxes,'image');            %坐标框紧贴图像数据
    app.UIAxes_2.Visible = 'off';
end
```

（3）添加按钮回调函数。在"代码浏览器"的"回调"选项卡中单击按钮，在"添加回调函数"对话框中为"二维卷积滤波"按钮添加 ButtonPushedFcn 回调。编写如下代码，单击该按钮，在右上坐标区显示含噪图像，右下坐标区显示二维卷积滤波后的图像。

```matlab
function Button_2Pushed(app, event)
    [~,~,J] = loadimg(app);              %获取含噪图像
    imshow(J,Parent=app.UIAxes);         %显示含噪图像
    app.UIAxes.Title.String='含噪图像';
```

```
h = randn(3);                            %定义图像矩阵
value = app.DropDown.Value;              %获取下拉框中当前的列表项
K=conv2(J,h,value);                      %使用指定的卷积分段对图像进行二维卷积滤波
imshow(K,Parent=app.UIAxes_2);           %显示滤波图像
app.UIAxes_2.Title.String='二维卷积滤波';  %添加标题
end
```

在"代码浏览器"的"回调"选项卡中单击 🔲▾ 按钮，在"添加回调函数"对话框中为"N 维卷积滤波"按钮添加 ButtonPushedFcn 回调。编写如下代码，单击该按钮，在右上坐标区显示灰度图像，在右下坐标区显示 N 维卷积滤波后的图像。

```
function NButton_2Pushed(app, event)
    [~,I1,~] = loadimg(app);             %获取灰度图
    imshow(I1,Parent=app.UIAxes);        %显示灰度图
    app.UIAxes.Title.String='原灰度图';
    H = fspecial('log',[5 5],0.35);      %创建高斯拉普拉斯滤波器
    h=H(1,:);                            %抽取高斯拉普拉斯滤波器矩阵的第一行
    value = app.DropDown.Value;          %获取下拉框中当前的列表项
    K=convn(I,h,value);                  %使用指定的卷积分段对图像进行 N 维卷积滤波
    imshow(K,Parent=app.UIAxes_2);       %显示图像
    app.UIAxes_2.Title.String='N 维卷积滤波';
end
```

3．运行程序

（1）单击功能区中的"运行"按钮▶，启动 App，在右上的坐标区显示读取的 RGB 图像，如图 13.44 所示。

（2）单击"二维卷积滤波"按钮，在右上坐标区显示添加了密度为 0.02 的椒盐噪声的图像，在右下坐标区显示对含噪图像利用完整的二维卷积滤波后的图像，如图 13.45 所示。

图 13.44　运行结果 1

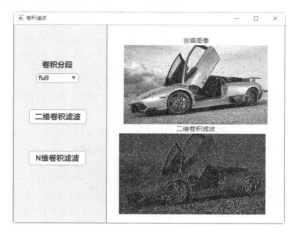

图 13.45　运行结果 2

（3）单击"N 维卷积滤波"按钮，在右上坐标区显示读取的 RGB 图像的灰度图，在右下坐标区显示对灰度图像利用完整的 N 维卷积分段滤波后的图像，如图 13.46 所示。

（4）在"卷积分段"下拉列表中选择其他分段类型，如 valid，再单击"二维卷积滤波"按钮或"N 维卷积滤波"按钮，在右下坐标区将显示利用没有补零边缘的卷积部分对噪声图像进行滤波的图像，如图 13.47 所示。

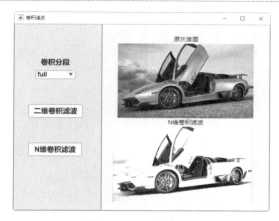

图 13.46　运行结果 3

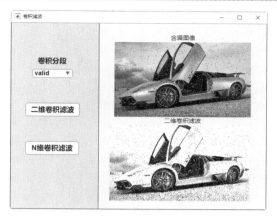

图 13.47　运行结果 4